高等职业教育航空类专业系列教材
中国特色高水平高职学校建设成果

复合材料连接技术

FUHE CAILIAO LIANJIE JISHU

主编 牛芳芳 何 栋 唐 婷

西安交通大学出版社
XI'AN JIAOTONG UNIVERSITY PRESS

内容简介

本书系统介绍了复合材料结构连接基础、设计、材料及工艺等问题。全书共7章,第1章介绍复合材料连接技术的基础知识,第2章和第3章介绍复合材料胶接用胶黏剂、胶接接头设计及胶接工艺,第4章和第5章介绍复合材料连接用紧固件、制孔及机械连接工艺,第6章介绍复合材料焊接,第7章介绍复合材料的混合连接方式。

本书主要供高职复合材料专业学生教学使用,也可以作为复合材料相关专业(方向)学生、工程技术人员的学习参考资料。

图书在版编目(CIP)数据

复合材料连接技术 / 牛芳芳,何栋,唐婷主编. —西安:西安交通大学出版社,2022.12
ISBN 978-7-5693-2910-0

Ⅰ.①复… Ⅱ.①牛… ②何… ③唐… Ⅲ.①航空材料-复合材料-连接技术-高等职业教育-教材 Ⅳ.①V25

中国版本图书馆 CIP 数据核字(2022)第 217579 号

书　　名	复合材料连接技术 FUHE CAILIAO LIANJIE JISHU
主　　编	牛芳芳　何　栋　唐　婷
策划编辑	曹　昳
责任编辑	张　欣　张明玥
责任校对	李　文
封面设计	任加盟
出版发行	西安交通大学出版社 (西安市兴庆南路1号　邮政编码 710048)
网　　址	http://www.xjtupress.com
电　　话	(029)82668357　82667874(市场营销中心) (029)82668315(总编办)
传　　真	(029)82668280
印　　刷	西安五星印刷有限公司
开　　本	787 mm×1092 mm　1/16　印张 15.75　字数 328 千字
版次印次	2022 年 12 月第 1 版　2022 年 12 月第 1 次印刷
书　　号	ISBN 978-7-5693-2910-0
定　　价	58.00 元

如发现印装质量问题,请与本社市场营销中心联系。

订购热线:(029)82665248　(029)82667874
投稿热线:(029)82668804
读者信箱:phoe@qq.com

版权所有　侵权必究

前言

无论是建设世界一流军队的强军目标，还是实现中华民族伟大复兴的中国梦，都必须建设强大的航空工业。一个国家要想强大，就需要有强大的航空业作为支撑。先进的新型飞机是国家航空业发展的标志，材料的先进性是飞机先进性的体现。为了达到航空业质轻高强的目标，复合材料正代替传统材料，成为现代飞机的主流材料。

复合材料是一种由物理化学性能不同的组分材料组成的多相材料，其根据基体不同有树脂基复合材料、陶瓷基复合材料、金属基复合材料和碳/碳复合材料，具有代表性的为树脂基复合材料。近年来，复合材料因其具有高的比强度和比刚度，优异耐疲劳性和耐腐蚀性及可设计性，在航空航天、汽车、船舶、化工等领域有着广泛的应用。

虽然大型化的复合材料成型设备可制造出集成化、整体化、大型化的复合材料结构件，但由于结构设计、制造和使用维护等方面的需求，必须有一定的设计和工艺分离面，在这些部位存在大量的连接件，因此复合材料结构存在大量的连接问题，由此可以看出对于复合材料连接所用材料及工艺的学习尤为重要。

本书主要由复合材料连接技术概述、复合材料胶接连接基础、复合材料胶接连接工艺、复合材料机械连接基础、复合材料机械连接工艺、复合材料焊接、复合材料混合连接工艺七部分组成，着重阐述了复合材料胶接和机械连接工艺的实施。为了便于学生课后学习和自测，本书每章均配有课后拓展和课后习题。

本书的第1章、第2章、第3章、第6章由牛芳芳编写，第4章、第5章由何栋编写，第7章由唐婷编写，全书由牛芳芳统稿。本书在编写过程中借鉴了部分国内外学者的思想观点，参考了许多专家的学术著作，并得到了西安航空职业技术学院航空维修工程学院的大力支持，在此表示感谢。

由于编者知识水平和掌握的资料有限，疏漏之处在所难免，恳请同行专家及读者提出宝贵意见。同时希望本书能够成为复合材料专业及飞机制造相关专业学生喜爱的教材及对从事复合材料的同行有益的参考书。

编 者

2022年8月

目录

第1章 复合材料连接技术概述 ……………………………………… 1

1.1 复合材料概述 …………………………………………………… 1

1.1.1 复合材料的定义、分类及命名 …………………………… 2
1.1.2 复合材料的基本特性 ……………………………………… 3
1.1.3 复合材料的原材料 ………………………………………… 5
1.1.4 复合材料的应用 …………………………………………… 13

1.2 复合材料连接方法及选择 ……………………………………… 14

1.2.1 胶接 ………………………………………………………… 14
1.2.2 机械连接 …………………………………………………… 14
1.2.3 焊接 ………………………………………………………… 15
1.2.4 混合连接 …………………………………………………… 15
1.2.5 复合材料连接方法选取 …………………………………… 16

1.3 复合材料连接的破坏模式 ……………………………………… 17

1.3.1 胶接连接的破坏模式 ……………………………………… 17
1.3.2 机械连接的破坏模式 ……………………………………… 17

1.4 影响接头强度的因素 …………………………………………… 18

1.4.1 影响胶接连接强度的因素 ………………………………… 18
1.4.2 影响机械连接强度的因素 ………………………………… 19

1.5 复合材料连接设计原则 ………………………………………… 21

1.5.1 胶接连接设计原则 ………………………………………… 21
1.5.2 机械连接设计原则 ………………………………………… 22

课后拓展 ·········· 24
习题 ·········· 24

第 2 章 复合材料胶接连接基础 ·········· 26

2.1 胶黏剂 ·········· 26
2.1.1 胶黏剂概述 ·········· 27
2.1.2 环氧树脂胶黏剂 ·········· 30
2.1.3 聚氨酯胶黏剂 ·········· 39
2.1.4 酚醛树脂胶黏剂 ·········· 44
2.1.5 丙烯酸酯类胶黏剂 ·········· 48
2.1.6 不饱和聚酯树脂胶黏剂 ·········· 52
2.1.7 聚酰亚胺胶黏剂 ·········· 54
2.1.8 热熔胶黏剂 ·········· 54
2.1.9 橡胶型胶黏剂 ·········· 57

2.2 粘接作用形成及粘接机理 ·········· 60
2.2.1 粘接作用的形成 ·········· 60
2.2.2 粘接机理 ·········· 61

2.3 接头设计 ·········· 62
2.3.1 粘接接头概念 ·········· 62
2.3.2 接头受力 ·········· 62
2.3.3 接头设计原则 ·········· 63
2.3.4 接头的类型、特性及接头形式选择 ·········· 64

课后拓展 ·········· 68
习题 ·········· 69

第 3 章 复合材料胶接连接工艺 ·········· 71

3.1 概述 ·········· 71
3.1.1 胶接连接工艺的特点 ·········· 72

  3.1.2 胶接连接工艺流程 ·· 73

3.2 胶接工艺过程 ··· 74

  3.2.1 预装配 ··· 74

  3.2.2 胶接表面处理 ··· 75

  3.2.3 胶黏剂选择与准备 ··· 82

  3.2.4 涂胶并干燥 ··· 86

  3.2.5 装配及固化 ··· 88

  3.2.6 整修及密封 ··· 93

3.3 蜂窝夹层结构复合材料的胶接 ··· 93

  3.3.1 概述 ··· 93

  3.3.2 胶接蜂窝夹层结构 ··· 97

3.4 胶接质量控制及检测 ··· 103

  3.4.1 复合材料胶接质量控制 ·· 103

  3.4.2 复合材料胶接质量检测 ·· 105

课后拓展 ·· 112

习题 ·· 113

第4章 复合材料机械连接基础 ·· 116

4.1 复合材料制孔工艺 ··· 117

  4.1.1 制孔工具 ··· 117

  4.1.2 制孔工艺 ··· 122

4.2 复合材料切割工艺 ··· 126

  4.2.1 切割工具 ··· 126

  4.2.2 切割工艺 ··· 131

4.3 复合材料结构用紧固件 ··· 136

  4.3.1 复合材料结构用紧固件材料 ·· 136

  4.3.2 复合材料结构用紧固件种类 ·· 136

  4.3.3 紧固件选用 ··· 143

  4.4 复合材料机械连接设计 ……………………………………………………… 145

    4.4.1 复合材料机械连接的特点、形式及破坏模式 …………………… 145

    4.4.2 机械连接设计一般原则 ……………………………………………… 147

    4.4.3 复合材料螺栓连接设计 ……………………………………………… 148

    4.4.4 复合材料铆接设计 …………………………………………………… 152

  课后拓展 ………………………………………………………………………… 153

  习题 ……………………………………………………………………………… 154

第5章 复合材料机械连接工艺 …………………………………………………… 157

  5.1 螺接工艺 ………………………………………………………………… 158

    5.1.1 高锁螺栓安装 ………………………………………………………… 158

    5.1.2 普通螺栓安装 ………………………………………………………… 162

  5.2 铆接工艺 ………………………………………………………………… 162

    5.2.1 钉杆镦粗的实心铆钉铆接工艺 ……………………………………… 162

    5.2.2 钉杆局部变形的半空心铆钉铆接工艺 ……………………………… 165

  5.3 特种紧固件连接工艺 …………………………………………………… 169

    5.3.1 环槽钉的安装工艺 …………………………………………………… 169

    5.3.2 单面大底脚螺纹抽钉安装工艺 ……………………………………… 172

  5.4 先进装配连接技术 ……………………………………………………… 175

    5.4.1 自动钻铆技术 ………………………………………………………… 175

    5.4.2 电磁铆接技术 ………………………………………………………… 180

    5.4.3 干涉配合铆接技术 …………………………………………………… 185

    5.4.4 孔挤压强化技术 ……………………………………………………… 186

  课后拓展 ………………………………………………………………………… 191

  习题 ……………………………………………………………………………… 192

第6章 复合材料焊接 ……………………………………………………………… 193

  6.1 概述 ……………………………………………………………………… 193

	6.1.1	金属基复合材料的焊接特点	194
	6.1.2	无机非金属基复合材料的焊接	195

6.2 树脂基复合材料的焊接 196
  6.2.1 树脂基复合材料的类型 196
  6.2.2 树脂基复合材料的焊接性 196
  6.2.3 热塑性树脂基复合材料的焊接方法 196

6.3 金属基复合材料的焊接 199
  6.3.1 连续纤维增强金属基复合材料的焊接 199
  6.3.2 晶须（颗粒）增强金属基复合材料的焊接 203

6.4 陶瓷基复合材料焊接 209
  6.4.1 陶瓷基复合材料焊接的概述 209
  6.4.2 陶瓷基复合材料的焊接特点 210
  6.4.3 陶瓷基复合材料的焊接方法 211

6.5 碳/碳复合材料焊接 217
  6.5.1 碳/碳复合材料焊接的概述 217
  6.5.2 碳/碳复合材料焊接性 218
  6.5.3 碳/碳复合材料的焊接方法 219

课后拓展 220

习题 220

第7章 复合材料混合连接 223

7.1 胶螺连接 224
  7.1.1 胶螺连接的发展 225
  7.1.2 胶螺连接的研究方向 226

7.2 胶铆连接 229
  7.2.1 胶铆连接工艺方法 229
  7.2.2 胶铆连接的应用 230

7.3 胶焊连接 ·· 231
　　7.3.1 胶焊技术的优缺点 ·· 231
　　7.3.2 胶焊工艺的形式 ·· 232
　　7.3.3 胶焊工艺参数 ·· 232
课后拓展 ·· 235
习题 ·· 236

参考文献 ·· 238

第1章 复合材料连接技术概述

本章导读

本章主要介绍了复合材料基础内容、复合材料连接方法及选择、复合材料连接破坏模式、影响接头强度的因素及复合材料连接设计原则五方面的内容。其中复合材料基础内容包括复合材料定义、复合材料特性、制备原材料及应用；复合材料连接方法着重介绍了胶接、机械连接、焊接及混合连接各自的特点及选用原则；以胶接和机械连接两种复合材料最为常用的连接方式为例，对其破坏模式、影响接头强度的因素分析及连接设计原则进行了详细的介绍。

知识目标

（1）掌握复合材料的定义、性能、原材料。

（2）掌握复合材料胶接和机械连接的特点。

（3）掌握复合材料胶接和机械连接的破坏模式。

（4）掌握复合材料胶接和机械连接设计原则。

能力目标

（1）具备复合材料连接方法选择的能力。

（2）具备对复合材料连接破坏模式及接头强度影响的分析能力。

（3）具备复合材料连接接头设计的能力。

素质目标

（1）具备善于观察、分析，实践出真知的科学品质。

（2）具有奋斗拼搏和创新精神。

（3）培养学生的辩证思维和科学世界观。

1.1 复合材料概述

复合材料是由两种或两种以上性质不同而互补的材料所组成，并被赋予新特性的材料结构。它具有比组分材料更优越的综合性能。在复合材料中，所有组分材料相互依赖，处于不可分割的状态,同时发挥着各自的作用。

1996年,美国利用气相沉积法试制出性能优越的、连续的长的硼纤维。1967年英国皇家航空研究院(RAE)的三位学者提出在张力下对聚丙烯腈进行预氧化,提高它的碳化和石墨化程度,形成碳纤维晶体的择优取向,从而大幅度提高了碳纤维的拉伸强度与弹性模量,获得了高性能的碳纤维。高性能碳纤维与硼纤维的产生,使得以其为增强体的先进复合材料出现。

先进复合材料是指由高弹性模量纤维组成的复合材料,刚度的大幅度提高使复合材料具备了在许多领域取代金属材料的能力。同时也包括为环保、运输、建筑而开发的新型高性能复合材料。

除高性能的增强体外,高性能的基体对于先进复合材料亦必不可少。基体的作用是将分散存在的增强体连接成为整体并在增强体之间以剪应力的方式传递载荷。基体决定复合材料的使用温度与抗湿热能力,对复合材料的制造方法、成型工艺也有着十分重要的影响。先进复合材料的基体种类包括高分子合成树脂、金属、陶瓷和碳基体,其相应地构成树脂基复合材料、金属基复合材料、陶瓷基复合材料和碳基复合材料。当今,从技术成熟程度与应用范围看,碳纤维复合材料,尤其是碳纤维增强树脂基复合材料最为突出。

1.1.1 复合材料的定义、分类及命名

1. 定义

复合材料是由两种或两种以上不同物理和化学性质的组分材料经人工复合而组成的,各组分材料之间具有明显界面且具有新的优异性能的材料。

通常也可以认为,复合材料由增强材料和基体材料组成。根据这个定义,稻草与泥土构成的土坯、钢筋与水泥沙石构成的混凝土、帘子线与橡胶构成的轮胎,以及玻璃纤维与树脂构成的玻璃钢等都属于复合材料。

先进复合材料是指以碳纤维、芳纶纤维、硼纤维或高性能的玻璃纤维为增强材料而构成的比强度和比模量较高的复合材料。先进复合材料的比刚度和比强度等同于或优于铝合金,甚至优于强度钢。

2. 命名

复合材料的命名方法是将增强材料放在前面,基体材料放在后面,最后再缀以"复合材料"。例如,由碳纤维与环氧树脂复合构成的复合材料,通常被称为"碳纤维环氧树脂复合材料"。方便起见,也可只写增强材料和基体材料的缩写,并在两者之间加一斜线或短杠隔开,再加上"复合材料"。例如,碳纤维环氧树脂复合材料可简写为"碳/环氧复合材料"或者"碳-环氧复合材料"。

3. 分类

复合材料的类型有很多，最常用的分类方法有以下四种。

1) 按增强纤维类型分类

(1) 碳纤维复合材料：以碳纤维为增强纤维的复合材料。

(2) 芳纶纤维复合材料：以芳纶纤维为增强纤维的复合材料。

(3) 玻璃纤维复合材料：以玻璃纤维为增强纤维的复合材料。

(4) 硼纤维复合材料：以硼纤维为增强纤维的复合材料。

(5) 陶瓷纤维复合材料：以陶瓷纤维为增强纤维的复合材料。

2) 按基体类型分类

(1) 树脂基复合材料是以各种树脂为基体材料构成的复合材料，如环氧树脂基复合材料、不饱和聚酯树脂基复合材料、酚醛树脂基复合材料和聚酰亚胺树脂基复合材料等。

(2) 金属基复合材料是以金属及合金为基体构成的复合材料，如铝基复合材料、钛基复合材料等。

(3) 陶瓷基复合材料是以各种结构陶瓷为基体的复合材料，如氧化铝基复合材料、氮化硅基复合材料及碳化硅基复合材料等。

(4) 碳基复合材料是以碳为基体的复合材料，如碳/碳复合材料。

3) 按增强材料的几何形状分类

(1) 长纤维（连续）增强复合材料：以与构件等长的增强纤维构成的复合材料。

(2) 短纤维增强复合材料：增强纤维材料以短小的纤维无规则地分散于基体材料中的复合材料。

(3) 颗粒增强复合材料：增强材料以微小颗粒（如铝粉、酚醛小球等）的形式无规则地分散于基体材料中的复合材料。

4) 按同一复合材料构件中含有增强材料种类的数量分类

(1) 单一复合材料：同一复合材料构件中只含有一种增强材料的复合材料。单一复合材料无须特别说明。

(2) 混杂复合材料：同一复合材料构件中由两种或两种以上的纤维混合或由不同纤维的铺层混合构成的复合材料。混杂复合材料需注明由哪几种增强材料混杂。

1.1.2 复合材料的基本特性

复合材料是由多种组分材料人工复合而成的，由于复合效果使其组分材料的性能互补并产生叠加效应，因此可产生一些原组分材料所不具备的优异性能。先进复合材料主要具有以下几种特性。

1. 比强度和比模量高

拉伸强度与密度之比称为比强度,弹性模量与密度之比称为比模量。比强度和比模量是度量材料承载能力的一个极其重要的指标。复合材料与金属材料相比,具有高比强度和比模量。例如,铝合金的比强度和比模量分别是 0.17 和 0.26,而碳纤维环氧树脂复合材料的比强度和比模量分别是 0.63 和 1.50。因此,在飞机上采用复合材料结构,可以减轻飞机重量。一般说来,用复合材料结构代替铝合金结构,可以减轻 20% 或更多的重量。减重是复合材料最重要的目标之一。

2. 各向异性和可设计性

纤维复合材料表现出显著的各向异性,即平行于纤维轴方向和垂直于纤维轴方向的许多性质,包括光、电、磁、导热、比热、热膨胀及力学性能,都有显著的差别。材料的各向异性虽给材料性能的计算带来麻烦,但也给设计带来较多的自由度。复合材料铺层取向可以在很宽的范围进行调整,由于铺层的各向异性特征,可通过改变铺层的取向与铺叠顺序来改变复合材料的弹性和强度特性,以获得满足使用要求、具有最佳性能质量比的复合材料结构。复合材料的力学性能存在着金属材料所没有的耦合效应。例如,单向板在受到非主轴方向拉伸时,将引起剪切变形。当单向板受到非主轴方向弯曲时,将引起扭转变形,即弯扭耦合。对复合材料耦合效应的巧妙应用可解决前掠翼飞机机翼设计上存在的扭转变形扩散问题,而采用金属材料,这些问题是难以解决的。

3. 良好的抗疲劳特性

疲劳破坏是指材料在交变载荷下,由于裂缝地形成和扩展而产生的低应力破坏。在纤维复合材料中存在着难于计数的纤维/树脂界面,这些界面能阻止裂纹进一步扩展,从而推迟疲劳破坏的发生。这类材料即使疲劳破坏,事先也有明显的预兆。纤维复合材料的拉压疲劳极限值达到静载荷的 70%～80%,而大多数金属材料的疲劳极限只有其静强度的 40%～50%。

从力学角度看,纤维复合材料内部存在着的大量界面和复合材料中纤维承载的特点使材料成为典型的超静定体系。使用过程中,复合材料构件即使过载而造成少量纤维断裂,其载荷也会迅速重新分布到未破坏的纤维上,从而在短期内不会使整个构件丧失承载能力,显示出结构的良好的破损安全性。

4. 易于大面积整体成形

树脂基复合材料在成型过程中,由于高分子化学反应相当复杂,进行理论分析与机理预测常常会有许多困难。但是对于批量生产而言,当工艺规范确定后,材料构件的制作较为简单。

许多方法可被用于复合材料构件的成型,包括整体共固化成型和树脂传递模塑成型,此类成型技术大大减少了零件和紧固件的数量,简化了以往金属钣金件冗长的生产工序,缩短了生产周期。此外,树脂基复合材料构件可采用拉拔、注射、缠绕、铺放技术成型并容易实现成型自动化。复合材料制件尺寸不受冶金轧板设备、加工和成形设备尺寸的限制(只受热压罐尺寸的限制),便于大面积整体成形。

5. 耐蚀性好

复合材料具有优良的耐蚀性。很多种复合材料具有优异的耐酸碱腐蚀能力。例如,玻璃纤维酚醛树脂复合材料可在含氯离子的酸性介质中长期使用。

6. 减振性能好

结构的自激振动频率除了与结构本身的形状有关外,还与材料比模量的平方根成正比。因为复合材料的比模量高,所以其自激振动频率也高,可以避免构件在一般工作状态下产生共振。另外,复合材料的纤维与基体的界面具有较大的吸振能力,即使产生了振动也会很快衰减下来。因此,复合材料减振性能好,不容易产生振动破坏。

7. 破损安全性好

纤维增强复合材料中有大量独立的纤维,存在多个传力路线,当构件有少量纤维断裂时,其载荷会通过基体传递到其他没有断裂的纤维上。

8. 具有新功能

复合材料组成的多样性与设计的随意性为复合材料具有力学性能之外的许多性能(如声、光、电、磁、热)创造了条件,使复合材料拥有吸波、透波、导电、阻燃、透析、隔热、磁阻、透光等功能,赋予先进复合材料新的内涵,开拓了它在生物、能源、环保、测量、机械、建筑、军事工业中的新的应用领域。

9. 冲击韧性差

复合材料比较脆,抗冲击载荷能力差,甚至低能量的冲击也会使材料产生内部损伤。

10. 层间强度低

复合材料的层间强度低,易产生分层破坏,从而降低其承载能力。

1.1.3 复合材料的原材料

1. 增强纤维

复合材料的增强纤维有玻璃纤维、碳纤维、芳纶纤维和其他陶瓷纤维。

1)玻璃纤维

玻璃纤维是一种性能优异的无机非金属材料,制品种类繁多,有玻璃纤维单丝、玻璃纤维纱、玻璃纤维毡、玻璃纤维布等。玻璃纤维具有绝缘性好、耐热性强、耐蚀性好,机械强度高等优点,但其性脆,耐磨性较差。它是以玻璃球或废旧玻璃为原料经高温熔制、拉丝、络纱、织布等工艺制造而成的,其单丝的直径为几微米到二十几微米,相当于一根头发丝的1/20~1/5,每束纤维原丝都由数百根甚至上千根单丝组成。玻璃纤维通常用作复合材料中的增强材料。

玻璃纤维具有拉伸强度高、耐高温、电绝缘、透波性好和不吸潮等一系列优良的性能。它的缺点是性脆,且对人的皮肤有刺激性。

玻璃纤维由于直径、股数的不同而有很多规格。国际上通常采用"tex"来表示玻璃纤维的不同规格。"tex"是指1000 m长原丝的质量(单位为g)。例如1200 tex就是指1000 m长的原丝质量为1200 g。

在飞机结构上,E玻璃纤维是满足电磁场使用要求的玻璃纤维,用于雷达天线罩;S玻璃纤维是高强度型的玻璃纤维,用于有强度要求的结构部分;C玻璃纤维化学性能好,用于需要防腐的部分。

2)碳纤维

碳纤维是由有机纤维或低分子烃气体原料在惰性气体中经高温(1500 ℃)碳化而成的纤维状碳化合物,其碳含量在90%以上。碳纤维的密度为1.5~2.0 g/cm³,这除与原丝结构有关外,主要取决于碳化处理的温度。一般经过高温(3000 ℃)石墨化处理,密度可达2.0 g/cm³。碳纤维具有低密度、高强度、高模量、耐高温、耐蚀、低电阻、高热传导系数、低热膨胀系数、耐辐射等特性,此外还具有纤维的柔顺性和可编性,比强度和比模量优于其他无机纤维。碳纤维复合材料还具有非常优良的X射线的透过性和阻止中子透过性,还可赋予塑料以导电性和导热性。碳纤维的缺点是性脆,抗冲击性和高温抗氧化性差。

复合材料中的碳纤维实际上是纤维丝束。飞机结构上使用的碳纤维复合材料的碳纤维丝束一般含有1000~12 000根纤维。纤维的根数仅表示每个丝束的粗细,其机械性能一般不受丝束大小的影响。飞机常用碳纤维的规格与性能见表1-1。

表1-1 碳纤维的规格及性能

牌号	每束纤维单丝数	拉伸强度/MPa	拉伸模量/GPa	延伸率/%
T300	1K、3K、6K、12K	3530	230	1.5
T300J	3K、6K、12K	4410	230	1.9
T400H	3K、6K	4410	250	1.8

续表

牌号	每束纤维单丝数	拉伸强度/MPa	拉伸模量/GPa	延伸率/%
T700S	12K	4800	230	2.1
T800H	6K、12K	5590	294	1.9
T1000G	12K	6370	294	2.1
T1000	12K	7060	294	2.4
M35J	6K、12K	5000	343	1.6
M40J	6K、12K	4400	377	1.2
M50J	6K	4020	475	0.8
M55J	6K	3630	540	0.7
M60J	3K、6K	3820	588	0.7
M30	1K、3K、6K、12K	3920	294	1.3
M40	1K、3K、6K、12K	2740	392	0.6
M50	1K、3K	2450	490	0.5
HM40	6K	2740	380	0.7
UM46	12K	4705	435	1.1
UM68	12K	3330	650	0.5
UHM,CelionGY-80	—	1830	572	—
UHM,Thornel P-120S	—	2200	827	—

3）芳纶纤维

芳纶纤维具有优异的拉伸强度和拉伸模量，优良的减震性、耐磨性、耐冲击性、抗疲劳性、尺寸稳定性、耐蚀性（但不耐强酸和强碱），且具有低膨胀（长度方向热膨胀系数很低，但直径方向热膨胀系数较大）、低导热、不燃不熔、电绝缘、能透电磁波，以及密度小等优点。

芳纶纤维在真空中的长期使用温度为 160 ℃，温度低至 -60 ℃ 也不变脆。芳纶纤维的单丝强度可达 3773 MPa，254 mm 长的纤维束的拉伸强度为 2744 MPa，大约为铝的 5 倍。芳纶纤维的耐冲击性大约为石墨纤维的 6 倍，硼纤维的 3 倍，玻璃纤维的 0.8 倍。芳纶纤维的断裂伸长为 3% 左右，接近玻璃纤维，高于其他纤维。用它与碳纤维混杂，将能大大提高纤维复合材料的冲击性能。

芳纶纤维的缺点为热膨胀系数具有各向异性，耐光性差，暴露于可见光和紫外线时会产生光致降解，使其力学性能下降并且发生颜色变化，溶解性差，抗压强度低，吸湿性强，吸湿后纤维性能变化大。因此应密封保存,在制备复合材料前应增加烘干工序。几种常见牌号芳纶纤维的基本性能如表1-2所示。

表1-2 常见牌号芳纶纤维的基本性能

牌号	拉伸强度/MPa	拉伸模量/GPa	断裂伸长/%	吸湿率/%
Kevlar-29	2970	36.7	3.6	7
Kevlar-49	3620	125	2.5	3.5
Kevlar-149	3433	165	1.8	1.1

4)其他纤维

(1)硼纤维。

硼纤维是通过蒸发把硼蒸气沉淀在很细的钨丝或碳丝上面而形成的。形成的硼纤维直径通常为100 μm左右。这种硼纤维具有强度高、弹性模量高等特点。

以钨丝为芯材的硼纤维,制造时,用钨丝作为芯子,通电加热,在氢气(H_2)和三氯化硼(BCl_3)的混合气体中,置换出无定形的硼沉积在钨丝上,形成硼-钨丝芯的硼纤维。以碳丝为芯材的硼纤维,其制备原理与以钨丝为芯材的硼纤维类似,通过专用设备将硼沉积在碳丝上。

硼纤维很脆,抗拉强度约为3500 MPa,弹性模量约为400 GPa,密度只有钢材的1/4,抗压缩性能好。在惰性气体中,高温性能良好;在超过500 ℃空气中,强度显著降低。硼纤维是良好的增强材料,可与金属、塑料或陶瓷复合,制成高温结构用复合材料。如硼/铝复合板材,其纤维体积含量达50%时,在增强方向上抗拉强度达1500 MPa,弹性模量达200 GPa,密度为2.6 g/cm^3。由于其具有高比强度和比模量,在航空航天和军工领域获得广泛应用。硼纤维活性大,在制作复合材料时易与基体相互作用,影响材料地使用,故通常在其上涂敷碳化硼、碳化硅等涂料,以增强其惰性。硼纤维复合材料用于制作飞机垂尾、机翼部件、起落架舱门,以及一些型材等。

(2)碳化硅纤维。

碳化硅纤维是以有机硅化合物为原料,经纺丝、碳化或气相沉积而制得的具有β-碳化硅结构的无机纤维,属陶瓷纤维类。从形态上分为有晶须的和有连续纤维的两种。晶须是一种单晶纤维,碳化硅的晶须直径一般为0.1~2 μm,长度为20~300 μm,外观是粉末状。连续纤维是碳化硅包覆在钨丝或碳纤维等的芯丝上而形成的连续丝或纺丝和热解而得到纯碳化硅长丝。碳化硅纤维的最高使用温度达1200 ℃,其耐热性和抗氧化性均优于碳纤维,强度达1960~4410 MPa,在最高使用温度下强度保证率在80%以上,模量为176.4~294 GPa,化学稳定性也比较好。

碳化硅纤维主要用作耐高温材料和增强材料,耐高温材料包括热屏蔽材料、耐高温输送带、过滤高温气体或熔融金属的滤布等。用作增强材料时,常与碳纤维或玻璃纤维合用,以增强金属(如铝)和陶瓷为主,如做成喷气式飞机的刹车片、发动机叶片、齿轮箱和机身结构材料等。

3) 氧化铝纤维

氧化铝纤维可制造既需要轻质高强又需要耐热的结构件,可用它制作雷达天线罩。它的用途正处于开发阶段,不久的将来很可能在航空、航天、卫星、交通和能源等方面得到广泛应用。

2. 基体材料

1) 聚合物基体

聚合物材料又称高分子材料,是以高分子化合物为基本组分,配以添加剂,经加工而成的有机合成材料。聚合物材料具有密度小、比强度高、耐腐蚀、电绝缘和可塑性好等优良性能。

用于复合材料的聚合物基体按固化特性有热固性树脂和热塑性树脂。热固性树脂如不饱和聚酯树脂、环氧树脂、酚醛树脂、热固性聚酰亚胺树脂、双马来酰亚胺树脂;热塑性树脂如聚酰胺、聚碳酸酯、聚苯硫醚、聚醚砜、聚醚醚酮等。

(1) 不饱和聚酯树脂。不饱和聚酯树脂一般是由不饱和二元酸和二元醇或者饱和二元酸和不饱和二元醇缩聚而成的具有酯键和不饱和双键的线型高分子化合物。通常,聚酯化缩聚反应是在190~220 ℃中进行,直至达到预期的酸值,在聚酯化缩合反应结束后,趁热加入一定量的乙烯基单体,配成黏稠的液体,这样的聚合物溶液称之为不饱和聚酯树脂。

工艺性能优良是不饱和聚酯树脂最大的优点;可以在室温下固化,常压下成型,工艺性能灵活,特别适合大型及现场制造玻璃钢制品;固化后树脂综合性能好;力学性能指标略低于环氧树脂,但优于酚醛树脂;若对耐蚀性、电性能和阻燃性有要求,可以选择适当牌号的树脂来满足;聚酯树脂颜色浅,可以制成透明制品,品种多,适用广泛,价格较低。但其缺点是固化时收缩率较大,贮存期短。

(2) 环氧树脂。环氧树脂是分子结构中含有2个或2个以上环氧基,并在适当的固化剂存在下能形成三维网状固化物的线性树脂的总称,是一类重要的热固性树脂。环氧树脂不能直接使用,必须再向树脂中加入固化剂,在一定温度条件下进行交联固化反应,生成体型网状结构的高聚物后才能使用。环氧树脂种类多,复合材料基体常用的为双酚A型环氧树脂。

环氧树脂具有很强的内聚力,分子结构致密,所以它的力学性能高于酚醛树脂和不饱和聚酯等通用型热固性树脂。环氧树脂固化体系中含有活性极大的环氧基、羟基,以及醚键、胺键、酯键等极性基团,赋予环氧固化物对金属、陶瓷、玻璃等极性基材优良的附着力;其固化收缩率一般为1%~2%,是热固性树脂中固化收缩率最小的品种之一;环氧树脂是热固性树脂中介电性能最好的品种之一;环氧树脂固化时基本上不产生低分子挥发物,所以可低压成型或接触压成型。其稳定性好,抗化学药品性优良。环氧固化物的耐热温度一般可达80~100 ℃。

(3) 酚醛树脂。酚醛树脂是以酚类化合物、醛类化合物做原料,在催化剂的作用下缩聚而成的高分子化合物,其中以苯酚和甲醛缩聚的酚醛树脂最为常用。酚醛树脂大体分为热固性和热塑性两大类。热固性酚醛树脂由苯酚在碱性条件下与过量的甲醛发生反应合成;热塑性酚醛树脂由苯酚在酸性条件下与少量的甲醛反应合成。

酚醛树脂具有优良的耐酸性能、耐热性能、耐烧蚀性能、电绝缘性能和阻燃性能,燃烧时的烟密度较低、毒性较小。此外,还具有固化速度快、原材料来源广、价格较低等优点,但是酚醛树脂较脆。普通酚醛树脂在200 ℃以下能够长期稳定使用。酚醛树脂复合材料主要用作隔热材料、耐烧蚀材料,广泛用于制作飞机、舰船、火车和汽车内部装饰的结构部件。

(4) 热固性聚酰亚胺树脂。聚酰亚胺是分子结构含有酰亚胺基的芳杂环高分子化合物,是目前工程塑料中耐热性最好的品种之一。热分解温度达到600 ℃,是迄今聚合物中热稳定性最高的品种之一。聚酰亚胺可耐极低温,如在-269 ℃的液态氦中不会脆裂。聚酰亚胺具有优良的机械性能,聚酰亚胺具有良好的介电性能,介电常数为3.4左右,引入氟或将空气纳米尺寸分散在聚酰亚胺中,介电常数可以降到2.5左右。介电损耗为10^{-3},介电强度为100~300 kV/mm,这些性能在宽广的温度范围和频率范围内仍能保持在较高的水平。聚酰亚胺具有很高的耐辐照性能,一些聚酰亚胺品种不溶于有机溶剂,对稀酸稳定,一般的品种不耐水解。

(5) 双马来酰亚胺树脂。双马来酰亚胺(BMI)树脂是由聚酰亚胺树脂体系派生出来的一类树脂体系,是以马来酰亚胺(MI)为活性端基的双官能团化合物,其树脂具有与典型热固性树脂相似的流动性和可塑性,可用与环氧树脂相同的一般方法加工成型。同时它具有聚酰亚胺树脂的耐高温、耐辐射、耐潮湿和耐蚀等特点,但它同环氧树脂一样,有因固化物交联密度很高而使材料显示脆性的弱点,溶解性能差。双马来酰亚胺树脂固化物具有良好的耐高温性、耐辐射性、耐湿性及低吸水率,可作为高强度、高模量和相对低密度的高级复合材料树脂。

(6) 聚苯硫醚。聚苯硫醚(PPS)是一种线型高分子量的聚合物,其综合性能十分优越,是特种工程塑料的第一大品种,被称为第六大工程塑料,也是"八大宇航材料"之一,是传统产业更新时代和高精尖技术发展不可缺少的新材料之一。

聚苯硫醚具有机械强度高、耐高温、高阻燃、耐化学药品性能强等优点;且其具有硬而脆、结晶度高、难燃、热稳定性好、机械强度较高、电性能优良等优点。

聚苯硫醚是工程塑料中耐热性最好的品种之一,热变形温度一般大于260 ℃,抗化学性仅次于聚四氟乙烯,流动性仅次于尼龙。

聚苯硫醚电绝缘性(尤其高频绝缘性)优良,透光率仅次于有机玻璃,着色性、耐水性、化学稳定性良好,有优良的阻燃性,为不燃塑料。

聚苯硫醚强度一般,刚性很好,但质脆,易产生应力脆裂,不耐苯、汽油等有机溶剂;长期使用温度可达260 ℃,在400 ℃的空气或氮气中可保持稳定。通过加玻璃纤维或其他增强材料改性后,可以使冲击强度大为提高,耐热性和其他机械性能也有所提高,密度增加了1.6%~1.9%,成型收缩率减小到0.15%~0.25%,适于制作耐热件、绝缘件、化学仪器及光学仪器等零件。

此外，它还具有成型收缩小（约 1.4%）、吸水率低（约 0.02%）、防火性好、耐震动疲乏性好等优点。

（7）聚醚砜。聚醚砜（PES）是浅琥珀色的透明固体，无味，折射率为 1.65，相对密度为 1.37，吸水率为 0.43%，收缩率为 0.6%，制品为无定形聚合物。聚醚砜具有较高的力学性能，特别是高温下的力学性能保持率较高。例如，在 200 ℃ 的高温下使用 5 年后的拉伸强度的保持率为 50%，这个值在 180 ℃ 下仍能使用 20 年；在较高的温度和较高的载荷下的蠕变值也很小，因而尺寸稳定性比较好。聚醚砜具有很高的耐热性，可在 180 ℃ 下连续使用，在 -150 ℃ 的低温下制品不破裂。此外，它的阻燃性能也很优异，不仅难燃，而且在强制燃烧时的发烟量也很低。聚醚砜的化学稳定性好，可经受大多数的化学介质（如酸、碱、油、脂肪烃和醇等）的侵蚀。用苯和甲苯清洗不会出现应力开裂。

（8）聚醚醚酮。聚醚醚酮（PEEK）是一种半结晶性热塑性树脂，其玻璃化转变温度为 143 ℃，熔点为 343 ℃，结晶度一般为 20%～40%，最大结晶度为 48%。聚醚醚酮具有优异的力学性能和耐热性。以聚醚醚酮为基体的复合材料可在 250 ℃ 的高温下长期使用。在室温下，聚醚醚酮的模量与环氧树脂相当，强度优于环氧树脂，而断裂韧性极高（比环氧树脂还高一个数量级以上）。聚醚醚酮树脂的耐蚀性与环氧树脂相当，但吸湿性比环氧树脂低得多。聚醚醚酮耐绝大多数有机溶剂和弱碱，除液体氢氟酸、浓硫酸等个别强酸外，它不会被任何溶剂溶解。此外，聚醚醚酮还具有优异的阻燃性、极低的发烟率和有毒气体释放率，以及极好的耐辐射性。

聚醚醚酮基复合材料因其优异的性能，已经在飞机结构中大量使用。碳纤维增强聚醚醚酮单向预浸料的耐疲劳性超过环氧/碳纤维复合材料，耐冲击性好，在室温下，具有良好的抗蠕变性，层间断裂韧性很高（大于或等于 1.8 kJ/m^2）。

2）金属基体

飞机结构用金属基复合材料的基体可分为轻金属基体和耐热合金基体两大类。轻金属基体主要包括铝基和镁基复合材料，使用温度在 450 ℃ 左右。钛合金及其钛铝金属间化合物作基体的复合材料具有良好的高温强度和室温断裂性能，同时具有良好的抗氧化、抗蠕变、耐疲劳和高温的力学性能，适合作为航空航天发动机中的热结构材料，工作温度在 650 ℃ 左右。镍、钴基复合材料可在 1200 ℃ 使用。

以金属作为基体材料的金属基复合材料与树脂基复合材料相比，具有更高的强度、刚度和韧性，可承受更高的温度，具有良好的导热性和导电性，以及防燃、不吸潮等优点。

3）陶瓷基体

复合材料的陶瓷基体是指高温结构陶瓷，所谓高温结构陶瓷，是指能在高温条件下承受静态或动态的机械负荷，能作为工程结构材料使用的陶瓷。其具有高强度、高硬度、高弹性模量、耐高温、耐磨损、耐腐蚀、抗氧化、抗热震等特性。

陶瓷基体有氧化物陶瓷和非氧化物陶瓷。氧化物陶瓷为熔点高于 1728 ℃ 的氧化物，（如氧化硅晶体)或某些复合氧化物(如氧化铝、氧化锆、氧化镁、氧化钙等)。它们的重要特点是高温下的化学稳定性好,尤其是抗氧化性能好,但弱点是脆性较大,耐机械冲击性差。常用的陶瓷基体的性能如表1-3所示。

表1-3 常用的陶瓷基体的性能

名称		密度/(g·cm^{-3})	抗弯强度/MPa	抗拉强度/MPa	抗压强度/MPa
氧化铝陶瓷		3.2~3.9	250~450	140~250	1200~2500
氮化硅陶瓷	反应烧结	2.4~2.6	160~206	141	1200
	热压烧结	3.1~3.18	490~590	150~275	—
氮化硼陶瓷		2.15~2.2	53~109	25	233~315
氧化镁陶瓷		3.0~3.6	160~280	60~80	780
氧化铍陶瓷		2.9	150~200	97~130	800~1620
氧化锆陶瓷		5.5~6.0	1000~1500	140~500	1440~2100

氮化物陶瓷、碳化物陶瓷、硼化物陶瓷中有发展前途的是氮化硅、碳化硅和氮化硼等。其与氧化物相比,具有良好的抗热震性。氮化硅与碳化硅还具有较高强度,硬度仅次于金刚石,耐磨性好,是很好的热机材料。采用氮化硅或碳化硅作为燃气轮机和陶瓷发动机的高温部件,与金属部件相比,可承受较高的工作温度,省去水冷却系统,减轻自重,因而节能效果显著。由于氮化硼具有优良的热稳定性,而且对金属熔体有很好的耐蚀性,用它作为水平连续铸钢的分离环,较氮化硅有更长的使用寿命。

3. 预浸料

预浸料是用树脂基体在严格控制的条件下浸渍连续纤维或织物,通过一定的处理过程所形成的一种储存备用的半成品,是制造复合材料的中间材料。

预浸料品种规格很多,按物理状态分类,可分成单向预浸料、单向织物预浸料、织物预浸料;按树脂基体不同,预浸料分成热固性树脂预浸料和热塑性树脂预浸料;按增强材料不同,分成碳纤维(织物)预浸料、玻璃纤维(织物)预浸料、芳纶(织物)预浸料;根据纤维长度不同,分成短纤维预浸料、长纤维预浸料和连续纤维预浸料;按固化温度不同,分成中温固化(120 ℃)预浸料、高温固化(180 ℃)预浸料,以及固化温度超过200 ℃的预浸料等。

先进复合材料用的预浸料有以下特征:①可以正确控制增强体的含量和排列。由于在预浸过程中准确控制了树脂含量,固化时树脂流出很少,可以得到精度很高的成品。②是干态材料,容易铺层,制品可以局部加强,通过改变预浸料层数,能够制得不同厚度的制品。③制品表面精度高。因为浸渍完全,预浸料中无气泡,因此,制品表面光洁,质量高。④预浸料作为中间材料有利于文明生产和安全生产。⑤对树脂有一定要求,选择范围较窄。通常在室温应是半固态到固态,黏度小的树脂尚需增黏。溶液法制预浸料树脂应能溶于常用低沸点溶剂中。⑥制造工序较多,价格昂贵。

1.1.4 复合材料的应用

1. 航空航天领域

复合材料由于具有重量轻、强度和刚度高及不易腐蚀等优点,在现代大型民用飞机结构中得到较多的应用。目前,复合材料主要用于制作现代大型民用飞机上的雷达罩、整流罩、起落架、舱门、扰流板、副翼、升降舵和方向舵等机体结构件,以及客舱的底板、装饰面板、货舱侧壁板和顶板等内部结构件。

复合材料在卫星结构上已广泛应用,除了因为它"轻质高强"的特性外,还因其能确保尺寸稳定性和刚性。由于卫星的喇叭天线暴露于太阳直射下,温度达160 ℃,而进入地球阴影内时则为-160 ℃,反复冷热交变循环,这就必须减少热变形才能保证天线镜面的精度。通过碳纤维环氧树脂的线膨胀和合理的铺层设计,可将复合材料的线膨胀系数缩小到接近为零,以确保构件的尺寸稳定性。卫星中的太阳能电池板广泛使用了绝缘的芳纶纤维复合材料面板制作的各种蜂窝构件。通信卫星推力管和支撑管也都普遍地应用了复合材料,实现了轻量化的效果。发射宇宙飞船时,火箭通过大气层飞向太空,返回舱在入大气层时,由于表面与大气层摩擦温度很高,因此要在指令舱外侧使用经酚醛树脂处理的石墨纤维/聚酰亚胺复合板作为烧蚀绝热材料(可保证飞行器内仪器和操作人员正常工作),内部使用酚醛/环氧黏合的复合材料蜂窝结构夹层。

2. 汽车领域

(1)车身部件:包括车身壳体、车篷硬顶、天窗、车门、散热器护栅板、大灯反光板、前后保险杠,以及车内饰件等,主要是适应车身流线型设计和外观高品质要求的需要。

(2)结构件:包括前端支架、保险杠骨架、座椅骨架、地板等,其目的是提高制件的设计自由度、多功能性和完整性。

(3)功能件:要求耐高温、耐油腐蚀等,以发动机及周边部件为主。如发动机气门罩盖、进气歧管、油底壳、空滤器盖、齿轮室盖、导风罩、进气管护板、风扇叶片、风扇导风圈、加热器盖板、水箱部件、出水口外壳、水泵涡轮、发动机隔音板等。主要工艺材料为 SMC/BMC、RTM、GMT 及玻璃纤维增强尼龙等。

(4)其他相关部件:如 CNG 气瓶、客车与房车卫生设施部件、摩托车部件、高速公路防眩板和防撞立柱、公路隔离墩、商品检测车顶柜等。

3. 化工领域

近几年,针对海洋开发,有些公司研制出许多高性能 FRP 设备,如海上采油设备(抽油杆等)、浮标和油污分离器等,发挥了复合材料的耐海水腐蚀、轻质高强的优点。研制海上平台的上层轻量化结构、复合材料管道、浮筒是发展方向之一。在潮汐能发电等远景方面复合材料还可发挥其绝缘、耐腐蚀、轻质等材料固有的优点。

4．体育用品领域

碳纤维复合材料在体育用品中的应用范围也极其广泛,从跑步鞋到冰球杆、网球拍和高尔夫球杆。由于碳纤维的高强度和对结构损害的高承受能力,在高速赛车上它已经挽救了许多生命。它也可以用在安全帽中,适用于攀岩、骑马和骑摩托车,而实际上,在任何有头部受伤危险的运动中均可以使用碳纤维复合材料。

1.2 复合材料连接方法及选择

1.2.1 胶接

胶接连接是复合材料结构中普遍采用的一种连接方法。这种方法是借助胶黏剂将零件连接成不可拆卸的整体。

1．胶接连接的特点

胶接连接的优点如下：

(1)无钻孔引起的应力集中,基本层压板强度不下降。

(2)零件数目少,结构轻,连接效率高。

(3)抗疲劳、密封、减振及绝缘性能好。

(4)有阻止裂纹扩展作用,破损安全性好,能获得光滑气动外形。

(5)不同材料连接无电偶腐蚀问题。

胶接连接的缺点如下：

(1)缺少可靠的无损检测方法,胶接质量控制比较困难。

(2)胶接强度分散性大,剥离强度较低,难以传递大的载荷。

(3)胶接性能受湿、热、腐蚀介质等环境影响大,存在一定老化问题。

(4)胶接表面在胶接前需作特殊的表面处理,工艺要求严格。

(5)被胶接件之间配合公差要求严,需加温加压固化设备,修补较困难。

1.2.2 机械连接

1．机械连接的特点

机械连接的优点如下：

(1)便于检查质量,保证连接的可靠性。

(2)在制造、更换和维修中可重复装配和拆卸。

(3)对零件连接表面的准备及处理要求不高。

(4)无胶接固化产生的残余应力。

(5)受环境影响较小。

机械连接的缺点如下：

(1)由于复合材料的脆性和层压板的各向异性,层压板制孔后导致孔周的局部应力集中,降低了连接效率。

(2)为了弥补基本层压板制孔后强度下降的影响,层压板可能需局部加厚,使质量增加。

(3)由于增加了制作的工作量,可能增加成本。

(4)钢、铝紧固件与复合材料接触会产生电化学腐蚀,故需选用与碳纤维复合材料电位差较小的材料制成的紧固件。

2.机械连接的类型

按所用紧固件及连接工艺的不同,机械连接又分为三种：铆接、螺接和专用紧固件连接。

1)铆接

铆接是一种不可拆卸连接,它是依靠铆钉钉杆镦粗形成镦头将构件连接在一起的。由于铆钉价格便宜,强度、可靠性较高,便于使用自动钻铆设备,它是一种被广泛应用的永久性连接方法。鉴于复合材料层间强度低、抗撞击能力差,安装时不宜用锤铆,须用压铆。铆钉材料通常选用韧性好、强度高的钛铌合金或纯钛。铆钉除普通实心铆钉外,还常用空尾铆钉、半管状铆钉及双金属铆钉等。

2)螺接

螺接为传递较大载荷或便于装卸,常采用各种螺栓(普通螺栓、高锁螺栓、锥形螺栓等)进行连接,其安装工艺基本与金属结构相同。

3)专用紧固件连接

除上述两种机械连接方式外,为满足某些特殊要求(如结构不开敞难以触及、密封、迅速拆卸、结构表面曲率大等),需用专用紧固件及专用工具进行机械连接。如单面紧固件(螺纹抽钉、抽芯紧固件)、环槽钉、高抗剪铆钉、密封紧固件等。

1.2.3 焊接

复合材料是由两种或多种材料混合而成的,因此其焊接要比均质材料困难得多。一般来说,对复合材料焊接性影响最大的仍然是其基体。陶瓷基复合材料和树脂基复合材料的焊接性与其基体基本类似,基本上可以用其基体的焊接方法进行焊接。大部分金属基复合材料的焊接性(特别是对于熔化焊来说)与其基体的焊接性相差很大,需要采取一些特殊的措施。

1.2.4 混合连接

1.胶铆(螺)混合连接

将胶接与机械连接结合起来,如能从工艺上严格保证二者变形一致、同时受载,承载能力和耐久性将大大提高。但是,限于目前工艺水平,不易严格保证变形一致。因此,混合连接主要用于以下场合:①提供破损安全特性;②胶接连接的维修;③改善胶接的抗剥离性能。

(1) 胶铆(螺)混合连接设计应遵循以下基本原则:

①选用韧性胶黏剂;

②提高紧固件与孔的配合精度。

(2) 应用混合连接还要注意以下几点:

①在胶接连接中采用紧固件加强,一方面可以阻止或延缓胶层损伤的扩展,提高抗剥离、抗冲击、抗疲劳和抗蠕变等性能,另一方面也有孔应力集中带来的不利影响,应针对不同情况慎重考虑;

②通常机械连接的变形总是大于胶接的变形(指面内变形),应尽量使胶接的变形与机械连接的变形相协调;

③紧固件与孔的配合精度很重要,如果配合不好,将可能增大连接的剪切变形,从而首先导致胶层的剪切破坏,继而引起紧固件的剪切破坏或孔的挤压破坏,达不到预期的效果。

2. 胶焊

胶焊是将粘接与电阻点焊相结合的一种复合连接技术,兼具点焊接头质量轻、可靠性好、静强度高和胶接接头疲劳密封性好的优点,同时克服了单一连接方式的不足,已经在航空航天和汽车制造等工业技术领域获得了广泛的应用。

胶焊连接方式应用广泛,黏结强度较高,具有耐疲劳、抗腐蚀、密封性等优点,但其消耗成本较高,并且要求胶黏剂具有良好的导电性能。同时,黏结剂还会污染电极,挥发物对工作环境产生污染。

1.2.5 复合材料连接方法选取

复合材料连接方法的选取应充分利用各自的优点,一般应遵循以下原则。

(1) 机械连接主要用于传递集中载荷或强调可靠性的部位,其中螺栓连接比铆钉连接可承受更大的载荷,一般用于主承力结构的连接,机械连接的主要缺点是制孔引起的基本层压板强度下降,连接效率较低。

(2) 胶接连接一般适用于传递均布载荷或承受剪切载荷的部位。胶接连接的主要优点是连接效率较高,因此,在轻型飞机或飞机非主要承力结构上应用较多,但在精心设计后也可传递较大的载荷。

(3) 胶铆(螺)混合连接适用于要求多余度连接的部位。一般适用于中等厚度板的连接。

(4) 热塑性树脂基复合材料、金属基复合材料、陶瓷基复合材料、碳/碳复合材料均可以采用焊接的方法。

总之,复合材料的连接主要采用胶接和机械连接两种形式。

1.3 复合材料连接的破坏模式

1.3.1 胶接连接的破坏模式

试验表明,胶接连接在拉伸载荷作用下,有3种基本破坏模式:①被胶接件拉伸(或拉弯)破坏;②胶层剪切破坏;③剥离破坏(包括胶层剥离破坏与被胶接件剥离破坏),如图1-1所示。

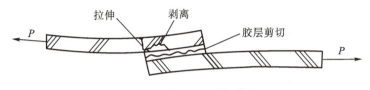

图1-1 胶接接头破坏模式

除这3种基本破坏模式外,还会发生组合破坏。胶接连接发生何种模式破坏,与连接形式、连接几何参数、邻近胶层的纤维方向及载荷性质有关。在连接几何参数中,被胶接件厚度极为重要,有以下3种情况:

(1)当被胶接件很薄且连接强度足够时,被胶接件易发生拉伸(或拉弯)破坏。

(2)当被胶接件较厚,但偏心力矩尚小时,易在胶层发生剪切破坏。

(3)当被胶接件厚到一定程度,胶接连接长度不够大时,在偏心力矩作用下,将发生剥离破坏。对于碳纤维复合材料层压板,由于层间拉伸强度低,剥离破坏通常发生在层间(双搭接亦如此),剥离破坏将使胶接连接的承载能力显著下降,应该尽量避免。

1.3.2 机械连接的破坏模式

破坏模式可分为层压板的挤压、拉伸、剪切、劈裂和拉脱等单一型破坏(图1-2)及拉伸-剪切(或劈裂)、挤压-拉伸、挤压-剪切和挤压拉伸-剪切等组合型破坏。

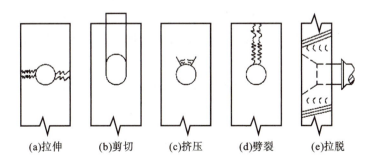

图1-2 机械连接接头的破坏模式

机械连接的破坏模式主要与其几何参数和纤维铺叠方式有关。如果W/D(宽度/孔径比)过小则发生拉伸破坏,如果e/D(端距/孔径比)过小则发生剪切破坏。特别指出,如果被连接的层压板 0°层含量过多则发生劈裂破坏,增大端距无济于事。劈裂和剪切破坏是两种低强度破坏模式,应防止其发生。当铺层合理,W/D 和 e/D 足够大时发生挤压破坏。挤压破坏是局部性质的,通常不会引起复合材料结构的灾难性破坏,是设计希望得到的一种破坏形式。当板厚度与钉直径之比较大时,则可能发生紧固件的弯曲失效和剪断破坏。从既要保证连接的安全性又要提高连接效率出发,对于单排钉连接,应尽可能使机械连接设计产生与挤压型破坏有关的组合破坏模式,对于多排钉连接,除了挤压载荷外还有旁路载荷的影响,一般为拉伸型破坏。

1.4 影响接头强度的因素

1.4.1 影响胶接连接强度的因素

影响复合材料胶接连接强度的主要因素有:被连接件的材料种类、被连接件的刚度比和热膨胀系数、连接形式和几何参数、胶接面纤维取向、温度和湿度、胶黏剂、胶接工艺。

(1)被连接件的相对刚度。所有几何形式的连接都受被胶接件刚度不相等而带来的不利影响。刚度定义为轴向或面内剪切模量乘以被胶接件的厚度。以单搭接为例,如果刚度相等,则连接两端的弯矩一样,两个被胶接件变形量相同。如果刚度不等,则连接两端的弯矩不等,变形主要集中在刚度较弱的被胶接件一端。只要有可能就应该使被胶接件的刚度近似相等。

(2)被胶接件的热不匹配。被胶接件的热不匹配是指热膨胀系数不一样,从而会引起单搭接连接的初始弯曲。弯曲变形将影响载荷偏心,进而改变连接区两端弯矩,反过来又影响胶层剪切和剥离应力的分布。这样,一端变得比另一端更加危险,所以,胶接连接承载能力往往要下降。

(3)胶黏剂的韧性。胶黏剂的韧性对于降低胶层中的剪应力和剥离应力的峰值起重要作用。

(4)温度和湿度对复合材料构件性能有较大影响,设计中必须考虑这两个环境变量。吸收的湿气靠毛细管作用传到胶层树脂中,逐渐引起树脂的组织软化,使它们膨胀,并降低了它们的玻璃化转变温度。如果胶黏剂在其工作温度范围内使用,温度影响不重要。如果温度和湿度共同作用,高温将增加湿气的吸收和扩散能力,影响将极为严重。应特别注意,在寒冷环境下胶层呈脆性,胶接连接强度将发生退化。长期的环境影响将明显降低胶接强度,在工程设计与分析中应充分注意到这一点。避免湿度和温度有害影响的办法:①用密封胶将胶层密封起来,是工程上行之有效的防湿措施;②精确给定胶接接头所承受的最恶劣的环境条件;③精确给定使用温度范围。

(5)胶接缺陷的影响。胶接连接常见的缺陷类型包括脱胶、裂缝、空隙、胶层厚度变异、固化不完全和表面制备缺陷等。其中,脱胶、裂缝和表面制备缺陷是主要的。任何胶接缺陷都将导致载荷在整个胶层上的重新分布而使胶层不连续处应力增加。当脱胶或裂缝尺寸相对胶层长度来说较小时,应力增加并不明显。随缺陷尺寸增大,应力显著增加。

1.4.2 影响机械连接强度的因素

影响复合材料机械连接强度的因素较多，了解这些因素，并在设计中加以考虑是很必要的。这些因素可以归纳为以下 5 类：

(1) 材料参数：纤维的类型、取向及形式（单向带、织物）、树脂类型、纤维体积含量及铺层顺序。

(2) 工艺参数：工艺方法（普通湿法、RTM 等）、加工条件（热压罐、真空袋等）、连接几何形状参数，连接形式（搭接或对接、单剪或双剪等）、几何尺寸（排距/孔径、列距/孔径、端距/孔径、边距/孔径、厚度/孔径等）、孔排列方式、被连接板的间隙。

(3) 紧固件参数：紧固件类型（六角头螺栓、大底脚螺栓、抽钉、凸头或沉头等）、紧固件尺寸、垫圈尺寸、拧紧力矩及紧固件与孔的配合精度。

(4) 载荷因素：载荷种类（静载荷、动载荷或疲劳载荷）、载荷方向、加载速率。

(5) 环境因素：温度、湿度、介质。

为了便于理解复合材料机械连接的设计原则，下面介绍一些主要参数对挤压强度的具体影响大小。

1. 铺层比例

航空航天飞行器结构上所采用的层压板一般均由 0°、±45°和 90°的 4 种铺向角的单向铺层组成，其中±45°层所占的比例对层压板的挤压强度具有重要的影响。±45°层含量较少，层压板主要由 0°层组成时，极易引起剪切或劈裂破坏。不像金属材料那样，只靠增加孔的端距就可以防止剪切破坏，对于复合材料更重要的是保证一定量的±45°层的比例。随着±45°层含量的增加，挤压强度随之增大。在推荐的连接区铺层范围内（±45°层≥40%，0°层≥30%，90°层=10%～25%），挤压强度达到最大值，数值相差约 5%。当±45°层含量继续增大时，挤压强度又有所减小。

2. 铺层顺序

铺层顺序是复合材料特有的影响复合材料力学性能的参数。对于铺层层数和比例相同的层压板，铺层顺序也可以有许多种，因此，层间应力会发生变化，对层压板的力学性能也会产生一定的影响。试验表明纤维铺叠顺序对复合材料层压板螺接接头的性能有较显著的影响，以碳纤维复合材料层压板（50%的 0°层，40%的±45°层，10%的 90°层）铺层为例，挤压强度与含 0°层结合比例的关系：随 0°层结合比例的增加而呈明显的线性减小。

3. 拧紧力矩

对机械连接施加拧紧矩能提高层压板的承载能力。一个完全拧紧的螺栓连接挤压强度，可能高达一个销钉连接挤压强度的 4 倍。用手拧紧螺母也能达到销钉连接强度的 2 倍。试验表明,在某一拧紧力矩值之前,挤压强度随拧紧力矩的增大而增加,达到该值后,继续增大拧紧力矩,挤压强度不再增加或增加甚微。过分地拧紧螺母反而会造成层压板的损伤,这是不利的。

由于复合材料的黏弹性行为,紧固件的夹持力将逐渐松弛。因此,对侧向约束所产生的强度增加须谨慎对待,尤其对于长期使用又不便检查的螺栓连接。在确定许用挤压强度时应考虑螺栓夹紧力松弛的影响。

4. 连接形式

在复合材料结构中,连接形式是影响机械连接强度的重要因素之一。同双剪连接相比,单剪连接由于载荷偏心,挤压应力沿板厚度不均匀,因此可能降低连接强度。单剪对连接强度影响的大小与板厚有关,对于薄板,单剪对挤压强度影响不大,但对初始挤压破坏强度有明显影响,最大可以降低20%。单剪影响随板厚增加而逐渐增大。

5. 几何参数

(1)板宽与孔径之比。板宽与孔径之比(W/D)主要影响复合材料机械连接的净拉伸破坏强度,随着W/D的增加,机械连接破坏模式从净拉伸逐渐过渡到挤压,其前提条件是端距足够大。由于挤压是局部现象,进一步增加W/D值,连接强度不再增加,反而会降低连接效率。

(2)端距与孔径之比。端距与孔径之比(e/D)主要影响复合材料机械连接的剪切强度。在板宽满足W/D大于或等于5的前提下,随着e/D的增加,连接的破坏模式由剪切过渡到挤压,在推荐的连接区铺层范围内,e/D不应小于3。对于含±45°层较少的层压板,要求有更大的e/D值。

(3)孔径与板厚之比(D/t)。W/D、e/D和D/t(孔径、厚度比)为常数时,随孔径增大,机械连接的破坏载荷增加,但挤压强度随之减小。当D/t约等于1.0时,连接强度最大。随D/t的增大,连接强度有所减小。当D/t等于3时,挤压强度约减小13%。

6. 载荷方向

对于强度和刚度等性质随纤维方向而变化的各向异性复合材料,钉载方向与层压板0°纤维方向的夹角将影响连接强度。如T300/4211及T300/5222碳纤维复合材料层压板的挤压强度与载荷方向偏角之间的关系为挤压强度随载荷方向偏角的增大而降低。有试验结果表明,随着±45°层比例的增加,载荷方向偏角对挤压强度的影响将减弱。

7. 制孔质量

制孔缺陷会使连接强度明显下降,埋头孔对较薄的层压板挤压强度有明显影响,随着板厚的增加,影响将会逐渐减小。

8. 温度和湿度

温度对拉伸强度、剪切强度、挤压强度都有明显影响,湿度对拉伸强度无明显影响,但对挤压、剪切强度影响较大,温湿联合作用比仅有温度作用时挤压强度多下降10%。

1.5 复合材料连接设计原则

1.5.1 胶接连接设计的原则

从提高强度和降低成本观点考虑,胶接连接设计的基本原则如下:

(1)选择合理的连接形式,使胶层在最大强度方向承受剪力,尽可能避免胶层受到法向力和剥离力,以防止发生剥离破坏。

(2)尽量减小连接偏心,尽可能减小应力集中,降低剥离应力,力求避免连接端部层压板发生层间剥离破坏。

(3)被胶接件的刚度要匹配,以便降低剥离应力。

(4)采用热膨胀系数相近的被胶接件,胶黏剂的热膨胀系数也应与被胶接件的相近,以便降低热应力。

(5)最好使用韧性胶层,而不使用脆性胶层。

(6)对大面积胶接最好使用胶膜,而不是糊状胶。

(7)保证胶接连接形状100%目视可检,以便提高可靠性和置信度。

(8)充分认识到低周加载是控制胶接连接耐久性的主要因素,要提供足够长的胶接长度,保证胶层受载较小,设想在可能使用的最严重的湿热环境下,使蠕变不会发生。

这些原则总体来说就是尽可能使胶接连接强度高于被胶接件强度或与之相近。为此,应从连接形式、几何参数选择等诸多方面着手,来满足上述要求。

1. 胶接连接形式及选择

胶接连接形式选择是胶接连接设计的关键。设计的目标应是使制造工艺尽可能简单、成本尽可能低,同时连接强度不低于连接区外边被胶接件的强度。胶接连接承受剪切载荷的能力较强,但抗剥离能力很差。因此,优秀的连接设计应根据最大载荷的作用方向,使所设计的连接以剪切的方式传递最大载荷,而其他方向载荷较小,这样就不致引起较大的剥离应力。

2. 胶接连接几何参数选择

以承受拉伸载荷为 P 的单搭接连接为例,其连接几何参数是被胶接件厚度 t、胶层厚度 h 和搭接长度 L。被胶接件厚度 t 通常由需要传递的载荷 P 确定。胶层厚度 h 对连接强度有一定影响,一般以 $0.10\sim0.25$ mm 为宜。增加胶层厚度,以减小应力集中,提高连接强度,但厚度过大易产生气泡等缺陷,反使强度下降;胶层薄则要求被胶接件之间贴合度高,因而也不宜过薄。

对于简单的等厚搭接连接设计很简单,双剪连接采用搭接长度 $30\ t$,单搭接连接采用搭接长度 $50\sim100\ t$,斜面搭接连接采用 1∶50 的斜率。搭接板的斜削端应以 1∶10 的斜率减至0.51 mm。

3．胶接面纤维取向

复合材料层压板待胶接表面纤维的方向最好与载荷方向一致，或者与载荷方向成45°角，不得与载荷方向垂直，以免被胶接件过早产生层间剥离破坏。

4．被胶接件的表面制备

利用胶黏剂进行胶接，是被胶接件与胶层之间复杂的作用过程，被胶接件的表面制备质量对胶接质量（静强度和耐久性）有重大影响，应特别予以关注。表面制备缺陷非常令人烦恼，这是因为目前还没有任何一种无损评估技术能够检测出胶层和被胶接件之间界面强度的高低。因此胶接应符合规定的工艺规程，在胶接过程中应进行严格的质量控制和检查，重要部位还应进行无损检测。对碳/环氧复合材料件间的胶接，可采用有机溶剂清洗和表面机械打磨。

5．胶黏剂及其选择

复合材料胶接强度取决于胶层与胶接件表面接触处界面的黏结强度和胶层内聚强度，因此胶接接头承载能力与胶黏剂密切相关，必须认真对待。选胶的基本原则有以下几条：

(1)有较好的综合力学性能（静强度及湿热老化性能等）。

(2)适于复合材料之间及复合材料与其他材料（钛、铝）之间的胶接，有较好的表面适应性（黏结强度高）。

(3)工艺性好，使用方便。

(4)耐蚀性、耐高低温性及耐候性良好。

1.5.2 机械连接设计原则

机械连接设计一般应遵循以下基本原则：

(1)连接的几何尺寸和铺层设计应满足强度要求，设计载荷下不能超过许用挤压应力。

(2)机械连接设计要考虑今后修理的需要，容许使用下一级较大尺寸的紧固件。

(3)尽可能采用双剪连接形式。

(4)紧固件应承受剪切，避免受拉和弯曲。

(5)满足抗电化学腐蚀的要求。

(6)考虑使用环境条件的影响和特殊要求。

1．机械连接形式及选择

复合材料结构的机械连接形式，按有无起连接作用的搭接板来分，主要有对接和搭接两类，按受力形式分有单剪和双剪两类，其中每类又分为等厚度和变厚度两种情况。

复合材料机械连接形式的选择应遵循以下原则。

(1)连接设计宜采用双剪连接形式,尽可能避免连接效率较低的不对称单剪连接。

(2)对于单剪连接形式,宜采用多排钉连接,排距应尽可能大些,使偏心加载引起的弯曲应力降到最小。应注意到,当用增加层压板局部厚度的方法增强不对称连接时,随板厚的增加,由偏心导致的附加弯曲应力也更大,相当程度上抵消了材料厚度增加所起的作用。

(3)碳纤维树脂基复合材料一般不会产生塑性变形,这就导致多排紧固件连接载荷分配的严重不均,因此,如有可能应尽量采用不多于两排钉的连接形式。钉孔布置应尽可能平行排列。

(4)设计合理的斜削型连接可以改善多钉连接时载荷分配的不均匀性,提高连接的承载能力,设计的关键是斜削搭接板厚度和紧固件直径的选择。

2. 连接区的铺层设计要求

为提高复合材料机械连接的强度和柔性,除遵照一般的铺层要求外,连接区的铺层设计还应遵循以下原则。

(1)应保证±45°层比例不低于40%,0°层比例不低于30%,90°层比例至少10%。对于机械连接设计这一点至关重要。

(2)对非常薄的层压板连接区局部应加厚以避免D/t大于4。同时应遵循一般规则D/t大于或等于1,以避免紧固件破坏。

(3)在载荷过渡区,中面两侧应有等量的+45°和-45°层。

(4)应避免在连接区拼接纤维。

3. 连接几何尺寸要求

为防止复合材料机械连接出现低强度破坏模式,并具有较高的强度,被连接板的几何参数一般应按表1-4选取,另外,连接的几何尺寸应考虑修理的需要,即容许修理后采用直径大一级的螺栓。

表1-4 机械连接中的几何参数选择

列距/孔径 (S/D)	排距/孔径 (p/D)	边距/孔径 (S_w/D)	端距/孔径 (e/D)	孔径/板厚 (D/t)	划窝深度 H/mm
≥5	≥4	≥2.5	≥3	$1 \leq D/t \leq 2$	$H \leq 0.7t$

4. 紧固件要求

为防止电化学腐蚀,复合材料结构应选用与其电位接近的钛、钛合金、不锈钢、镍基高温合金等金属材料制成的紧固件。正确考虑紧固件的直径与板厚之比,保证紧固件具有足够的强度,且紧固件应有足够的刚度,以防由于紧固件的严重弯曲,明显降低层压板的许用挤压应力。螺栓用于传载较大的结构连接部位,且可拆卸,铆钉用于不可拆卸的结构处,铆钉可应用的层压板厚度范围较小,一般为1~3 mm,且强度较低。

课后拓展

1. 查询文献资料,研究航空复合材料企业,针对复合材料在飞机结构件上的应用,完成相关报告。
2. 查询文献资料,研究复合材料企业,针对复合材料连接技术研究现状及趋势,完成相关报告。
3. 查询文献资料,搜集航空航天领域、汽车领域,复合材料连接技术应用的案例。
4. 查询文献资料,完成复合材料连接新技术研究进展的论文。

习题

一、填空题

1. 复合材料是指_____。
2. 复合材料常用的增强纤维有玻璃纤维、_____、_____和其他陶瓷纤维。
3. 用于复合材料的聚合物基体按固化特性有_____树脂和_____树脂。
4. 预浸料是指_____。
5. 预浸料品种规格很多,按物理状态分类,预浸料可分成单向预浸料、_____、织物预浸料。
6. 按所用紧固件及连接工艺的不同,机械连接又分为三种:_____、_____和_____。
7. 铆接是一种不可拆卸连接。它是依靠_____形成镦头将构件连接在一起的。
8. 胶接连接在拉伸载荷作用下,有以下 3 种基本破坏模式为_____、_____和_____。
9. 影响复合材料胶接连接强度的主要因素有:被连接件的材料种类、_____、连接形式和几何参数、_____、温度和湿度、_____、胶接工艺。
10. 对大面积胶接最好使用_____,而不是糊状胶。

二、判断

1. 玻璃纤维绝缘性好、耐热性强、抗腐蚀性好,机械强度高且耐磨性好。(   )
2. 碳纤维的缺点是性脆,抗冲击性和高温抗氧化性差。(   )
3. 环氧树脂不能直接使用,必须在向树脂中加入固化剂,在一定温度条件下进行交联固化反应,生成体型网状结构的高聚物后才能使用。(   )
4. 胶接连接是借助胶黏剂将零件连接成不可拆卸的整体的方法,其结构质量轻,但存在老化问题。(   )
5. 复合材料铆接时可采用锤铆、压铆等方式。(   )
6. 陶瓷基复合材料和树脂基复合材料的焊接性与其基体基本类似,基本上可以用其基体的

焊接方法进行焊接。(　　)

7. 当被胶接件很薄,连接强度足够时,被胶接件发生拉伸或拉弯破坏。(　　)

8. 随胶接缺陷尺寸增大,应力显著降低。(　　)

9. 胶接接头设计时,使胶层在最大强度方向承受剪力,尽可能避免胶层受到法向力和剥离力。(　　)

10. 复合材料机械连接设计宜采用双剪连接形式,也可以采用不对称单剪连接。(　　)

三、选择题

1. 下列为热固性树脂基体的是(　　)。
   A. 聚醚醚酮　　　　　B. 聚砜　　　　　C 环氧树脂　　　　　D. 聚甲醛

2. 复合材料要在1200 ℃左右使用,宜选用哪一种金属基体?(　　)
   A. 铝合金　　　　　B. 镁合金　　　　　C. 钛合金　　　　　D. 镍基高温合金

3. 下列哪个是胶接连接的缺点?(　　)
   A. 应力集中　　　　　　　　　　　B. 产生电化学腐蚀
   C. 易老化　　　　　　　　　　　　D. 层压板局部强度降低

4. 以下关于胶接连接设计说法错误的是(　　)。
   A. 被胶接件的刚度要匹配　　　　　B. 胶黏剂的热膨胀系数应与被胶接件的相近
   C. 胶接接头可以承受剥离力　　　　D. 对大面积胶接最好使用胶膜

5. 下列哪个属于机械连接的优点?(　　)
   A. 无应力集中产生　　　　　　　　B. 无电化学腐蚀
   C. 质量轻　　　　　　　　　　　　D. 受环境影响小

四、简答题

1. 复合材料的性能特点有哪些?
2. 什么是预浸料?先进复合材料用预浸料有哪些特征?
3. 什么是环氧树脂?它的性能特点有哪些?
4. 复合材料胶接连接的特点有哪些?
5. 复合材料机械连接的特点有哪些?
6. 复合材料胶接连接设计的原则有哪些?
7. 复合材料机械连接设计的原则有哪些?
8. 简述影响胶接强度的因素。
9. 简述影响机械连接强度的因素。
10. 复合材料选胶的原则有哪些?

第 2 章 复合材料胶接连接基础

本章导读

本章主要介绍了复合材料胶接常用的胶黏剂、黏结机理、胶接接头设计三方面的内容。主要从胶黏剂的组成、性能、应用介绍了复合材料常用的胶黏剂；主要分析了黏结作用形成的条件和一些黏结机理；对胶接接头受力、接头设计形式等进行详细介绍。

知识目标

(1) 掌握常用胶黏剂各自的组成及性能。

(2) 掌握胶接接头的定义及受力分析。

(3) 掌握胶接接头形式及选用。

能力目标

(1) 具备选用胶黏剂的能力。

(2) 具备制定胶黏剂配方的能力。

(3) 具备胶接接头设计能力。

素质目标

(1) 具有诚信意识和质量意识。

(2) 具有环保意识。

(3) 具有创新精神和敬业精神。

2.1 胶黏剂

胶黏剂作为复合材料胶接连接的重要媒介，对于复合材料胶接工艺实施的难易及胶接效果的好坏起着至关重要的作用。

2.1.1 胶黏剂概述

1. 胶黏剂的定义及发展概况

通过界面的黏附和物质的内聚等作用,能使两种或两种以上相同或不同的制件(或材料)强力持久地连接在一起的天然的或合成的、有机的或无机的物质统称为胶黏剂,又叫作黏合剂,习惯上简称为胶。

胶黏剂与胶粘技术随着人类生产活动的开始应运而生,并随着科学技术的进步而发展创新。数千年前,人类就已将动物的皮、筋、骨等熬制成骨胶、皮胶,用于胶粘木材,制造家具和武器。土、石灰、淀粉、血粉等用水调和后胶接石木文物,在这些应用中都会找到天然胶黏剂的踪迹,并且这种天然胶黏剂一直沿用至今。胶黏剂的历史很悠久,我国几千年前就使用了热熔胶粘接技术。

尽管粘接技术历史悠久,但是在相当长的一段时期一直停留在使用天然胶黏剂的水平上。直到20世纪初,合成树脂的出现及其胶黏剂的应用才使这一古老技术焕发出青春活力,成为粘接技术发展史上划时代的里程碑。

改革开放以来,我国的胶黏剂工业得到了高速发展。从1993年的84万吨发展到1999年的150多万吨。目前全国胶黏剂生产企业超过1000家。胶黏剂的生产能力达250万吨/年。产品门类齐全、品种牌号已达25 000多个,应用领域已经渗透到国民经济各个部门,包括木材加工、轻纺、建筑、交通运输、机械电子、医疗卫生、日常生活、尖端技术、航天工业、航空工业、兵器、造船等领域。

2. 胶黏剂的组成

胶黏剂的组成因其来源不同而有很大差异,天然胶黏剂的组成比较简单,多为单一组分,而合成胶黏剂则较为复杂,是由多种组分配制而成,以获得优良的综合性能。总的来说,胶黏剂的组成包括基料(黏料)和助剂两个重要的部分,助剂则主要包括固化剂、增韧剂、增塑剂、稀释剂、溶剂、填料、偶联剂及光引发剂、促进剂、增稠剂、防老剂、阻燃剂、增黏剂、阻聚剂、着色剂等。各种助剂都是为了改善胶黏剂的某种性能或者改善其施胶工艺而加入的,因此一般情况下,除了基料是不可缺少的之外,其余的助剂要视性能要求和价格问题考虑是否加入。

1) 基料

基料也被称为黏料,是胶黏剂的主体材料,也是赋予其黏性的根本成分。对于有机合成胶黏剂来说,基料一般为合成树脂(包括热固性树脂和热塑性树脂)和合成橡胶两大类。

作为胶黏剂黏料的热固性树脂是低分子质量的液体或固体的线型树脂,固化后交联成为不溶且不熔的体型结构,具有很高的强度、耐热性、耐介质性和耐久性等,适宜配制结构胶黏剂。属于这类的树脂有环氧树脂、酚醛树脂、聚氨酯等。

热塑性树脂为线型结构,加热时变软或熔融,在适当的溶剂中可溶解,容易发生蠕变,多数耐热性不佳,刚性小,耐介质性较差,主要用于制造非结构胶黏剂,或对热固性树脂进行改性。属于这类的树脂有聚醋酸乙烯酯、EVA、聚对苯二甲酸乙二醇酯、合成树脂乳液等。

合成橡胶是一种重要弹性体材料,有固体和液体之分,硫化后具有优异的弹性,耐受冲击振动,可用于制造橡胶型胶黏剂,亦可与热固性树脂配合制备综合性能良好的结构胶黏剂。黏料必须具有良好的黏附性和湿润性等,胶黏剂可由一种基料制成,为提高粘接性能和环境耐久性,也可由两种或两种以上的基料组成,配以助剂制成胶黏剂。

2)固化剂及固化促进剂

固化剂又叫硬化剂或者熟化剂,其参与化学反应,使胶黏剂发生固化,从而将线型结构转变为交联或体型结构。对于某些胶黏剂来说,固化剂是不可缺少的成分,比如环氧胶黏剂。固化剂的选择应根据胶黏剂主体材料的品种和性能、胶黏剂的使用条件、具体的胶接工艺方法、经济性、环保性等选择。一般来说,选择原则如下:①固化剂最好是液体,并且无毒、无味、无色。②固化剂与被固化物反应要平稳、放热少,以减少胶层的内应力。③需要提高耐热性时,应选用分子中具有反应基团较多的固化剂。④需要提高韧性时,应选用分子链较长的固化剂。

为了促进固化反应,有时要加入促进剂,以降低固化温度或缩短固化时间。热固性树脂胶黏剂常需加入促进剂,常用的固化促进剂有叔胺、胺基苯酚等。固化剂和固化促进剂的种类和用量,都会对胶黏剂的使用寿命、粘接工艺及粘接后的力学强度产生很大影响,使用时应注意。

3)溶剂(稀释剂)

为便于涂胶和调节胶黏剂黏度,常在涂胶前加入稀释剂(溶剂),这种稀释剂具有溶解其他物质的能力。经稀释后的胶黏剂,其黏度更适于涂胶,也可增加胶黏剂的湿润能力,提高分子活动能力,从而提高黏合力。溶剂稀释剂有两类:一类是活性稀释剂,其中含有反应基团,既可降低胶黏剂的黏度又可参与固化反应,如在环氧胶黏剂中加入环氧丙烷苯基醚等,就可起到稀释和固化的双重作用;另一类是非活性稀释剂,大多数为惰性溶剂,不参与固化反应,仅起稀释作用,涂胶后挥发,如乙醇、丙酮、甲苯、甲乙酮、乙酸乙酯等。一般多选用非活性的稀释溶剂。有机溶剂大多有一定的毒害性、易燃易爆性,所以在选择溶剂稀释剂时应综合考虑其溶解性、挥发性、环保性、安全性及经济性进行综合选择。

4)填料

填料是为改善胶黏剂的工艺性、耐久性、黏结强度及其他性能或降低成本而加入的一种非胶黏性固体物质。加入填料可增加黏度,降低热膨胀系数和收缩率,提高剪切强度、刚度、硬度、耐热性、耐磨性、耐蚀性、阻燃性、导电性等。有些填料可使黏结强度提高50%~100%。由于填充剂的价格大多低于合成树脂,因此加入填料还可有效地降低成本。填料的种类、粒度、酸碱性和用量等,都对胶黏剂的性能有较大的影响,应根据胶黏剂的类型和性能要求进行适当的选择。胶黏剂所用的填料应不与其中的各组分起化学反应,不含水分和油脂,易与黏料混合,分散均匀。填料粒度应尽量小,填料应无毒害、不污染环境、价格低廉、易得。

5)增塑剂

增塑剂是为提高胶膜伸长率、柔韧性,降低脆性和体系黏度而加入的高沸点液体或低熔点固体有机化合物,一般不与胶黏剂的主体成分发生化学反应。常用的增塑剂有邻苯二甲酸酯类、脂肪族二元酸酯类、磷酸酯类、环氧酯类、氯化石蜡、碳酸酯类等。

6)增韧剂

增韧剂是为改善胶黏剂的脆性,提高其柔韧性而加入的物质,它可以减少固化时的收缩性,提高胶层的剥离强度和冲击强度。增韧剂一般都含有能参与固化反应的活性基团,成为交联结构中的组成部分。可用的增韧剂有液体聚硫橡胶、端羧基液体丁腈橡胶、低分子聚酰胺、氯磺化聚乙烯、端羟基液体聚丁二烯橡胶、端羟基聚醚、不饱和聚酯树脂、共聚尼龙、聚乙烯醇缩醛、聚氨酯、丁腈橡胶、羧基丁腈橡胶、聚醚、聚酰亚胺、聚醚醚酮、聚醚多元醇、羧基丁腈胶乳等。

7)偶联剂

偶联剂是一类分子两端含有既能与无机物反应又能与有机物反应的不同官能团的化合物,通过化学键的形式将两种性质不相同的材料牢固地结合在一起。偶联剂实质起着架桥的作用,能够显著提高胶黏强度、耐水性、耐热性和耐湿热老化性。偶联剂按化学结构可分为有机硅烷类和非硅烷类,后者又分为钛酸酯类、铝酸酯类和有机铬络合物等。在胶黏剂中常用的为有机硅烷偶联剂,常用的牌号有 KH-550、KH-560、KH-570 等。

偶联剂的使用方法大体上有两种,一是配入胶内,其用量约为基料(即树脂、橡胶等)的1%～5%,要依靠分子的扩散作用迁移到界面上,另一种是把硅烷偶联剂配成浓度为0.5%～2%的乙醇溶液,涂敷到已经处理好的待粘接表面上,待溶剂挥发,即可涂胶,这也是表面处理方法之一。

8)其他助剂

(1)防老剂。防老剂是能延缓高分子化合物老化的物质,对于在高温、暴晒下使用的胶黏剂和橡胶胶黏剂由于容易老化变质,一般在配胶时都会加入少量防老剂。

(2)增稠剂。有些胶黏剂的黏度很低,涂胶时容易流失或渗入被粘物孔隙中而产生缺胶等弊病,需要在这些胶中加入一些能增加黏度的物质即增稠剂。增稠剂应与胶黏剂主体材料有很好的相容性。常用的增稠剂有气相二氧化硅、气溶胶、丙烯酸树脂、聚异丁烯等。

(3)稳定剂。稳定剂是指有助于胶黏剂在配制、储存和使用期间性能稳定的物质,包括抗氧剂、光稳定剂、热稳定剂、金属离子钝化剂等。胶黏剂常用的稳定剂有防老剂 RD、防老剂 4010、抗氧剂 264、紫外线吸收剂 UV-531、氧化锌等。

3. 胶黏剂的分类

1) 按照胶黏剂的基料的性质分类

按照基料的性质,胶黏剂可以分为无机胶黏剂和有机胶黏剂,有机胶黏剂又可以分为天然胶黏剂和合成胶黏剂。无机胶黏剂有磷酸盐类、硅酸盐类、金属氧化物等;天然胶黏剂包括动物胶黏剂、植物胶黏剂、矿物胶黏剂及海洋胶黏剂;合成胶黏剂包括树脂型和橡胶型胶黏剂。

2) 按固化过程中的物理化学变化分类

按固化过程的变化不同可分为反应型、溶剂型、乳液型、热熔型、压敏型等胶黏剂。

3) 按胶黏剂的用途分类

按照胶黏剂的基本用途,可分为结构胶黏剂、非结构胶黏剂、特种胶黏剂、密封胶等。结构胶黏剂黏结强度高、耐久性好,能够用于承受较大应力的场合。非结构胶黏剂用于非受力或次要受力的部位。特种胶黏剂主要是满足一些特殊要求,如耐高温、耐超低温、导电、导热、导磁、阻燃、医用、发泡等。

4) 按胶黏剂的形态分类

根据胶黏剂外观状态,可分为液体胶黏剂和固体胶黏剂。胶黏剂形态有液态、糊状、膏状、片状、膜状、网状、带状、粉状、粒状、块状、丝状、条状、棒状等。常用的胶黏剂形态主要为液态和膜状,尤其在复合材料蜂窝夹层结构中,胶膜应用更为广泛。

2.1.2 环氧树脂胶黏剂

1. 环氧树脂胶黏剂的组成

一般来说,有机合成胶黏剂的组成分为基料和助剂两部分,所以环氧树脂胶黏剂的组成也包括环氧树脂(基料)和助剂,其中固化剂是必不可少的助剂,其他的助剂,如增韧剂、稀释剂、填料、偶联剂等,根据粘接工艺需要和待粘接固化物的性能要求有选择性地加入。

1) 环氧树脂

环氧树脂是分子结构中含有2个或2个以上环氧基,并在适当的化学试剂存在下能形成三维网状固化物的化合物的总称,是一类重要的热固性树脂。

(1) 环氧树脂性能特点。

① 力学性能高。环氧树脂具有很强的内聚力,分子结构致密,所以它的力学性能高于酚醛树脂和不饱和聚酯等通用型热固性树脂。

② 附着力强。环氧树脂固化体系中含有活性极大的环氧基、羟基及醚键、胺键、酯键等极性基团,赋予环氧固化物对金属、陶瓷、玻璃、混凝土、木材等极性基材以优良的附着力。

③ 固化收缩率小。固化收缩率一般为1%~2%,是热固性树脂中固化收缩率最小的品种

之一(酚醛树脂为 8%～10%,不饱和聚酯树脂为 4%～6%,有机硅树脂为 4%～8%),线膨胀系数也很小,一般为 $6\times10^{-5}/℃$,所以固化后体积变化不大。

④电绝缘性优良。环氧树脂是热固性树脂中介电性能最好的品种之一。

⑤工艺性好。环氧树脂固化时基本上不产生低分子挥发物,所以可低压成型或接触压成型。

⑥稳定性好,抗化学药品性优良。不含碱、盐等杂质的环氧树脂不易变质,只要贮存得当(密封、不受潮、不遇高温),其贮存期为 1 年,超期后若检验合格仍可使用。环氧固化物具有优良的化学稳定性,其耐碱、酸、盐等多种介质腐蚀的性能优于不饱和聚酯树脂、酚醛树脂等热固性树脂。

⑦环氧固化物的耐热性一般为 80～100 ℃。环氧树脂的耐热品种可达 200 ℃或更高。

(2)各类环氧树脂及其性能特点。

①缩水甘油醚类环氧树脂。缩水甘油醚类环氧树脂是使用量最大的环氧树脂,其中又以双酚 A 型环氧树脂为主,所以在此重点介绍双酚 A 型环氧树脂的性能特点。双酚 A 型环氧树脂是由环氧氯丙烷与二酚基丙烷缩聚而成,其黏结强度高,可黏结除聚烯烃之外的所有材料,固化收缩率低,稳定性好,耐酸碱及其他化学药品性好,机械强度高,但其耐候性差,容易发生热降解,不能在较高的温度下使用,冲击强度较低。环氧树脂胶黏剂的基料多选用这类环氧树脂,比如常用的 E-51、E-44 环氧树脂。

②缩水甘油酯类环氧树脂。缩水甘油酯类环氧树脂与二酚基丙烷环氧树脂相比,具有黏度低,使用工艺性能好,反应活性高,黏合力比通用环氧树脂高,固化物力学性好,耐漏电痕迹性好;且其具有良好的耐超低温性,在 -253～-196 ℃的超低温下,仍然具有比其他类型环氧树脂高的黏结强度,有较好的表面光泽度,透光性、耐候性好。

③缩水甘油胺类环氧树脂。缩水甘油胺类环氧树脂可以由脂肪族或芳族伯胺或仲胺和环氧氯丙烷合成,这类环氧树脂的特点是多官能度、环氧当量高、交联密度大、耐热性好。但其具有一定的脆性。其中最重要的树脂是 AFG-90 环氧树脂,其常温下为棕黑色液体,固化周期短,有较高的耐热性和机械强度。

④脂肪族环氧树脂。脂肪族环氧树脂与二酚基丙烷环氧树脂及脂环族环氧树脂不同,在分子结构中既无苯环,也无脂环,仅有脂肪链,环氧基与脂肪链相连。在此类树脂中环氧化聚丁二烯树脂具有代表性,其易溶于苯、甲苯、乙醇、丙酮等有机溶剂,可以和酸酐及胺类固化剂反应,固化后有良好的强度、韧性、黏结性及耐温性,但收缩率较大。

⑤脂环族环氧树脂。脂环族环氧树脂是由脂环族烯烃的双键经环氧化而制得的,它们的分子结构与二酚基丙烷环氧树脂及其他环氧树脂有很大的差异,前者的环氧基直接连接在脂环

上,后者的环氧基都是以环氧丙基醚的形式连接在苯或脂肪烃上。其有较高的抗拉和抗压强度;长期暴露在高温条件下仍能保持良好的力学性能;耐电弧性好;耐紫外光老化性及耐候性好。重要的品种有二氧化双戊二烯,环氧-201或H-71环氧树脂等。

(3)环氧树脂的性能指标。

①环氧树脂中所含环氧基的多少是标志环氧性能的重要指标,通常用环氧值、环氧基含量和环氧当量表示。(a)环氧值指每100 g环氧树脂所含环氧基的物质的量;(b)环氧基含量指每100 g环氧树脂所含环氧基的质量(用百分数表示);(c)环氧当量相当于含一个环氧基的环氧树脂的质量,即环氧值的倒数乘以100。三者之间可以互相换算:

$$环氧值=环氧百分含量/环氧基分子量$$

$$环氧基含量=环氧值 \times 43\%$$

$$环氧当量=100/环氧值$$

②环氧树脂的黏度是环氧树脂实际使用中的重要指标之一。不同温度下,环氧树脂的黏度不同,其流动性能也就不同。黏度通常可用旋转黏度计、毛细管黏度计和落球式黏度计来测定。

③环氧树脂的软化点可以表示树脂的分子量大小,软化点高的相对分子质量大,软化点低的相对分子质量小。

④氯含量是指环氧树脂中所含氯的摩尔数,包括有机氯和无机氯。无机氯主要指树脂中的氯离子,无机氯的存在会影响固化树脂的电性能。树脂中的有机氯含量标志分子中未起闭环反应的那部分氯醇基团的含量,这部分含量应尽可能地降低,否则会影响树脂的固化及固化物的性能。

⑤挥发分是指环氧树脂中低分子杂质、易挥发成分,一般以在(110±2)℃下用电热鼓风箱烘3 h来测定。在树脂中,若挥发分含量高,则胶黏剂的机械强度、收缩率等性能都会降低。

⑥热变形温度是评价树脂的重要标准,它可用来检验稀释剂及杂质存在的影响,也可用来评价固化剂及测定特定树脂体系内固化剂的适当添加量。

2)环氧树脂胶黏剂的助剂

(1)固化剂。

环氧树脂胶黏剂的固化剂能使线型环氧树脂转变为体型交联网状结构,从而使环氧树脂胶黏剂的性能更加稳定。常用环氧树脂固化剂有脂肪胺、脂环胺、芳香胺、聚酰胺、酸酐、叔胺,另外在光引发剂的作用下紫外线或光也能使环氧树脂固化。常温或低温固化一般选用胺类固化剂,加温固化则常用酸酐、芳香族胺类固化剂。其中以胺类和酸酐类固化剂最为常用。

① 固化剂有以下几种类型。

(a)胺类固化剂。胺类固化剂包括脂肪族胺类、芳香族胺类和改性胺类,是环氧树脂最常用的一类固化剂。脂肪族胺类如乙二胺、二乙烯三胺、多乙烯多胺、T-31固化剂等,由于具有能在常温下固化、固化速度快、黏度低、使用方便等优点,所以在固化剂中使用较为普遍。

芳香族胺类固化剂如间苯二胺等。由于分子中存在很稳定的苯环,固化后的环氧树脂耐热性较好。其与脂肪族类相比,在同样条件下固化,其热变性温度可提高40~60 ℃。

改性胺类固化剂是指胺类与其他化合物的加成物。常用的胺类固化剂的性状及固化条件见表2-1。

表2-1 常用的胺类固化剂

名称	参考用量/份	固化条件
二乙烯三胺	8~11	室温/24 h 或 100 ℃/30 min
三乙烯四胺	10~12	室温/48 h 或 100 ℃/30 min
多乙烯多胺	14~15	室温/48 h 或 100 ℃/30 min
T-31(703)	15~40	室温/24 h
间苯二胺	14~16	80 ℃/2 h+150 ℃/2 h

(b)酸酐类固化剂。酸酐类固化剂如顺丁烯二酸酐、邻苯二甲酸酐等。固化后树脂有较好的机械性能和耐热性,但由于固化后树脂中含有酯键,容易受碱侵蚀。酸酐固化时放热量低,适用期长,但必须在较高温度下烘烤才能完全固化。一般在80 ℃以上才能进行固化反应。常用的酸酐类固化剂的性状及固化条件见表2-2。

表2-2 常用的酸酐类固化剂

名称	参考用量/份	固化条件
顺丁烯二酸酐	30~40	160 ℃/4 h 或 200 ℃/2 h
邻苯二甲酸酐	30~50	100 ℃/2 h 或 150 ℃/5 h
六氢苯酐	75~85	80 ℃/2 h 或 150 ℃/4 h
均苯四甲酸二酐	56	180 ℃/(5~15 min)

(c)合成树脂类固化剂。有许多合成树脂,如酚醛树脂、氨基树脂、醇酸树脂、聚酰胺树脂等都含有能与环氧树脂反应的活泼基团,能相互交联固化。

(d)咪唑类固化剂。咪唑是含有两个氮原子的五元环,一个氮原子构成仲胺,另一个氮原子构成叔胺,可在中温固化环氧树脂,有着优良的耐热性和力学性能,只是耐介质性和耐湿热老化性稍有逊色。咪唑是一类重要的环氧树脂固化剂,用量少,挥发小,低毒或无毒,固化物性能优良。这几类固化剂中以胺类和酸酐类固化剂最为常用。

②固化剂对环氧树脂的性能影响较大,一般按下列几点选择:

(a)从性能要求上选择。有的要求耐高温,有的要求柔性好,有的要求耐蚀性好,因此需要根据不同要求选用适当的固化剂。

(b)从固化方法上选择。有的制品不能加热,则不能选用热固化的固化剂。

(c)从适用期上选择。所谓适用期,就是指从环氧树脂加入固化剂时起至不能使用时止的时间。若需要适用期长,则一般选用酸酐类或潜伏性固化剂。

(d)从安全上选择。毒性小的为好,便于安全生产。

(e)从成本上选择。注意控制生产成本。

(2)促进剂。

环氧树脂固化促进剂是一类能加速环氧树脂固化,降低固化温度,缩短固化时间的物质。各种促进剂都有一定的适用范围,应加以选择适用,常用的促进剂见表2-3。

表2-3 环氧树脂胶黏剂的促进剂

名称	参考用量/份	适用的固化剂
苯酚	3~5	胺类,低分子聚酰胺
壬基酚	5~10	胺类
双酚A	3~5	胺类
间苯二酚	10~25	胺类
DMP-30	1~3	低分子聚酰胺,酸酐类
2-乙基-4甲基咪唑	1~2	酸酐类,双氰胺
苄基二甲胺(BDMA)	1~2	酸酐类
吡啶	3~5	酸酐类
脂肪胺	5~7	低分子聚酰胺
三氟化硼胺络合物	0.5~1	胺类、酸酐类
过氧化苯甲酰	1~2	芳香胺类

(3)稀释剂。

稀释剂的主要作用是降低环氧树脂的黏度,增加其流动性和渗透性,便于操作,并可延长其活性期,但用量较多时,对树脂性能会有影响。

稀释剂有活性稀释剂和非活性稀释剂。活性稀释剂如甘油环氧树脂、环氧丙烷苯基醚、环氧丙烷丁基醚等,因其分子中含有活性基团,能参加固化反应,所以称为活性稀释剂。常温固化时,一般可加入活性稀释剂,加入量相当于环氧树脂质量的5%~20%。

非活性稀释剂如无水乙醇、苯、甲苯、二甲苯、丙酮、环己烷、正丁醇等,因其分子中不含活性基团,不参加固化反应,所以称为非活性稀释剂。使用时仅仅起稀释作用,达到降低黏度的目的。一般加入量为树脂质量的5%~15%,若是用量过多,在树脂固化时会有部分溢出,从而加大树脂的收缩率,降低胶合力和机械强度。

一般在实训过程中或者工厂里配制环氧胶时均使用无水乙醇作为稀释剂。

(4) 增塑剂。

增塑剂是为增大环氧胶黏剂的流变性、柔韧性而加入的高沸点难挥发的液体或低熔点的固体物质,一般不参与固化反应,仅是改善某些物理性能、力学性能和工艺性能,但却降低了模量、硬度、耐热性和耐久性等。必须控制用量不超过20份(以环氧树脂100质量份计)。常用的增塑剂有邻苯二甲酸二甲酯、邻苯二甲酸二丁酯、邻苯二甲酸二辛酯等。

(5) 增韧剂。

增韧剂是一类增加固化产物韧性的物质,一般分为非活性增韧剂和活性增韧剂两类。非活性增韧剂分子中不含活性基团,不参加固化反应,仅仅是物理变化的添加物,对于环氧树脂影响较小。活性增韧剂是一类带有活性基团,直接参加固化反应,能用于改善环氧树脂的脆性的物质。活性增韧剂有聚硫橡胶、液体丁腈橡胶等,非活性增韧剂有邻苯二甲酸二甲酯、磷酸三丁酯等。

(6) 填料。

填料在胶黏剂组分中不与基料起化学反应,但可以改变其性能,降低成本的固体材料。在环氧树脂胶中加入适当的填料,不仅可以减少树脂的用量,降低成本,同时还可以改善树脂的性能。常用的填料见表2-4。

表2-4 常用的填料品种与性能

名称	粒度要求/目	参考用量/份	主要作用
石英粉	200~600	50~100	增硬、耐磨、绝缘
白炭黑	—	3~20	增强、耐热
氧化铝	270~325	20~60	增强、耐磨
轻质碳酸钙	325	30~50	增强、增稠
石膏粉	200~325	10~50	触变性、吸水
滑石粉	325	50~80	增强、耐磨、降低成本
云母粉	200~325	20~75	耐热、耐水、绝缘
钛白粉	200~325	10~50	增强、耐老化、着色
氧化铁粉	200~325	75~100	防腐、着色、增强
石墨粉	250	20~50	耐磨、导电、润滑

续表

名称	粒度要求/目	参考用量/份	主要作用
铝粉	200～325	20～200	增强、导热、耐热、着色
还原铁粉	200～325	40～100	增强、导热、耐磨
金刚砂	200	30～50	增强、耐磨、防腐

在环氧胶中加入填料时需要注意以下几点：

①填料应不含结晶水，必须是中性或弱碱性，而且与环氧树脂的固化剂及其他辅助试剂不发生化学反应。

②粉末状填料要求颗粒细小，填料的密度和环氧树脂的密度不能差太大，否则配制过程中，易分层（上浮或下沉）。

③填料的用量不能太多，否则胶液黏度太大，使用会发生困难，同时不能保证填料都润湿树脂。

④对于比较轻的填料，如石棉粉、石英粉等，因为体积大，用量应低于30%，而云母粉、铝粉可加到150%，重质的填料如铁粉、铜粉等则可以加到200%～300%。

⑤加入稀释剂以后可适当增加填料的用量。

⑥树脂加入填料以后，一般就具有加入填料的颜色。

(7) 偶联剂。

在环氧树脂胶黏剂中加入偶联剂就可以改善界面性质，增大胶层内聚力，提高黏结强度、耐水性、耐热性和耐湿热老化性能。常用有机硅烷类的偶联剂有KH-550、KH-560。

2. 改性环氧树脂胶黏剂

未经改性的环氧树脂胶黏剂虽有较高的拉伸和剪切强度，但剥离强度低，冲击韧性差，耐热性低，应用受到限制，因此，通常会加入一些高分子化合物对其进行改性，成为聚合物的复合体系。用来改性的高分子化合物有很多，主要有液体聚硫橡胶、丁腈橡胶、聚乙烯醇缩醛树脂、酚醛树脂、有机硅树脂等。

1) 环氧-聚硫胶

液体聚硫橡胶两端的巯基(—SH)能与环氧树脂反应，形成含硫醚的共聚物，从而提高了环氧树脂胶的韧性和耐水性。液体聚硫橡胶的用量一般为20～40份，加入固化促进剂DMP-30可以加快固化速度。

环氧-聚硫胶的典型配方见表2-5。

表 2-5 环氧-聚硫胶的典型配方

名称	参考用量/份
E-51 环氧树脂	100(质量份)
多乙烯多胺	6
JLY-121 液体聚硫橡胶	20
DMP-30	2
KH-550	适量
氧化铝粉	25
其固化条件一般为常温固化 24 h 或 80 ℃下固化 1 h	

2) 环氧-丁腈胶

环氧-丁腈胶的强度、韧性、耐热、耐油及耐老化性都比未改性的环氧胶有很大改善,端羧基液体丁腈橡胶最为常用,其用量一般为 10~25 份。

环氧-丁腈胶的典型配方见表 2-6。

表 2-6 环氧-丁腈胶的典型配方

名称	参考用量/份
E-51 环氧树脂	100(质量份)
2-乙基-4-甲基咪唑	9
端羧基液体丁腈橡胶(CTBN)	20
氧化铝粉	适量
其固化条件为 80 ℃下固化 4 h 或 120 ℃下固化 2 h	

3) 环氧-有机硅胶

有机硅树脂具有很好的耐高温性、耐水性和耐候性,有机硅树脂改性后得到的环氧-有机硅胶具有良好的耐热性、耐水性和耐老化性。

环氧-有机硅胶的典型配方见表 2-7。

表 2-7 环氧-有机硅胶的典型配方

名称	参考用量/份
E-51 环氧树脂	100(质量份)
间苯二胺	15
有机硅树脂	20

续表

名称	参考用量/份
KH-550	2
氧化铝粉	2
气相白炭黑	3
其固化可采用阶梯式固化,即80 ℃下固化2 h加150 ℃下固化2 h	

4) 环氧-缩醛胶

聚乙烯醇缩醛可以用来改性环氧树脂得到环氧-缩醛胶,其可以提高环氧树脂胶的剪切强度和冲击强度。一般可以采用聚乙烯醇缩丁醛和聚乙烯醇缩甲醛。

环氧-缩醛胶的典型配方见表2-8。

表2-8 环氧-缩醛胶的典型配方

名称	参考用量/份
E-51环氧树脂	100(质量份)
间苯二胺	14
聚乙烯醇缩丁醛	20
丙酮	适量
氧化铝粉	30
其固化条件为压力0.3 MPa,60 ℃下固化1 h加150 ℃下固化2 h	

5) 环氧-呋喃胶

环氧-呋喃胶具有突出的耐强碱性、耐热性和耐水性,其典型配方见表2-9。

表2-9 环氧-呋喃胶的典型配方

名称	参考用量/份
E-44环氧树脂	100
呋喃树脂	50
二乙烯三胺	11
丙酮	5
辉绿岩粉	100
其固化条件为常温固化24 h	

3. 环氧胶的使用方法及使用注意事项

1) 环氧胶的使用方法

(1) 如果环氧树脂胶为双组分的胶黏剂,即 A(树脂胶)+B(固化剂),那么在配胶使用时,对于环氧树脂双组分胶需要按说明书所指的 A 与 B 的重量比进行配制。混合可手工进行,也可使用 AB 胶枪。

(2) 如果是自己设计环氧胶配方配制使用的话,首先确定环氧胶配方,再根据配方中的各组分的质量,严格进行称取,并按一定的顺序加入。

(3) 现用现配,规定时间内要用完。

(4) 一般可在 $-60 \sim 100$ ℃使用。

(5) 根据被粘材料及操作要求选择固化方式。

2) 环氧胶使用注意事项

(1) 一般胺类固化剂宜选用多乙烯多胺、T31 及低分子聚酰胺。

(2) 配制环氧胶必须严格按照配方用量计量称取各组分物质。

(3) 胺类固化剂调配的环氧胶涂胶后在室温下晾置少许时间便应叠合,不可晾置过长时间。

(4) 调配后的胶液应尽快使用。

(5) 加热固化,应选择阶梯升温,分段固化。

(6) 未固化的环氧胶可用无水乙醇或丙酮擦除。

2.1.3 聚氨酯胶黏剂

1. 聚氨酯胶黏剂概述

1) 聚氨酯胶黏剂的定义

聚氨酯胶黏剂是指分子链中含有氨基甲酸酯基团(—NHCOO—)和异氰酸酯基(—NCO)的胶黏剂。

2) 聚氨酯胶黏剂的特点

(1) 聚氨酯胶黏剂含有极性很强、化学活泼性很高的异氰酸酯基和氨酯基,它与含有活泼氢的材料,如泡沫塑料、木材、皮革、织物、纸张、陶瓷等多孔材料和金属、玻璃、橡胶、塑料等表面光洁的材料都有着优良的化学胶接力。

(2) 调节聚氨酯树脂的配方可控制分子链中软段与硬段的比例及结构,制成不同硬度和伸长率的胶黏剂。

(3) 聚氨酯胶黏剂可以加热固化,也可以室温固化。固化属于加聚反应,没有副产物产生,因此不易使胶合层产生缺陷。

(4) 聚氨酯胶黏剂的低温和超低温性能特别优良,超过其他所有类型的胶黏剂。其胶合层可在-196 ℃,甚至-253 ℃下使用。

(5)聚氨酯胶黏剂具有良好的耐磨、耐水、耐油、耐溶剂、耐化学药品、耐臭氧及防霉菌等性能。

(6)聚氨酯胶黏剂耐水性、耐热性差,在高温、高湿度的环境下易水解,从而降低胶合强度。

2.聚氨酯胶黏剂的组成

聚氨酯胶黏剂的组成同一般胶黏剂,也为基料和助剂,基料是聚氨酯树脂,其合成原料有异氰酸酯、聚酯多元醇、聚醚多元醇及其他低聚物醇,助剂包括固化剂、催化剂、溶剂、稳定剂、填料及其他助剂。

1)异氰酸酯

无论是异氰酸酯胶黏剂,还是聚氨基甲酸酯胶黏剂,都需要异氰酸酯单体。异氰酸酯是含有异氰酸酯基(—N=C=O)的有机化合物。异氰酸酯基其累积双键和碳原子两边的电负性很大的氮氧原子作用,使之具有很高的反应活性,能与绝大多数含活泼氢的物质发生反应。常用的异氰酸酯主要有芳香族类和脂肪类两种。芳香族类的主要有TDI(2,4-二异氰酸基-1-甲基苯)、MDI(二苯基甲烷-4,4'-二异氰酸酯)、NDI(1,5-萘二异氰酸酯)、PAPI(多亚甲基多苯基多异氰酸酯)等。脂肪族类的主要有HDI(六亚甲基二异氰酸酯)、HMDI(1,6-已二异氰酸酯)、IPDI(异佛尔酮二异氰酸酯)等。异氰酸酯被归类于危害性物料,在运输规范中也被视为危险品。

2)聚酯多元醇

用来制备聚氨酯的聚酯多元醇主要有三种类型:聚羧酸酯多元醇、聚己内酯多元醇和聚碳酸酯多元醇。要求聚酯多元醇的酸值为 0.3~0.5 mgKOH/g 为宜,聚酯多元醇易于吸湿,在存储及运输中应避免大气中的水分进入。

3)聚醚多元醇

聚醚多元醇是端羟基的低聚物,主链上的烃基由醚键连接。是以低分子量的多元醇、多元胺或含活泼氢的化合物为起始剂,与氧化烯烃在催化剂作用下开环聚合而成。常用的有聚氧化丙烯二醇、聚氧化丙烯三醇等。

4)助剂

(1)扩链剂与交联剂。

常用的扩链剂与交联剂有醇类和胺类,醇类有1,4-丁二醇、2,3-丁二醇、二甘醇、甘油、三羟甲基丙烷、山梨醇等,胺类有MOCA等。

(2)催化剂。

①有机锡类催化剂:催化剂催化 NCO/OH 反应比催化 NCO/H_2O 反应强,聚氨酯胶黏剂制备时大多采用此类催化剂。

②叔胺类催化剂：叔胺类催化剂对促进许多与水的反应特别有效。一般用于制备发泡型聚氨酯胶黏剂及低温固化型、潮气固化型聚氨酯胶黏剂。叔胺类催化剂有四种类型：脂肪族类有三乙胺、二亚乙基三胺等，脂环族胺类有三亚乙基二胺、N-乙基吗啡啉等，醇胺类有三乙醇胺、甲基二乙醇胺等，芳香胺类有吡啶、N,N'-甲基吡啶等。

(3)溶剂。

为了调整聚氨酯胶黏剂的黏度，便于工艺操作，在聚氨酯胶黏剂的制备或使用过程中，经常要采用溶剂。聚氨酯胶黏剂用的有机溶剂必须是"氨酯级溶剂"，不含水、醇等活泼氢的化合物。"氨酯级溶剂"是以异氰酸酯为主要指标，即消耗 1 mol 的 NCO 基所需溶剂的质量(g)，该值必须大于 2500，聚氨酯胶黏剂用的溶剂纯度比一般工业品高。

聚氨酯胶黏剂采用的溶剂通常包括酮类(如甲乙酮、丙酮)、芳香烃(甲苯)、二甲基甲酰胺、四氢呋喃等。溶剂的选择可根据聚氨酯分子与溶剂的溶解原则：溶度参数相近，极性相似，以及以溶剂本身的挥发速度、来源难易、成本等因素来确定。

(4)填料。

适合于聚氨酯胶黏剂的填料有：滑石粉、陶土、重晶石粉、云母粉、碳酸钙、氧化钙、石棉粉、硅藻土、二氧化钛、铝粉、铁粉、铁黑、铁黄、三氧化二铬、刚玉粉和金刚砂粉等。填料表面一般都吸附着一定量的水分，它容易与异氰酸酯基反应生成聚脲，并产生二氧化碳，贮存时会凝胶。因此，聚氨酯胶黏剂中的填料，应预先高温去除水分，或用偶联剂进行处理。

(5)稳定剂。

聚氨酯胶黏剂也存在着老化问题，主要是热化、光老化及水解，针对此问题须添加抗氧剂、光稳定剂、水解稳定剂等予以改进。

加入抗氧剂的作用是阻止聚氨酯热氧化作用，阻止由氧诱发的聚合物的断链反应，并分解生成过氧化氢。常用的抗氧剂有防老剂264、3,5-二叔丁基-4-羟基苯基、丙酸季戊四醇酯(抗氧剂1010)等。

加入碳化二亚胺之类的物质可以作为水解稳定剂来改善聚氨酯胶黏剂水解稳定性差的问题。

(6)其他助剂。

①偶联剂：为了改善聚氨酯胶黏剂对基材的黏结性，提高黏结强度和耐湿热性能，可在聚氨酯胶中加入偶联剂，最常用的偶联剂主要是有机硅烷类偶联剂，比如 KH-550,KH-560,KH-570 等。

②增塑剂：为了改进聚氨酯胶黏剂胶层的硬度，可加入少量增塑剂，常用的增塑剂有邻苯二甲酸二甲酯、邻苯二甲酸二丁酯等。

③增黏剂：在聚氨酯胶黏剂中加入增黏剂可以提高胶的初黏性和黏度，常用的增黏树脂有萜烯树脂、松香树脂、酚醛树脂等。

3. 聚氨酯胶的类型及其特点

1) 多异氰酸酯胶黏剂

多异氰酸酯胶黏剂是由多异氰酸酯单体或其低分子衍生物组成的胶黏剂,其属于反应性胶黏剂,黏结强度高,这种聚氨酯胶黏剂有以下特点。

(1) 具有较高的反应活性,能与许多表面含有活泼氢原子的被粘材料,如金属、橡胶、纤维、木材、皮革、塑料及复合材料等产生共价键,且固化后含氨基甲酸酯、脲键,以及极性较强的键和基团,易和基材之间产生次价键,这些化学黏结力共同作用的结果是使被粘基材之间产生较高的黏结强度。

(2) 通常的多异氰酸酯化合物分子量小,能够溶于大多数有机溶剂,因此易于扩散到基材表面,还易渗入一些多孔性的被粘基材中,从而进一步提高胶黏性能。

(3) 该类胶黏剂可常温固化,也可加热固化,易于产生交联结构,耐热、耐溶剂性好。

(4) 含有较多的游离异氰酸酯基团,对潮气敏感,有毒性,通常含有机溶剂,贮存时要注意防水防潮,操作时须注意通风。

(5) 由于多异氰酸酯化合物分子量小,—NCO 基团含量高,固化后胶层硬度高,有脆性。因此常用橡胶溶液、聚醚、聚酯等低聚物进行改性或用作多种胶黏剂的交联固化剂。

2) 双组分聚氨酯胶黏剂

双组分聚氨酯胶黏剂大多主剂含有端羟基聚氨酯预聚体,固化剂含异氰酸酯基团,也有的主剂为异氰酸酯封端的聚氨酯预聚体,固化剂为低相对分子质量的多元醇或多元胺。助剂和固化剂分开储存,用前按比例调配。双组分聚氨酯胶黏剂有以下特点:

(1) 由于含有氨酯键,初黏性好,黏结力大。

(2) 可调节性好,改变原料组成和相对分子质量,可制成无溶剂型胶黏剂,两组分用量可调范围大。

(3) 可室温固化,也可加热固化,黏结强度较高,能用作结构胶。

(4) 耐低温性能极佳,低温时的黏结强度高出室温时 2~3 倍。

(5) 柔韧性好,剥离强度较高,耐冲击、耐振动、耐疲劳性很好。

(6) 耐磨性、耐油性突出。

(7) 具有良好的气密性、电绝缘性。

(8) 双组分混配后工艺性好,容易湿润,适用期长(密闭时可达 1~5 天)。

(9) 粘接范围广,能够粘接多种材料。

(10) 胶层较易产生气泡。

(11) 耐水耐湿热性能较差。耐热性不够高,一般为 60~80 ℃。

3) 单组分聚氨酯胶黏剂

单组分聚氨酯胶黏剂有湿固化型、封闭型、热固化型、辐射固化型等。其中湿固化型应用最为普遍。

湿固化聚氨酯胶黏剂中含有端异氰酸酯活性基团,靠吸收空气中或被粘物表面的微量水分而交联固化,其缺点是固化较慢,胶层容易产生气泡,影响黏结强度,已经出现了潜性湿固化型聚氨酯胶黏剂,可避免固化时胶层产生气泡。

封闭型单组分聚氨酯胶黏剂是用某些封闭剂,如苯酚等将异氰酸酯基团暂时保护起来,使其在室温下没有反应活性。当使用时又能在一定温度下解离,释放出异氰酸酯基团,与含活性氢化合物反应生成聚氨酯。

热固化型单组分聚氨酯胶黏剂在室温下稳定,加热后会使其内部发生化学反应而固化,没有副产物产生,黏结强度很高,稳定性特别好。

辐射固化型聚氨酯胶黏剂是以紫外线或电子束进行固化,固化速度极快,节省能源,提高效率。

4) 聚氨酯密封胶

聚氨酯密封胶一般分为单组分和双组分两种基本类型,单组分为湿气固化型,双组分为反应固化型。单组分密封胶,施工方便,但固化较慢;双组分有固化快、性能好的优点,但使用时需配制,工艺复杂一些,两者各有优势。

聚氨酯密封胶的优点:①优良的耐磨性;②低温柔软性;③性能可调节范围广;④机械强度大;⑤黏结性好;⑥弹性好,具有优良复原性,可适合于动态接缝;⑦耐候性好,使用寿命可长达15~20年;⑧耐油性优良;⑨耐生物老化,价格适中。

5) 水性聚氨酯胶黏剂

水性聚氨酯胶黏剂是指聚氨酯溶于水或分散于水中所形成的胶黏剂,也称为水基聚氨酯胶黏剂。水性聚氨酯胶黏剂除保持聚氨酯的优点之外,与溶剂型聚氨酯胶黏剂相比,还有其独特之处。

(1) 以水为介质,低毒阻燃,无公害、无危险,气味小,不污染环境,节省能源,适用于易被有机溶剂侵蚀的基材。

(2) 黏度较低,且可用水溶性增稠剂和水进行调节,操作方便,残胶易于清理。

(3) 含有羧基、羟基等基团,在适宜条件下时参与反应,产生交联,提高性能。

(4) 对非极性基材湿润性差。

(5) 干燥速度慢,初始黏性低,耐水性不佳。

6) 发泡型聚氨酯胶黏剂

发泡型单组分聚氨酯胶黏剂无溶剂、低黏度、发泡性好、室温固化、黏结强度高。

4. 聚氨酯胶黏剂的使用注意事项

(1) 尽管聚氨酯胶黏剂对各种材料粘接性能较好,但其强度偏低,不能用于结构粘接。在进行结构件或受力件粘接时一般不要选用此胶。

(2) 由于此胶黏剂分子结构中含有异氰酸酯基团,此基团毒性较大,在食品、药物包装等粘接中不能选用。如果选用,应把异氰酸酯基团含量降至最低。

(3) 由于此胶对水分子敏感,粘接时,应尽量避免与水分子接触,被粘物体表面处理时不可用醇类溶剂清洗。

(4) 由于聚氨酯胶黏剂使用温度偏低,在高温条件下或湿热应用环境中,不可选用这类胶黏剂。

(5) 选胶时,应根据产品的应用环境、被粘接材料、表面处理的允许程度等因素,在聚氨酯胶黏剂众多牌号中选准适用胶,并进行合适的表面处理,才能获得预期的粘接效果。

2.1.4 酚醛树脂胶黏剂

1. 酚醛树脂胶的组成

酚醛树脂胶黏剂的组成为基料和助剂,酚醛树脂胶黏剂的基料为酚醛树脂,酚醛树脂主要由苯酚与过量的甲醛在碱性催化剂下经缩聚反应制得。用作胶黏剂基料的酚醛树脂是相对分子质量为500~1000的酚醛树脂(甲阶酚醛树脂)。其助剂主要为固化剂,其他助剂根据需要加入。

1) 甲阶酚醛树脂

甲阶酚醛树脂,为分子量较低,具有可溶性和可熔性,并具有较好的流动性和湿润性,在加热或固化剂作用下会生成交联体型结构酚醛树脂的一类线型结构酚醛树脂。

苯酚与过量甲醛在碱性催化剂的作用下,可得到热固性甲阶酚醛树脂。许多无机碱、有机碱都可作催化剂。常用的无机碱有 NaOH、KOH、$Ba(OH)_2$、$Ca(OH)_2$ 等,常用的有机碱为乙胺。碱的强弱和参与反应的甲醛量对产物结构影响很大。强碱(如 NaOH、KOH)存在时,即使在醛量不足的情况下,也能促使有更多的二羟甲基酚和三羟甲基酚生成。在热固性的酚醛树脂形成过程中,随着反应程度的不同,可将热固性酚醛树脂分为甲、乙、丙三个阶段的树脂。

2) 甲阶酚醛树脂的合成

甲阶酚醛树脂的合成原料为苯酚和甲醛,一般甲醛过量,催化剂为碱性催化剂,反应介质为碱性介质。合成需经历加成和缩聚两步反应,首先是苯酚和甲醛发生加成反应生成多羟甲基酚,一般为二羟甲基酚和三羟甲基酚,而后多羟甲基酚之间发生缩聚反应生成线型结构的甲阶酚醛树脂。

3) 酚醛树脂胶的助剂

酚醛树脂胶黏剂常用的固化剂为甲醛、多聚甲醛或六次甲基四胺等。其他助剂应根据被粘接制品的应用环境、使用要求来添加。

2. 酚醛树脂胶黏剂的性能特点

酚醛树脂胶黏剂具有如下的一些特点：

(1) 其对大多数的金属和非金属材料具有良好的粘接性，具有优异的胶接强度。

(2) 由于酚醛树脂中存在着大量的苯环，又能交联成体型结构，刚性较大，因而耐热性高、抗蠕变、耐烧蚀、尺寸稳定性好。

(3) 其具有能耐水、耐化学介质和耐霉菌，特别是耐沸水性能。

(4) 其耐油、耐老化性好。

(5) 其电绝缘性能优良。

(6) 本身易于改性，也可以对其他胶黏剂改性。

(7) 胶层脆性较大，剥离强度低。

(8) 固化需要的温度高，固化时间较长。

3. 未改性酚醛胶及其特点

未改性的酚醛树脂胶黏剂是由酚醛树脂的有机溶剂或水溶液（加或不加固化剂）在加热和加压下完成固化，这类胶黏剂主要有 2 种类型，水溶性酚醛胶和醇溶性酚醛胶。

1) 水溶性酚醛胶

水溶性酚醛胶是由苯酚和甲醛在氢氧化钠催化作用下制得的酚醛树脂水溶液，游离酚含量低（<2.5%），减小了污染和毒害，是重要的未改性酚醛树脂胶黏剂，其为深棕色黏稠透明液体，一般在加热条件下固化。

2) 醇溶性酚醛胶

醇溶性酚醛胶是由苯酚和甲醛以氢氧化钠为催化剂制得的甲阶酚醛树脂，溶解于乙醇，加入石油磺酸配成的，在室温或 60 ℃固化的胶黏剂，其为红棕色黏稠液体，一般在酸性条件下和室温下固化。

4. 改性酚醛胶及其特点

酚醛树脂胶黏剂虽然具有胶接强度高、耐水、耐热、耐磨及化学稳定性好等优点，但因其存在耐磨性较低、成本较高、固化温度高、热压时间长等缺点，其应用受到一定限制。为此，许多人采用多种途径对其改性。酚醛树脂的改性，可以将柔韧性好的线型高分子化合物（如合成橡胶、聚乙烯醇缩醛、聚酰胺树脂等）混入酚醛树脂中；也可以将某些黏附性强的，或者耐热性好的高分子化合物或单体与酚醛树脂用化学方法制成接枝或嵌段共聚物，从而获得具有各种综合性能的胶黏剂。改性的酚醛树脂胶黏剂有酚醛-丁腈胶、酚醛-缩醛胶、酚醛-氯丁胶、酚醛-环氧胶和酚醛-尼龙胶。

1)酚醛-丁腈胶

酚醛-丁腈胶是由酚醛树脂与丁腈橡胶及助剂组成,丁腈橡胶改善了酚醛树脂的脆性,提高了耐油性,是综合性能优良的结构胶黏剂,具有高强、坚韧抗冲击、耐热、耐油、耐疲劳、耐久、耐化学介质等特点。

改性酚醛树脂用的丁腈橡胶有固体丁腈橡胶、固体羧基丁腈橡胶和端羧基及羧基液体丁腈橡胶,尤以羧基丁腈橡胶改性效果最好,常用的酚醛树脂为弱碱催化的锌酚醛树脂、钡酚醛树脂和氨酚醛树脂等,当一般酚醛树脂与丁腈橡胶的比例为1∶1时,改性效果最佳。其他的配合剂有溶剂、抗氧剂、硫化剂、促进剂、偶联剂、填充剂等,溶剂可以选用酯类或者酯酮的混合物,促进剂选用二水氯化锡,硫化剂选用硫黄,防老剂选用苯二酚或者没食子酸丙酯,偶联剂选用有机硅烷类的偶联剂如KH-550,酚醛-丁腈胶可以制成胶液和胶膜供实际使用。酚醛-丁腈胶的配方见表2-10。

表2-10 酚醛-丁腈胶的配方表

组分	参考用量/份
钡酚醛树脂	300
丁腈橡胶	100
炭黑	20
氧化锌	5
硫黄	2
促进剂	1
硬脂酸	0.5
乙酸乙酯	500
KH-550	适量

2)酚醛-缩醛胶

酚醛-缩醛胶主要组成为酚醛树脂、缩醛树脂及适宜的溶剂,有时也加入一些防老剂、偶联剂及其他助剂。用于酚醛树脂共混改性的缩醛是热塑性聚乙烯醇缩甲醛或者聚乙烯醇缩丁醛。聚乙烯醇缩醛中的羟基与酚醛树脂中的羟甲基进行缩合反应形成交联结构,因此酚醛-缩醛胶综合了二者的优点,形成韧性好的结构胶,具有优良的抗冲击强度及耐高温老化性能,耐油、耐芳烃、耐盐雾及耐候性好。

酚醛-缩醛胶常选用NaOH催化所得的醇溶性酚醛树脂,其与缩醛的配合比例可为

0.3∶1～2∶1,增加酚醛用量,耐热性提高,韧性降低。多数情况下在 100 份缩醛加入 50～125 份的酚醛树脂。在两者用量相等时,既有良好的耐高温强度,又有较好的低温抗冲击强度和剥离强度。酚醛-缩醛胶的配方见表 2－11。

表 2－11 酚醛-缩醛胶黏剂的配方表

组分	参考用量/份
酚醛树脂	125
聚乙烯醇缩甲醛	100
没食子酸丙酯	2
甲苯∶乙醇(6∶4)	800

酚醛-缩醛胶主要有三种使用形式:

(1)以酚醛-缩醛树脂作溶液,此胶可单独使用,亦可做底胶使用。

(2)酚醛-缩醛可制成载体或无载体的胶膜,利用颗粒状缩醛和酚醛树脂溶液制成均一的膜,或用酚醛-缩醛胶液挥发溶剂后制成均一的膜,具有用胶方便等优点。

(3)将树脂液涂于被粘物上,再撒上缩醛粉末,然后加温固化。

3)酚醛-氯丁胶

酚醛-氯丁胶主要组分为酚醛树脂与氯丁橡胶混炼胶。一般由氯丁橡胶 100 份、氧化锌 10 份、对叔丁基甲醛树脂 10 份和溶剂组成。

酚醛-氯丁胶初黏力较高,成膜性好且胶层柔韧性好,大多数可在室温或者稍高的温度下固化。其既可用溶剂配成胶液使用,又可以制成薄膜使用,仅在临用前用溶剂对粘接面进行必要的湿润。其配方见表 2－12。

表 2－12 酚醛-氯丁胶的配方表

组分	参考用量/份
对叔丁基酚甲醛树脂	10
氯丁橡胶	100
氧化锌	10
乙酸乙酯	适量

4)酚醛-环氧胶

酚醛树脂加入环氧树脂得到的酚醛-环氧胶固化后交联程度高,相比酚醛缩醛胶和酚醛丁腈胶,有更高的耐热性,但剥离强度较低,其一般可在－50～260 ℃使用。其一般选用的环氧树脂为双酚 A 型环氧树脂,一般以酚醛∶环氧为 3∶5 为宜,通常还加入铝粉,可以改善胶黏剂的黏结强度和耐热性,其配方见表2-13。

表2-13　酚醛-环氧胶的配方表

组分	参考用量/份
酚醛树脂	100
环氧树脂	50
铝粉	10
8-羟基喹啉	2

5)酚醛-尼龙胶

尼龙6/66与多聚甲醛反应得到羟甲基尼龙作为改性剂加入酚醛树脂中得到酚醛-尼龙胶,其改善了酚醛树脂胶黏剂的韧性,提高了黏结强度,其典型配方见表2-14。

表2-14　酚醛-尼龙胶的配方表

组分	参考用量/份
酚醛树脂	20
羟甲基尼龙	80
乙醇	240

5. 酚醛胶的使用方法及注意事项

(1)酚醛胶黏剂一般涂胶2~3次,每次均晾置一定时间,有时还要在升温烘烤后趁热粘接。

(2)固化时必须施加一定压力,防止气孔产生,保证胶层致密。

(3)升温时须分段进行,以使温度均匀稳定。

(4)达到规定的固化时间后,应当缓慢降温冷却,以避免或减少产生内应力。

(5)胶液含有易燃溶剂,加热固化时还会有苯酚和甲醛气味,注意通风防火。

(6)胶液含有无机填料的储存易有沉淀,用前一定要搅匀,用后应盖严密封。

2.1.5　丙烯酸酯类胶黏剂

丙烯酸酯胶黏剂是以各种类型的丙烯酸酯为基料,经化学反应制得的胶黏剂。其具有单组分、使用方便、可室温固化、固化速度快等优点,适用于粘接多种材料,是一种比较理想的胶黏剂。一般丙烯酸酯类胶黏剂有氰基丙烯酸酯胶黏剂和反应型丙烯酸酯胶黏剂两类。

1. 氰基丙烯酸酯胶黏剂

α-氰基丙烯酸酯胶黏剂是室温快固型单组分胶黏剂,固化极快,因此又称瞬干胶、瞬间胶、瞬干强力胶、特快超能胶、超级胶黏剂等,由于它的用量少以滴计,固化快以秒计,强力大以吨计,所以发展非常迅速,用途相当广泛,其典型代表502胶几乎是家喻户晓,在工业领域和日生活中经常被使用。

1)氰基丙烯酸酯胶黏剂的组成

a-氰基丙烯酸酯胶黏剂的基料是 a-氰基丙烯酸酯,为了改善胶黏剂的性能,便于使用和贮存胶液,往往在基料中加入助剂,以提高其综合性能。

a-氰基丙烯酸酯容易发生阴离子型聚合,这与单体贮存时的含水量有关,如水含量超过 0.5% 的单体很不稳定。为了防止贮存时发生聚合,需要加入一些酸性物质作稳定剂,常用的稳定剂有二氧化硫(用量为 60 mg/kg),此外乙酸酮、五氧化二磷、对甲基苯磺酸也可作稳定剂。

a-氰基丙烯酸酯单体黏度很小,流动性太大,使用时胶黏剂容易流失,为此常加入一些高分子化合物作增稠剂。例如可以加入聚甲基丙烯酸甲酯、聚丙烯酸酯、纤维素衍生物等作为增稠剂。

a-氰基丙烯酸酯胶黏剂脆性较大,在配方中加入适量增塑剂可以减小脆性,提高韧性,常用的增塑剂有磷酸三甲酚酯、邻苯二甲酸二丁酯等。此外,加入多官能团的单体,如丙烯酸丙烯酯、邻苯二甲酸二丙烯酯、二乙烯基苯等进行共聚,可提高胶黏剂的耐热性等。其配方见表 2-15。

表 2-15 a-氰基丙烯酸酯胶配方表

组分	参考用量/份
a-氰基丙烯酸甲酯	100
聚 a-氰基丙烯酸甲酯	3
对苯二酚	1
邻苯二甲酸二丁酯	3
二氧化硫	0.1
KH-550	0.5

2)氰基丙烯酸酯胶黏剂的性能特点

(1)瞬间粘接(室温快速固化)。

(2)黏度低。

(3)透明性好。

(4)使用方便。

(5)用途广(对大多数金属、塑料、橡胶均可粘接)。

(6)无溶剂,毒性小。

(7)脆性大,不能承受冲击和振动。

(8)耐久性差。

(9)耐热、耐水、耐溶剂、耐候性都比较差,因而粘接不持久。

(10)若操作环境湿度过大,容易出现结霜白化银斑现象。

3)氰基丙烯酸酯胶黏剂的品种

(1)乐泰400系列快干胶。

乐泰400系列快干胶是单组分氰基丙烯酸甲(或乙)酯胶黏剂。乐泰400系列快干胶可粘接弹性体、热塑性塑料、金属、陶瓷、木材、纸张和软木等多种材料,414快干胶可快速粘接橡胶,制造O形密封圈,不受尺寸限制,十分方便。

(2)KH-501胶。

KH-501胶为无色透明液体,密度为$1.06 g/cm^2$,黏度为$2\sim10 Pa \cdot S$,室温时剪切强度大于20 MPa。该胶特点是快速固化,强度较高,胶层较脆,不耐碱和高温、高湿。使用温度为$-50\sim100 ℃$。常用于各种金属、玻璃、石材、塑料(聚乙烯、聚丙烯和聚四氟乙烯除外)、复合材料等的粘接。

(3)502胶。

502胶快速固化,强度较高。脆性较大,耐热性和耐水性差。使用温度为$-50\sim70 ℃$,用于粘接金属、陶瓷、玻璃、塑料(聚烯烃和氟塑料除外)等,不宜用于大面积或间隙较大的粘接。

(4)CAE-150耐热快速黏合剂。

CAE-150耐热快速黏合剂由a-氰基丙烯酸甲酯及改性剂、稳定剂等组成。室温下$5\sim60 min$固化,使用温度最高为150 ℃。

2. 反应型丙烯酸酯胶

快固型丙烯酸酯结构胶黏剂是20世纪70年代由美国杜邦公司开发成功的一种新型胶黏剂,1975年投放市场。第1代丙烯酸酯胶黏剂(简称FGA),第2代丙烯酸酯胶黏剂(简称SGA)和第三代丙烯酸酯胶黏剂(简称TGA),统称为反应型丙烯酸酯胶黏剂。

1)反应型丙烯酸酯胶的组成

反应型丙烯酸酯胶黏剂是由丙烯酸酯类单体或预聚体、弹性体、增韧树脂、引发剂、促进剂、稳定剂、增稠剂、触变剂等组成的。

(1)基料所用的反应性单体有单官能单体、多官能单体或是预聚体,常用的单体主要是甲基丙烯酸甲酯。为改善性能还要加入其他单体,如苯乙烯、醋酸乙烯、丙烯酰胺、乙烯基甲苯、甲基苯乙烯等。

(2)加入一些弹性体可以提高韧性、耐冲击性、耐疲劳性、耐久性和黏结强度。同时,弹性体的加入还可调节黏度,降低固化时收缩率。常用的弹性体有氯磺化聚乙烯、丁腈橡胶、氯丁橡胶、丙烯酸酯橡胶、聚醚橡胶等。

(3)引发剂通常是过氧化物,过氧化苯甲酰(BPO)、叔丁基过氧化氢(BHP)、异丙苯过氧化氢(CHPO)、过氧化甲乙酮(MEKP)、过氧化二异丙苯等。

(4)促进剂就是能与有机过氧化物在室温下反应并产生活性自由基的物质,即所谓的还原剂,与有机过氧化物组成一个强有力的氧化还原引发体系。常用的促进剂有胺类、硫脲类、金属有机化合物、酮类、硫化合物、磷化合物等。

(5)为保证在单体中加入引发剂之后,不立即引发聚合,保持一定的室温贮存稳定性,需要加入稳定剂,如对苯二酚、对苯酚、对甲氧基苯酚及硝基化合物等。

(6)根据需要可以加入增稠剂、触变剂、填充剂、颜料等。加入气相二氧化硅使胶液具有触变性。为减少空气的阻聚作用和低沸点单体的挥发,可于胶液中加入少量石蜡。在胶液中加入粒度为 0.1 mm 的聚乙烯粉末,可以提高剥离强度。

2)反应型丙烯酸酯胶的性能特点

(1)可实现室温快速固化。

(2)使用非常方便,虽是双组分,但不需精确计量,可混合后使用,也可将两组分单独涂刷,然后叠合粘接。

(3)表面处理简单。不需要严格的表面处理,可用于油面粘接,即使附着薄油层,仍有较大的强度。

(4)黏结强度高,韧性好,剥离强度和冲击强度均高。

(5)收缩性小。百分之百的反应性聚合固化。

(6)耐温性好。低温、高温性能良好,可在 $-60\ ℃\sim120\ ℃(150\ ℃)$ 使用。

(7)耐久性好。耐湿热和大气老化。

(8)耐介质性强。耐油性甚佳,耐水性较好。

(9)用途广泛。许多材料都有良好的黏结性能。

(10)多数气味较大。

3. 丙烯酸厌氧胶黏剂

厌氧胶黏剂是由双甲基丙烯酸一缩二乙二醇酯与半衰期长的氢化过氧化物组成的一个稳定的厌氧体系。此类胶在接触空气时不会固化,然而一旦与空气隔绝,则会立即固化。

1)组成

(1)组成厌氧胶是由树脂基料、催化剂、促进剂、助促进剂、稳定剂、增稠剂、着色剂等按一定比例配置而成的一种单组分常温固化的胶黏剂。

①树脂:常用双甲基丙烯酸酯及其改性丙烯酸酯树脂。

②催化剂:对催化剂最基本的要求是其所分解出的游离基半衰期长,同时具备较小的瞬时

游离基浓度,另外还要考虑到厌氧胶的使用性能与储存性能,因此,绝大多数催化剂选用氢化过氧化物,如异丙苯过氧化氢、叔丁基过氧化氢等。

③促进剂与助促进剂:在室温下为了加快氢化过氧化物的分解,还需加入一种能提高氢化过氧化物分解活性的物质(促进剂),以提高厌氧胶的固化速度。甲基对甲苯胺,1,2,3,4-四氢喹啉是常用的促进剂。为了提高促进剂的效果就要加大促进剂的用量,然而加大促进剂的用量会显著降低胶的贮存周期,因而在胶黏剂中还需添加可兼顾厌氧胶固化和储存的物质即助促进剂。常用的助促进剂有邻苯甲酰磺酰亚胺(即糖精)、丙烯酸等。

④稳定剂:在厌氧胶贮存过程中为了防止其黏度增大而固化,在胶液中加入一种可延缓游离基聚合的物质叫作稳定剂。其作用是在胶贮存过程中不使其增黏而固化,在粘接时不影响其固化作用,常用的稳定剂有对苯二酚、1,4-苯醌等。

⑤增稠剂:在粘接过程中,由于不同的材质或粘接方法,要求厌氧胶应具备不同的黏度,要提高其黏度可加入增稠剂。常用的增稠剂有 PMMA、PS、PVC 树脂等。

⑥着色剂:在厌氧胶中添加着色剂,用于区别不同胶种的厌氧胶。

2)性能

丙烯酸厌氧胶具有以下性能特点。

(1)使用方便。

(2)对于被粘材料的湿润性良好。

(3)固化后的厌氧胶有良好的耐热、耐寒、耐溶剂和耐化学品性。

(4)属无溶剂型,固化收缩小。

(5)贮存期长。

(6)间隙过大时不易固化。

(7)不适用于疏松或多孔材料的胶接。

2.1.6 不饱和聚酯树脂胶黏剂

一般是由不饱和二元酸和不饱和二元醇或者饱和二元酸和不饱和二元醇缩聚而成的具有酯键和不饱和双键的线型高分子化合物。通常,聚酯化缩聚反应是在 190~220 ℃进行,直至达到预期的酸值,在聚酯化缩合反应结束后,趁热加入一定量的乙烯基单体,配成黏稠的液体,这样的聚合物溶液称之为不饱和聚酯树脂。不饱和聚酯树脂胶黏剂是以不饱和聚酯树脂为基料,加入引发剂、促进剂及其他助剂配合而成的无溶剂型胶黏剂,可室温或加热固化。

1. 不饱和聚酯树脂胶黏剂的组成

不饱和聚酯树脂胶黏剂是由不饱和聚酯树脂、交联剂、引发剂、促进剂、填料及偶联剂等助剂配合而成。

1) 基料

不饱和聚酯树脂胶黏剂的基料为不饱和聚酯树脂,不饱和聚酯是具有聚酯键和双键的线型高分子化合物,因此,它具有典型的酯键和双键的特性,通常是由饱和的或不饱和的二元羧酸或酸酐与二元醇缩聚而成,合成过程完全遵循线型缩聚反应的历程。

2) 交联剂

不饱和聚酯分子链中含有不饱和双键,因而在热的作用下通过这些双键,大分子链之间可以交联起来,变成体型结构。但是,这种交联产物很脆,没有什么优点,无实用价值。因此,在实际中经常把线型不饱和聚酯溶于烯类单体中,使聚酯中的双键间发生共聚合反应,得到体型产物,以改善固化后树脂的性能。烯类单体在这里既是溶剂,又是交联剂。已固化树脂的性能,不仅与聚酯树脂本身的化学结构有关,而且与所选用的交联剂结构及用量有关。同时,交联剂的选择和用量还直接影响着树脂的工艺性能。应用最广泛的交联剂是苯乙烯,其他还有甲基丙烯酸甲酯、邻苯二甲酸二丙烯酯、乙烯基甲苯、三聚氰酸三丙烯酯等。

3) 引发剂

引发剂主要是过氧化物,如过氧化甲乙酮、过氧化环己酮、过氧化苯甲酰等。

4) 促进剂

促进剂的作用是把引发剂的分解温度降到室温以下。促进剂种类很多,各有其适用性。对过氧化物有效的促进剂有二甲基苯胺、二乙基苯胺、二甲基甲苯胺等。对氢化过氧化物有效的促进剂大都是具有变价的金属钴,如环烷酸钴。为了操作方便,配制准确,常用苯乙烯将促进剂配成较稀的溶液。

5) 填料

为改善不饱和聚酯树脂胶黏剂的性能可加入各种填料,如石英粉、云母粉、石墨粉、铝粉、轻质碳酸钙等。

6) 偶联剂

加入偶联剂可以增加黏结强度、提高耐热性、耐水性及耐湿热老化性,常用的为有机硅烷类,如 KH-550、KH-560、KH-570 等。

2. 不饱和聚酯树脂胶黏剂的性能特点

(1) 黏度较低,易湿润被粘物表面。颜色较浅,透明性好,容易着色。

(2) 固化速度一般较快,不产生副产物,只需接触压力。

(3) 耐磨性、耐蚀性、耐热性较好,胶层硬度较大,电气绝缘性好。

(4) 工艺性好,操作方便,制造容易,价格低廉。

(5) 脆性较大,不耐冲击收缩率大(一般为 7%),易开裂。耐水性和耐湿热老化性较差。

(6)有较大的刺激性气味。

3. 使用注意事项

(1)此胶一般不能用结构胶,但可调节性强。可通过添加纤维提高其强度、添加橡胶或热塑性树脂提高其韧性,经改性后的胶可用作结构胶。

(2)被粘接物使用环境为中高温时,应选用三聚氰酸三烯丙酯作溶剂,可提高胶层的耐热性。

(3)被粘接物在户外使用时,应选用甲基丙烯酸甲酯为溶剂,以提高胶层的耐候性。

(4)在胶液中加适量的无机填料可降低胶层的收缩率和脆性。

2.1.7 聚酰亚胺胶黏剂

1. 组成

聚酰亚胺胶黏剂由聚酰亚胺树脂、溶剂、固化剂等助剂组成。

1)聚酰亚胺树脂

聚酰亚胺是分子结构含有酰亚胺基的芳杂环高分子化合物,是目前工程塑料中耐热性最好的品种之一。聚酰亚胺树脂是由芳香族四酸二酐与芳香族二胺缩聚而成。

2)溶剂

聚酰亚胺树脂所用的溶剂有甲基吡咯烷酮、甲基乙酰胺、甲基甲酰胺、二甲基亚砜,以及上述溶剂与甲苯、二甲苯、环己酮等组成的混合液。

3)固化剂

聚酰亚胺胶所用固化剂为叔胺,如三乙胺、吡啶等。

2. 性能特点

聚酰亚胺胶黏剂是开发最早、应用最广、综合性能最优的耐高温胶黏剂。可在 333 ℃ 以下长期使用,短时间能耐受 555 ℃ 的高温,能在 −200～260 ℃ 保持优良的力学性能、电绝缘性和耐热性,还具有耐磨性、耐辐射性、耐溶剂性、尺寸稳定性、阻燃性和极低的线膨胀系数。作为 230 ℃ 以上长期使用的耐高温结构胶黏剂,聚酰亚胺胶黏剂是最好的之一。其主要缺点是固化条件太苛刻,需要在高温高压下长时间才能充分固化。

2.1.8 热熔胶黏剂

热熔胶黏剂,简称热熔胶,是一种室温呈固态,加热到一定温度就熔化成液态流体的热塑性材料,在熔化时将其涂覆于被粘物表面,叠合冷却至室温则将被粘物连接在一起,具有一定黏结强度。其与热固型、溶剂型、水基型、胶黏剂相比具有许多优越之处,因此得到了许多工业部门的广泛应用。

1. 热熔胶性能特点

(1) 热熔胶不含溶剂，较为环保。

(2) 胶接迅速，生产效率高。

(3) 热熔胶可以反复熔化胶接，故特别适用于一些具有特殊工艺要求构件的胶接，如一些文物的修复。

(4) 可以胶接多种材料，表面处理不严格，经济效益好。

(5) 热熔胶缺点是耐热性不高，胶接强度有限，不宜用于胶接热敏感材料，使用时需添置一些专门设备，从而限制了其应用和推广。

2. 热熔胶的组成

热熔胶由基料和各种助剂组成，其基料为各种热塑性聚合物，助剂包括增黏剂、增塑剂、抗氧剂及填料等。

1) 基料

(1) EVA（乙烯-乙酸乙烯）树脂。

EVA 一种无臭、无味和无毒的低熔点聚合物，有较好的粘附性、柔韧性、耐寒性和流动性。

(2) EEA（乙烯-丙烯酸乙酯）树脂。

EEA 与 EVA 相比，其低温韧性好，能长期处于高温下，黏度仍较稳定。其对聚乙烯、聚丙烯的黏结强度高，与蜡的相溶性好。

(3) EAA 树脂（乙烯-丙烯酸）。

EAA 对极性物质（如金属、玻璃等）的胶接强度高，树脂能被碱分散。

(4) 聚乙烯树脂（PE）。

PE 价廉，但黏结强度不高。

(5) 聚酯树脂。

聚酯树脂胶接强度高，耐热性比较好，熔点可调节，对多种材料有好的粘接性能。

(6) 聚酰胺树脂。

聚酰胺树脂软化点范围窄，温度稍低于熔点就立刻固化，耐油性耐药品性好，对许多极性材料具有较好胶接性能。

2) 助剂

(1) 增黏剂。

增黏剂可改善热熔胶黏剂对被粘物的润湿性，提高它的黏附力，降低成本，改善操作性能；常用的增黏剂有松香、松香甘油酯、萜烯树脂等。

(2) 黏度降低剂。

黏度降低剂可以降低黏度，还改善胶液流动性、润湿性，提高黏结强度，降低成本，常用的黏度降低剂为蜡类,如白石蜡、微晶石蜡、低分子聚乙烯蜡等。

(3)抗氧剂。

抗氧剂用来防止热熔胶的氧化和热分解,防止胶变质和强度降低等。常用的抗氧剂有2,6-二叔丁基对甲苯酚(BHT),抗氧剂100,含磷化合物,以及硫代二丙酸酯等。

(4)填料。

热熔胶中还常常加入填料,以降低成本,减少固化后体积收缩率和过度的渗透性,提高热熔胶的耐热性和热容量,延长胶的操作时间等,填料用量一般为15%以下,加入过多会使胶的黏度增大太多,降低黏附力和韧性。常用的填料有补强和非补强两种,如二氧化钛、硫酸钡、碳酸钙、瓷土、陶土、炭黑和白炭黑等。炭黑和白炭黑均以对SBS热熔胶有补强作用,加入填料时,填料应干燥,粒度以细为好。

(5)增塑剂。

增塑剂可以降低熔融黏度,加快熔化速度,提高柔韧性和耐寒性。常用的增塑剂有邻苯二甲酸二丁酯、邻苯二甲酸二辛酯和低分子量聚丁二烯等。

3. 重要的热熔胶品种

1)EVA热熔胶

EVA热熔胶是一种不需溶剂、不含水分的固体可熔性聚合物;它在常温下为固体,加热熔融到一定后温度变为能流动且有一定黏性的液体。熔融后的EVA热熔胶,呈浅棕色或白色。EVA具有黏附力强,胶层韧性、耐候性好,易与各种配合剂混合,价格低廉等特点,发展很快,使用面广。EVA热熔胶由乙烯-乙酸乙烯共聚树脂为基料,加入增黏剂、黏度调节剂和抗氧剂等成分组成,是最为常用,也是综合性能最优的一种热熔胶。

2)EEA热熔胶

EEA热熔胶是以乙烯和丙烯酸乙酯共聚体为黏料,加入增黏剂、石蜡、抗氧剂等助剂配合而成的一种胶黏剂。EEA热熔胶在广泛的温度范围内(尤其是在低温下)能保持柔软性,长时间处于高温下,其黏度却能保持稳定,对难以粘接塑料的黏结能力比EVA热熔胶强。

3)聚氨酯热熔胶

聚氨酯热熔胶是由热塑性聚氨酯为黏料制成的一种热熔胶,这种聚氨酯弹性体通常是由端羟基聚酯或聚醚、低分子量二元醇、二异氰酸酯聚合成的具有软性链段和硬性链段的嵌段聚合物,因此聚氨酯热熔胶比聚酯、聚烯烃热熔胶强度好,可不加其他添加剂,应用范围广,可用于多种材料的粘接。

聚氨酯热熔胶由聚氨酯弹性体和其他助剂配合而成。其基料为热塑性聚氨酯弹性体,助剂包括增黏剂、增塑剂、促进剂及填料。一般萜烯树脂、聚萜烯树脂、酚醛树脂、氢化松香等;聚丁烯、聚异丁烯、磷酸酯、苯二甲酸二丁酯、直链脂肪酸酯、石蜡油、煤焦油、沥青可作为增塑剂;环氧树脂、有机硅烷或两者的混合体可作为促进剂；炭黑、碳酸钙、滑石粉、二氧化钛、石棉纤维、黏土、二氧化硅和木粉等。

4) 聚酰胺热熔胶

由聚酰胺为主体材料组成的热熔胶为聚酰胺热熔胶，用于配制热熔胶的聚酰胺的分子量为1000～9000，一般不加增黏树脂，可加少量的增塑剂和石蜡以增大熔融流动性；聚酰胺热熔胶黏结强度高，柔韧性、耐热性、耐介质性都好，对木材、金属、陶瓷、布匹及酚醛树脂、聚酯树脂、聚乙烯等都具有良好黏结性能。

5) 聚酯热熔胶

聚酯热熔胶是以二元酸与二元醇缩聚得到的线型饱和聚酯树脂为基料，主要是由聚对苯二甲酸乙二醇酯，加入增黏剂、抗氧剂、填料等助剂组成的。聚酯热熔胶具有优异的电绝缘性、耐冲击性、耐水、耐热、耐候、耐介质及弹性，但热熔黏度大，手工操作烦琐。

4. 热熔胶的性能指标

1) 软化点

软化点是热熔胶流动开始的温度，可作为熔融难易、耐热性和露置时间的量度。

2) 熔融黏度

熔融黏度是指热熔胶流动性的量度。

3) 露置时间

露置时间是指从涂胶起，经过一段有效露置至被粘物压合的时间。超过这段时间，黏结性能大大下降，甚至不能黏结，这是热熔胶的重要工艺性能，实际使用时，涂胶后应快速粘接。

2.1.9 橡胶型胶黏剂

橡胶型胶黏剂是以橡胶或弹性体为主体材料，加入适当的助剂，溶剂等配合而成的，又叫作弹性体胶黏剂。该类胶黏剂的主体成分应具有较大的瞬时黏性，足够的内聚强度和一定的耐环境应力。一般来说，几乎所有天然橡胶和合成橡胶都能用以配制胶黏剂，但因各种橡胶物性的差异，所得胶黏剂的性能也不尽相同。

橡胶型胶黏剂有胶液、胶膜、胶带、腻子等多种形式，尤以胶液用得最多，其中可分为三种类型，即溶液型、乳液型和预聚体型。

橡胶型胶黏剂有天然橡胶、氯丁橡胶、丁腈橡胶、丁苯橡胶、丁基橡胶、聚硫橡胶、硅橡胶胶黏剂等，最常用的是氯丁橡胶胶黏剂和丁腈橡胶胶黏剂。

1. 氯丁橡胶胶黏剂

氯丁橡胶胶黏剂是以氯丁橡胶为黏料并加入其他助剂而制得的胶黏剂，是橡胶型胶黏剂中最重要和产量最大的品种，具有"万能胶"之称。按制备方法分为溶剂型、乳液型(胶乳型)、无溶剂液体型。

1)氯丁橡胶胶黏剂的组成及各组分的作用

(1)基料:采用氯丁橡胶为基料。用于溶剂型胶黏剂的氯丁橡胶是将胶浆酸化,然后加电解质凝聚而得到的固体产品(生胶)。

(2)硫化剂:采用金属氧化物作为硫化剂,促使橡胶(生胶)发生硫化反应(即交联反应),提高胶的耐热性,增加抗张强度。常用的硫化剂为轻质氧化锌和氧化镁并用,一般氧化镁用量为氯丁橡胶重量的4%~8%,氧化锌用量为5%~10%。

(3)防老剂:加入防老剂防止氯丁橡胶胶黏剂老化,常用的防老剂有N-苯基-α-萘胺和N-苯基-β-萘胺,其用量为氯丁橡胶重量的2%。

(4)树脂:在氯丁橡胶胶黏剂中加入烷基或萜烯改性的酚醛树脂可增加胶的极性,提高胶接强度和耐热性,用量一般为氯丁橡胶的50%。

(5)溶剂:甲苯、乙酸乙酯、汽油等溶剂可以使胶液具有合适的工作黏度和固体含量,一般以配制成固体含量为20%~35%的胶液为准。

(6)填料:加入填料可以改善胶液操作性能,降低成本和减少体积收缩率,提高胶的耐热性,常用的填料有炭黑、白炭黑、重质碳酸钙等。

(7)促进剂:为促进硫化提高耐热性而加入的物质,有NA-22和CA等,用量一般为0.5~2份。

(8)交联剂:交联剂可提高氯丁橡胶胶黏剂的强度和耐热性。

2)氯丁橡胶胶黏剂的性能特点

(1)大部分氯丁橡胶胶黏剂为室温固化接触型,有很大的初始黏结力。

(2)黏结强度较高,强度建立的速度很快。

(3)对多种材料都有较好的黏结性能。

(4)具有优良的防燃性、抗臭氧性和耐大气老化性。

(5)弹性良好,耐冲击与振动。

(6)有着较好的耐油、耐水、耐碱、耐酸、耐溶剂性。

(7)使用方便,价格低廉。

(8)耐热性较差,耐寒性不好。

(9)溶剂型氯丁橡胶胶黏剂有轻微毒性。

(10)储存稳定性较差,容易分层、凝胶、沉淀。

2.丁腈橡胶胶黏剂

丁腈橡胶胶黏剂是以丁腈橡胶作为基料加入其他各种助剂配制而成的胶黏剂,是橡胶型胶黏剂中的一个重要品种,应用不如氯丁橡胶胶黏剂广泛。

1)丁腈橡胶胶黏剂的组成及各组分的作用

(1)基料:丁腈橡胶是丁二烯和丙烯腈在30 ℃下进行乳液共聚所得的胶浆,用电解质(NaCl)凝聚后,经洗涤、干燥、包装成卷而制得。

(2)硫化剂及硫化促进剂:加入硫化剂可以改善胶的耐热等性能,适应于常温胶接,使丁腈橡胶能在低温下快速硫化。常用的硫化剂有硫黄、氧化锌及有机过氧化物(如过氧化二异丙苯)等。最常用的硫化体系为1.5~2.0份硫黄、1~1.5份促进剂DM和5份氧化锌并用。

(3)填料:加入填料可提高胶层的物理机械性能、耐热性和胶接强度,调节胶层的热膨胀系数。常用的填料有槽法炭黑40~60份,氧化铁50~100份,氧化锌25~50份,二氧化钛(钛白粉)5~25份。

(4)增塑剂和软化剂:加入增塑剂和软化剂可改善丁腈橡胶的加工性能,提高胶接性能和耐寒性。常用增塑剂为酯类(邻苯二甲酸二丁酯、邻苯二甲酸二辛酯和磷酸三甲苯酯等),其用量小于或等于30份。常用软化剂有甘油松香树脂、醇酸树脂、煤焦油树脂等,其用量小于或等于10份。

(5)增黏剂:加入增黏剂可以提高胶的黏结强度和稠度,常用增黏剂有酚醛树脂、古马隆树脂等。

(6)防老剂:加入防老剂可以提高胶层的耐老化性,常用防老剂有没食子酸酯类(没食子酸丙酯、没食子酸乙酯等)、防老剂D、防老剂HP(苯基-β-萘胺和NN-二苯基对苯二胺的混合物)等,用量为0.5~5份。

(7)溶剂:常用的溶剂有酮类化合物(如丙酮、甲乙酮、甲基异丁酮)、硝化链烷烃,以及氯代烃(如氯苯、二氯乙烷、三氯乙烷等)有乙酸酯类化合物(如乙酸乙酯、乙酸丁酯)。通常多采用混合溶剂,调节溶剂的挥发速度和胶液的其他性能。

2)丁腈橡胶胶黏剂的性能特点

(1)具有优异的耐油性。

(2)优良的耐热、耐磨、耐老化和耐化学介质性。

(3)耐水性和气密性良好。

(4)黏结强度较高,韧性较好,能够耐受冲击、振动。

(5)有的可室温固化,亦有需高温加压固化。

(6)耐寒性、耐臭氧性、电绝缘性较差。

(7)在光和热的长期作用下容易变色。

3.其他橡胶型胶黏剂及其特点

1)聚硫橡胶胶黏剂

聚硫橡胶具有良好的耐油、耐化学介质、耐老化、耐冲击性能,以及优良的密封性能和低温挠曲性,但是黏结性能和电性能较差,主要用作密封胶。

2)丁基橡胶胶黏剂

丁基橡胶是异丁烯与少量异戊二烯或丁二烯的共聚物,有较好的密封性能、电性能和耐老化性。

3)硅橡胶胶黏剂

硅橡胶胶黏剂有优异的耐高低温性能(-115~300 ℃),优良的耐老化性能,耐水性和透气性好,缺点是黏结性差,强度低,耐溶剂性和耐蚀性不如氟橡胶。

4)天然橡胶胶黏剂

未经硫化的天然橡胶,虽然初黏力较大,具有良好的弹性和优异的电性能,价格低廉,使用方便,但是黏结强度不大,耐热性差,不能用于黏结金属。经硫化的天然橡胶胶黏剂,与未硫化的天然橡胶胶黏剂相比,其黏结强度、弹性、抗蠕变性和耐老化性都有提高。

2.2 粘接作用形成及粘接机理

2.2.1 粘接作用的形成

1.粘接的一般过程

在进行粘接之前,首先要对被粘表面进行适当的处理,然后将准备好的胶黏剂均匀地涂覆在被粘物表面上,接着便是胶黏剂湿润、流变、扩散、渗透、叠合之后,使之紧密接触。当胶黏剂的大分子与被粘物表面的距离小于 0.5 nm 时,则会相互吸引,产生范德瓦尔斯力或形成氢键、配位键、共价键、离子键、金属键等,加上渗入孔隙中的胶黏剂,固化后生成无数的小"胶钩子",从而完成了粘接过程,于是获得了牢固的粘接。一般来说,粘接过程就是表面处理、准备胶黏剂、涂胶、叠合、固化、后处理等,是复杂的物理和化学过程。

2.粘接作用形成的两个条件

粘接作用是发生在相互接触的界面间,首先是胶黏剂对被粘表面的充分湿润,但良好的湿润只是必要条件,实现粘接还必须满足充分条件,这就是胶黏剂和被粘物之间形成足够的黏结力。概括而言,粘接作用的形成,一是湿润性,二是黏结力,两者必须同时兼备。

1)湿润性

湿润又称润湿,是液体在固体表面分子间力作用下的均匀铺展现象,也就是液体对固体的亲和性。液体与固体间的接触角越小,固体表面就越容易被液体湿润。液体的湿润主要由表面张力所引起,液体和固体皆有表面张力,对液体称为表面张力,而固体称为表面能,常以符号 γ 表示,如图 2-1 所示。这些张力在平衡状态下与平衡状态的接触角 θ 的关系可以用式 2-1 表示。

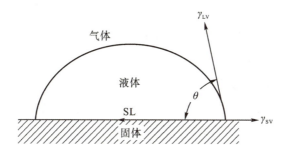

图 2-1 液体在固态表面的平衡

$$\gamma_{SV} = \gamma_{SL} + \gamma_{LV}\cos\theta \tag{2-1}$$

图中及公式中的 γ_L 为液体的表面张力;γ_S 为固体表面能;γ_{SL} 为固液界面张力;γ_{SV} 为固气界面张力;γ_{LV} 为液气界面张力;θ 为接触角。其中 θ 小于或等于 90°,表示液体可以湿润固体表面;θ 大于 90°,表示液体不能湿润固体表面;θ 等于 0°,表示液体完全湿润固体表面;θ 等于 180°,表示液体完全不能湿润固体表面。

2)黏结力

胶黏剂对被粘物的湿润只是粘接的前提,还必须能够形成黏结力,才能达到粘接的目的。黏结力是胶黏剂与被粘物表面之间的连接力,它的产生不仅取决于胶黏剂和被粘物表面结构和状态,而且还与黏结过程的工艺条件密切相关,黏结力是胶黏剂与被粘物在界面上的作用力或结合力,包括机械嵌合力、分子间力和化学键力。

2.2.2 粘接机理

取得强而稳定的胶接接头的第一步,是得到胶黏剂和被粘物界面间的分子紧密接触(润湿),下一步则是形成跨过界面的黏结力,而此力的本质和大小都是极重要的。目前主要有四种理论解释黏结力产生机理,即机械互锁理论、扩散理论、电子理论、吸附理论和弱边界层理论。

1)机械互锁理论

这种理论认为黏结力的产生主要是由于胶黏剂在不平的被粘物表面形成机械互锁力。胶黏剂渗透到这些凹凸不平的沟痕或孔隙中去,固化之后就像许多小钩子似的把胶黏剂和被粘物联结在一起,因而这种理论又称为抛锚理论。正是基于此理论,胶接工艺实施中,表面处理要保证被粘接表面要有一定的粗糙度。

2)扩散理论

这一理论假定粘接是通过胶黏剂和被粘接物分子之间的相互扩散而产生的。这一扩散理论主要用于胶黏剂和被粘接物均为聚合物,且其均具有可运动的长链分子的情况下。

3)电子理论

这一理论表明胶黏剂和被粘物之间存在着双电层,而黏附力主要由双电层的静电引力所引起。

4) 吸附理论

吸附理论认为粘接是两个材料之间的分子接触而引起的,并产生表面力。胶黏剂和被粘接物直接接触的过程称之为"湿润"。对于胶黏剂而言,要湿润固体表面,其表面张力应低于固体临界表面张力才能达到"湿润"的目的。

当胶黏剂流入基材表面的凹陷和隙缝中时,湿润效果良好;当胶黏剂在凹陷处架桥时,润湿效果差,会造成胶黏剂与被粘物间实际接触面积减少,造成整体接头强度偏低。大多数有机胶黏剂很容易湿润金属固体。但许多固体有机基材表面张力小于常用胶黏剂。良好的湿润要求胶黏剂应具备低于基材的表面张力。胶黏剂对被粘接物湿润接触后,通过分子间的相互作用力可实现永久性黏合,在黏合内聚作用中可生成四种类型的化学键,主价键有离子键、共价键、金属键,次价键有范德瓦尔斯力。

5) 弱边界层理论

当黏结破坏在界面区出现时,称为弱界面层破坏作用。实际上是通常所说的内聚破坏或弱边界层破坏。弱边界层来自胶黏剂、被粘接物和环境,或者三者之间的任意组合,如果杂质附在被粘接表面上,则在胶黏剂或被粘接物上出现弱边界层。当破坏发生时,虽然看上去破坏出现在胶黏剂与被粘物的界面上,但实际上是弱边界层的破坏。基于这一理论,粘接表面处理必须进行表面清洗以除去弱边界层。

2.3 接头设计

2.3.1 粘接接头概念

粘接接头由被粘物与被夹在中间的胶层构成,是结构部件上的不连续部分,起着传递应力的作用。接头强度取决于胶黏剂的内聚强度,被粘物本身的强度和胶黏剂与被粘物界面的结合强度。而实际强度主要由三者之中最薄弱环节所决定,但还受接头形式、几何尺寸和加工质量的影响,为使粘接的优点得到充分发挥,而将其缺点尽量缩小,必须确定合理的粘接接头结构。确定合理的粘接接头结构由接头形式、几何尺寸、加工质量及接头的受力分析四方面的内容决定。

2.3.2 接头受力

为了设计出合理的粘接接头形式,很有必要了解接头的受力情况,接头在使用时受力是相当复杂的,受到机械力和环境因素的综合作用,其中最主要的是机械力,各种复杂粘接接头胶层的受力形式都可分解为5种基本受力方式,即剪切力、拉伸力、压缩力、剥离力及不均匀扯离力,如图2-2所示。

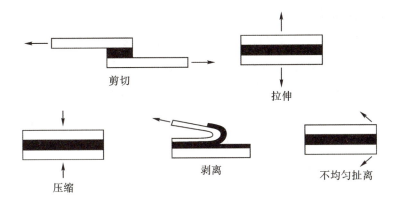

图 2-2 粘接接头受力图

(1)剪切力与胶层平行,实质为两个方向相反的拉伸力或压缩力,此时应力作用在整个黏结面上,分布比较均匀,故可获得最大的黏结强度。

(2)拉伸力,也称均匀扯离力,它与胶层垂直,均匀分布在整个黏结面上,全部黏结面承受应力,亦可得到最大的黏结强度。

(3)压缩力,也与胶层垂直,均匀分布在整个黏结面上,纯粹承受压缩负荷,不容易破坏,但此类接头的应用有限。

(4)剥离力与胶层有一定角度,力作用在一条直线上,容易产生应力集中,黏结强度比较低。

(5)不均匀扯离力作用在胶层的两个或一个边缘上不是整个黏结面,或者说是局部长度上受力,且不均匀,使黏结强度大为减小。

2.3.3 接头设计原则

1. 尽量使胶层承受剪切力和拉伸力

一般的粘接接头都是拉伸、剪切和压缩强度比较高,而剥离、弯曲、劈裂强度比较低,即胶层承受剪切力和拉伸力的能力最大。因此,在设计粘接接头结构时,应尽量使胶层承受剪切力和拉伸力,或者设法将其他形式的力转换为能够承受的剪切力或拉伸力。粘接接头主要承受剪切力时使用性能最好。

2. 尽量避免剥离力和不均匀扯离力

因为剥离力和不均匀扯离力都为线受力,应力集中比较严重,致使粘接接头在受到剥离力和不均匀扯离力时承载能力都很低。所以在设计粘接接头结构时,应尽量避免剥离和不均匀扯离。若是无法实现,需要采取必要的加固措施,予以改善或弥补。

3. 尽可能地增大黏结面积

在可能与允许的条件下尽量增大黏结面积,能够提高胶层承受载荷的能力,这是非常必要的。

4. 设法防止层间剥离

有的材料如酚醛胶布板、层压塑料、玻璃钢板等层间强度很低,如果采用搭接或平接,容易出现层间剥离,而使黏结强度降低,此时宜用斜接形式。

5. 尽量避免应力集中

若胶黏剂与被粘物界面上存在着因材料不同而引起的应力集中,在粘接时应尽量避免应力集中。如果被粘物具有与胶黏剂相同的弹性模量,基本不会出现应力集中。被粘物整个黏结面积应尽可能均匀受力。

6. 不同材料的合理配置

黏结热膨胀系数相差很大的材料,当温度变化时会在界面上产生热应力。如果是圆管的套接配置不当,就可能自行开裂,应该将热膨胀系数小的圆管套在热膨胀系数大的圆管的外面。

7. 方便粘接工艺的实施

粘接接头的结构应为粘接工艺的实施提供方便,如涂胶、叠合、固化、检验等操作都能容易进行,不受妨碍。

8. 保持胶层均匀连续

胶层如果出现缺胶、厚度不均匀、有气孔,就会造成应力集中,其结果都会降低黏结强度。必须使所设计的接头结构能够保证胶黏剂形成厚度适当、连续均匀的胶层,不包裹空气,易排出挥发物。

9. 制造容易并美观价廉

设计粘接接头的结构主要是满足强度和其他性能的要求,但也要考虑加工制造是否容易。如果所设计的接头形式,尽管性能很好,但实际制造困难,费用太高,也不可能被采用。同时,接头的形式也要适当地照顾其美观性。

10. 容易装配、维修和检测

粘接接头要与其他零件发生联系,不能给装配时带来困难,也要为以后的维修着想,还要考虑检测方便。

11. 减小内应力

应当为胶黏剂固化时收缩留有必要的自由度,以减小内应力。

2.3.4 接头的类型、特性及接头形式选择

1. 接头类型及各自的特性

1) 对接

对接是被粘物的 2 个端面或 1 个端面与主表面垂直的粘接。因为它能基本上保持原来的

形状。热塑性树脂基复合材料制品的溶剂或热熔粘接,就可以采用这种对接形式,对接承受不均匀扯离力的作用容易产生弯曲形变和应力集中,对横向载荷十分敏感,难以承受轴向拉力。同时,黏结面积小,承载能力低,其结果是不牢易坏。如果实在不能改变原来的形状,并且需要用对接,那就只好采用穿销、补块等加固措施。对于新设计的结构粘接接头,最好避免使用对接。

2)斜接

斜接就是将两个被粘物端部制成一定角度的斜面,涂胶之后再对接,实际上就是小于90°角的对接,不过一般的斜接角应小于或等于45°,斜接长度大于或等于被粘物厚度的5倍。应该说斜接承受的是剪切力,分布比较均匀,黏结面积增加较大,承载能力提高,不但纵向承载能力较强,而且横向承载能力也较好,还能保持原来的形状,因此,是一种比较好的接头形式。然而实际上其应用并不广泛,原因是斜面制备比较困难,若是配合不好,胶层厚度难以保证,很可能达不到预想的效果。

3)搭接

搭接就是一个平板型被粘物涂胶后叠合在另一平板被粘物端部一定长度上,即两个被粘物部分地叠合。由于是平面粘接,主要承受的是剪切力作用,分布比较均匀。单搭接接头因结构简单是应用最广的接头形式,搭接黏结面积大,承载能力强,并随搭接宽度的增大而成比例增加。

4)套接

套接就是将一被粘物的一端插入另一被粘物的孔内形成销孔或环套结构。其特点是受力情况好,黏结面积大,承载能力强,适用于圆管或圆棒与圆管的粘接。套接在插管时中心位不好定,胶层厚度不宜控制,这就要采取一些措施,如用专门工具进行定位。另一简单方法就是在插入件的一端涂上胶,令其初步固化,然后再涂第2次胶进行装配,这样就能使胶层厚度有所保证,至少不会缺胶。插入深度也和搭接长度不是越长越好,一般不超过管子外径的1.5~2.0倍,插管(或圆棒与圆管内径的间隙不应超过0.3 mm),否则将会因胶层太厚而降低黏结强度。

5)嵌接

嵌接是将一被粘物镶入另一被粘物空隙之中,故嵌接亦叫镶接,因为一般要开槽,所以也称为槽接。这种类型接头受力情况非常好,黏结面积也大,能获得很高的黏结强度。

6)角接

角接就是两被粘物的主表面端部形成一定角度的粘接,一般为直角,这种接头加工方便,但简单的受力情况不好,要通过适当组合补强后才能使用。

7)T接

T接是两被粘物的主表面呈T形的粘接,它是角接的一种特殊的形式。单纯的T形接头受到不均匀扯离力和弯曲力的作用,黏结强度极低,不应该直接采用,可以采取一些补强措施,进行增强。

2. 接头形式选择

(1)平板粘接的接头 对于平板的粘接接头可采用对接、斜接、搭接、嵌接、角接、T形接等多种形式,如图2-3所示。

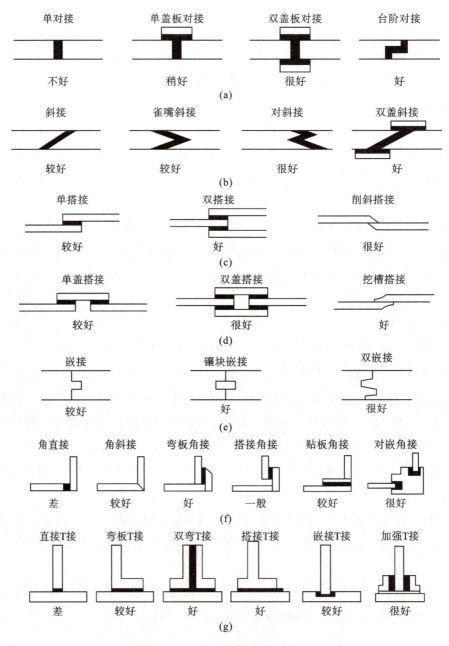

图2-3 平板粘接的接头形式

(2)圆棒的粘接 可采用对接、斜接、嵌接、套接等形式,如图2-4所示。

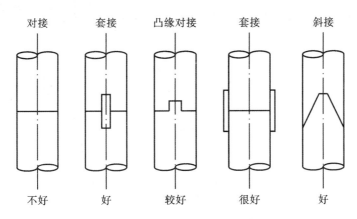

图 2-4 圆棒粘接的接头形式

(3)圆管粘接可用对接、套接等形式,如图 2-5 所示。

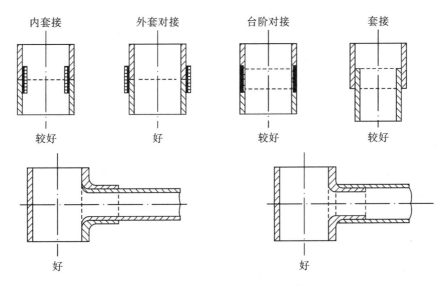

图 2-5 圆管粘接的接头形式

(4)圆棒与平板的粘接可采用对接、嵌接等形式,如图 2-6 所示。

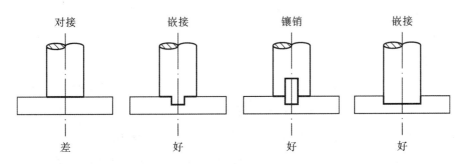

图 2-6 圆棒与平板粘接的接头形式

(5)圆管与平板的粘接可采用嵌接对接等形式,如图 2-7 所示。

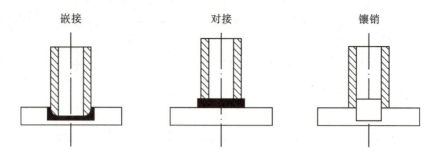

图 2-7　圆管与平板粘接的接头形式

(6)圆棒与圆管的粘接可采用套接接头,如图 2-8 所示。

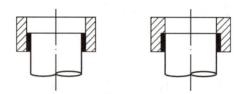

图 2-8　圆棒与圆管粘接的接头形式

课后拓展

1.查询相关文献资料,调研航空复合材料企业,针对复合材料胶接所用胶黏剂的应用概况,完成相关的调研报告。

2.查询相关文献资料,调研相关胶企,对于航空结构胶黏剂如环氧胶、酚醛胶、聚氨酯胶的生产制备及应用、改性、发展趋势等做研究,完成研究报告。

3.依据以下胶接案例,完成胶黏剂的配方。

(1)聚氨酯保温管是一种内外管为钢管和高密度聚乙烯管,中间层为硬质聚氨酯绝热泡沫层,采用胶黏剂将聚氨酯泡沫层与内外层的钢管和聚乙烯管紧密地粘接在一起而制成的复合管道。这种复合管道具有保温性极佳,防水性和耐腐蚀能力强,使用寿命长和安全性高等优点,广泛应用于集中供热管道、输油输汽管道、化工医药管道等领域。请依据以上案例中,保温管的工作条件,选择合适的胶黏剂,写出胶黏剂配方。

(2)蜂窝夹层结构是卫星天线的常用结构,面板和蜂窝芯子之间是用胶膜在热压罐内高温胶接成一体的。同步卫星的天线典型的温度变化在-170~130 ℃,由于材料热膨胀系数的差异,温度变化会引起胶膜产生很大的热应力,有时会造成面板与蜂窝之间开胶或脱胶,因此需要选用合适的胶膜。请依据以上案例中卫星天线的工作条件,选择合适的胶黏剂,写出胶黏剂配方。

4.查询相关资料,研究影响胶接接头耐久性的因素,完成研究报告。

习题

一、填空

1._____也被称为黏料,是胶黏剂的主体材料,也是赋予胶黏剂的黏性的根本成分。

2._____又叫硬化剂或者熟化剂,其参与化学反应,使胶黏剂发生_____,从而将线型结构转变为交联或_____结构。

3.一般有机合成胶黏剂的组成分为_____和_____两部分。

4.环氧值指_____。

5.环氧树脂胶黏剂最主要的固化剂有_____和_____两类。

6.聚氨酯胶黏剂是指在分子链中含有_____和/或_____的胶黏剂。

7.聚氨酯胶黏剂的合成原料有_____、_____、聚醚多元醇和_____。

8.酚醛胶的基料是_____,苯酚与过量_____在_____催化剂作用下,可得到热固性甲阶酚醛树脂。

9.粘接作用的形成,一是_____,二是_____,两者必须同时兼备。

10.各种复杂粘接接头胶层的受力形式都可分解为5种基本受力方式,即_____、拉伸力、压缩力、剥离力及_____。

二、判断

1.环氧树脂胶配制时可以不加入固化剂。(   )

2.聚氨酯胶可以在潮湿的环境中使用,并不影响其胶接性能。(   )

3.厌氧胶可以用来粘接多孔性的疏松材料。(   )

4.热熔胶在粘接过程中会发生化学反应。(   )

5.酚醛胶的耐水性不好。(   )

6.聚酰亚胺胶国际上主要形式是胶膜。(   )

7.乙醇可以作为聚氨酯胶的溶剂使用。(   )

8.酚醛胶的耐水耐热性好。(   )

9.胶黏剂与被粘接表面的黏结力越大,黏结强度越高。(   )

10.粘接接头宜受剪切力和拉伸力。(   )

三、选择题

1.以下哪种说法是不正确的。(   )

A.环氧树脂胶黏剂必须加入固化剂

B.聚氨酯胶的填料在使用前要进行高温处理

C.热熔胶可以实现反复熔接

D. 胶黏剂与被粘接表面接触角越大,湿润性越好

2. 以下哪个不能作为热熔胶的基料。( )

A. 乙烯-乙酸乙烯　　　B. 环氧树脂　　　C. 聚氨酯　　　D. 饱和型聚酯

3. 关于聚氨酯胶,哪个说法是不正确的?( )

A. 聚氨酯胶的特性基团为异氰酸酯、氨基甲酸酯键

B. 聚氨酯胶的耐超低温性能非常优良

C. 聚氨酯胶可以在潮湿的环境中使用并不影响其胶接性能

D. 聚氨酯胶可以胶接多种活性材料。

4. 关于酚醛胶,以下哪个说法是不正确的?( )

A. 酚醛胶的基料是甲阶酚醛树脂,其为线型树脂

B. 酚醛胶的脆性大

C. 酚醛胶的固化温度高,固化时间长

D. 酚醛胶耐沸水性不好

5. 关于粘接说法不正确的是( )。

A. 粘接作用的形成有两个条件,湿润性和黏结力缺一不可

B. 接触角越大,湿润性越好

C. 粘接接头宜受剪切力和拉伸力

D. 若平板和平板粘接是单纯对接,其黏结强度差

四、简答题

1. 什么是胶黏剂?它的主要组分有哪些?

2. 什么是环氧树脂?它的特性基团是什么?E-51环氧树脂指的是什么?

3. 聚氨酯胶黏剂的定义及性能特点是什么?

4. 热熔胶的定义及性能特点是什么?

5. 酚醛树脂胶黏剂的性能特点有哪些?

6. 简述氯丁橡胶胶黏剂的性能特点。

7. 反应型丙烯酸酯胶黏剂的性能特点有哪些?

8. 氰基丙烯酸酯胶黏剂的性能特点有哪些?

9. 什么是粘接接头?粘接接头包括哪四个方面的内容?

10. 粘接接头设计的原则有哪些?

第3章 复合材料胶接连接工艺

本章导读

本章主要介绍了复合材料胶接工艺过程、蜂窝夹层结构的胶接、胶接质量控制及检测等方面的内容。复合材料胶接工艺包括预装配、胶接表面处理、胶黏剂的选择与准备、涂胶并干燥、装配固化及整修密封,对各个步骤的工艺方法及注意要点进行详细介绍;从蜂窝夹层结构复合材料的类型、蜂窝芯的制造、蜂窝夹层复合材料的胶接进行了阐述;胶接质量控制因素包括环境因素、设备因素、操作人员因素、工艺因素等;对胶接检测方法如目视法、敲击法及超声、射线、全息照相、声振检测、红外热成像检测、声发射检测等无损检测方法进行详细介绍。

知识目标

(1)掌握复合材料胶接工艺步骤及工艺要点。
(2)掌握蜂窝夹层结构胶接过程。
(3)掌握胶接质量检测方法。

能力目标

(1)具备复合材料胶接工艺实施的能力。
(2)具备复合材料胶接质量检测的能力。
(3)具备复合材料胶接缺陷判断及处理的能力。

素质目标

(1)具有崇尚科学、注重技能、精益求精的工匠精神。
(2)具有严谨求实的职业精神。
(3)具有吃苦耐劳、爱岗敬业、富有责任感的职业素养。
(4)具有质量控制与管理意识。

3.1 概述

胶接工艺是整个胶接技术的重要组成部分。若要用胶接来代替传统的铆接或焊接等连接方法,必须遵循某些特殊的原则并采用适当的方法,才能取得良好效果。胶接工艺的内容涉及从零件制备到胶黏剂涂敷,直至把零件胶接装配成胶接制品的各个环节。其任务是在采用既定的胶黏剂及产品结构的条件下,运用适当的方法及工具设备,实现胶接制品的胶接,达到胶接生产的可靠性、先进性与经济性。

任何一个胶接结构都可看成由若干个胶接接头组合而成,胶接接头则由被粘物、界面及胶黏剂组成。因此,要使胶接结构成为一个牢固的整体,除了解决好胶接工艺问题外,还必须同时解决胶黏剂的选用、结构设计等问题,而决不能只是孤立地解决其中某些问题。

遇到粘接的质量问题,一定要做具体分析,不能粘不牢,就觉得胶黏剂的质量不好,不能忽视工艺上的原因,应该严格按照正确的工艺规程,从细节做起,把好每一道工序质量关。

3.1.1　胶接连接工艺的特点

胶接连接是复合材料结构中较普遍采用的一种连接方法。这种连接方法是借助胶黏剂将其胶接零件连接成不可拆卸的整体,是一种较实用有效的连接工艺技术,有时还能为研制生产解决关键性工艺技术。

1. 胶接连接的优点

比起传统的铆接、螺接等机械连接及焊接技术,胶接连接有以下优点:

(1)能用于各种类型材料的连接,特别是异性材料的连接。复合材料的蜂窝结构与有些材料的连接,采用其他的连接方式非常困难,且黏结强度低,但是采用胶接就能很好地解决此问题。

(2)简化机械加工工艺,缩短产品生产周期,提高产品质量。

(3)表面光滑,气动性能良好,这些对于飞机、导弹等高速运载工具尤为重要。

(4)密封性能良好,可以减少密封结构,提高产品结构内部的器件耐介质性能。

(5)减轻结构质量,胶接可以得到挠度小、质量轻、强度大、装配简单的结构,如在飞机制造中蜂窝夹层结构和其他夹层结构用胶接代替铆接,质量下降34%。

(6)应力分布均匀,延长结构件寿命。由于黏结面大,接头处应力分布均匀,完全克服了铆钉孔、螺钉孔和焊点周围的应力集中所引起的疲劳龟裂,胶接的多层板结构能避免裂纹的迅速扩展。

(7)制造成本低。复杂的结构部件采用胶接可以一次完成,而铆接焊接需多道工序,并且焊接会产生变形,必须校正和精加工,增加了不必要的劳动。在某些情况下,胶接可以减少零件数量,节省贵重材料。

(8)非导电胶有绝缘、绝热和抗震性能。

(9)有很好的耐蚀性。

(10)胶接本身需要的劳动量少,操作人员不需要很高的技术水平,只需要工作细致、认真、劳动强度也较小。

(11)生产效率高。胶黏剂可能在几分钟甚至几秒钟内就将复杂的构件牢固地连接在起,不需用专门设备。

2.胶接技术的缺点

尽管胶接连接技术具有很多传统连接所没有的优势,但其也有不足之处,主要缺点如下:

(1)热固性胶黏剂的剥离力比较低,热塑性胶黏剂受力时有蠕变倾向。

(2)某些胶黏剂胶接过程比较复杂。胶接前需要仔细地进行表面处理,保持表面清洁,胶接过程中须加温、加压固化,夹具和设备复杂,因而使大型和复杂零件的胶接受到限制。

(3)某些胶黏剂易燃、有毒,对身体有害,对环境有污染。

(4)某些不加添加剂的胶黏剂导热、导电性能不良;有的在高温、高湿、日光、化学的作用,以及增塑剂散失和其他工作环境的作用下而渐渐老化。

(5)质量控制较为困难。

3.1.2 胶接连接工艺流程

胶接工艺流程的工艺流程图如图3-1所示。零件的预装配主要是保证后续胶接的零件的类型、位置、尺寸的准确性;表面处理主要是保证胶接面的清洁和粗糙度;胶黏剂的选择和准备包括底胶和胶黏剂的准备,液体胶黏剂的配制和胶膜的裁剪;采用合理的胶黏剂涂覆方式进行涂胶;涂布胶黏剂的零件按产品图纸及技术要求进行装配;采用合理的固化工艺进行固化,后续为了保证产品的表面精度和质量,进行必要的整修及后处理,最后采用合理的质量检测方法进行胶接质量检验。

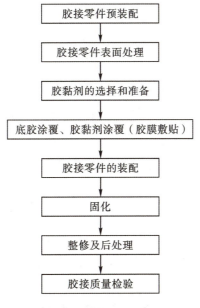

图3-1 胶接工艺流程图

3.2 胶接工艺过程

胶接工艺流程分为胶接零件预装配,胶接零件表面处理,胶黏剂的选择和准备,胶黏剂的涂覆,胶接零件的装配、固化、整修后处理。每一工艺步骤必须按照正确合理的工艺规程进行,并必须注意细节,严格控制每一步的工艺质量,从而保证最终具有良好的胶接效果。

3.2.1 预装配

预装配工序是胶接工艺的重点工序之一。由于胶接接头强度与胶缝厚度密切相关,胶缝过薄或过厚都会引起胶接强度下降,同时,零件的配合质量也会严重影响产品外形精度,因此必须保证胶接零件配合良好。鉴于胶接零件表面制备后必须严防污染,预装配工作应该在胶接零件表面处理前完成。预装配工序的目的就是要提前完成所有修配工作量,保证零件配合符合胶接要求。

1. 概述

胶接预装配是指在复合材料制品制造过程中的胶接部位,在表面处理和胶接实施之前进行预装,检查各零件配合的尺寸和间隙,以及所用的夹具是否合适。在预装配中发现潜在的问题并解决,可以保证正式胶接时顺利进行。预装配通常在胶接装配模具上进行,也可以在装配型架内进行,在胶接装配模具上进行预装配,操作方便,而在装配型架内进行预装配,有利于保证和协调零件装配精度,因此预装配方法也应根据具体情况去选择。

2. 预装配工作内容及注意事项

1)预装配工作内容

预装配是将所有参与胶接的零件,在未做表面制备及其在不涂布胶黏剂的条件下于固化模具或夹具上进行装配,并进行修整使其符合制品要求。预装配工序的工作内容包括以下四个方面。

(1)检查参与装配的零件是否合格。

(2)按产品图纸及技术条件要求进行装配及必要的修配,胶接零件配合良好。

(3)根据需要进行组合件连接(铆接、螺接等)及对胶接零件制出定位孔。

(4)对有孔蜂窝结构,应制出通气孔,保证整个胶接构件的通气道畅通。

2)注意事项

为保证预装配质量,需要注意以下几点:

(1)要考虑构件每层胶缝的厚度影响。计算零件外形尺寸必须计算胶缝厚度,特别对多层胶接结构尤应如此。固化后的胶缝厚度随胶接接头形式及胶黏剂类型而异,采用的固化压力大小也不同。

(2)应合理提高胶接零件的制造精度。由于蜂窝结构外形装配以骨架为基准,特别是以固化模具为定位基准时,所有零件制造误差及装配误差都集中反映在产品外形的非贴膜面一侧,因此胶接零件要比铆接零件具有更高的制造精度。

3)新的预装配方法

新的预装配方法结合校验胶膜进行。校验胶膜分为两种:一种是没有黏性的热固性胶膜,可以直接使用,另一种是需要夹在两层二氟氯乙烯薄膜之间使用的胶膜。在预装配时,用校验胶膜代替正式的胶黏剂进行零件"胶接、装配及固化","固化"后可方便地分解,取出胶膜。通过测量各处胶膜厚度或根据各处胶膜的不同的透明程度即可判别各胶接面的配合质量。利用校验胶膜进行预装配可以直观了解胶接零件配合质量,但成本高,周期长,一般只用于校验或鉴定固化模胎(或夹具)。对重要胶接构件,为确保胶接质量,在初期生产中也可经常采用。

3.2.2 胶接表面处理

影响胶接强度的因素,除了胶黏剂对被粘物表面的湿润性,还依赖于胶黏剂与被粘物界面的黏附强度。污染的界面会导致黏附强度大幅度降低。当界面的物理化学性质对胶黏剂的润湿作用不利时,也会引起黏附强度降低。胶接表面处理就是在胶接前从表面上清除各种杂质及污染,改变表面性质,提供有利于胶接活性表面,从而提高胶接强度。表面处理工艺是胶接的重要工序,在很大程度上决定着胶接的成败。从整个胶接技术发展史来看,表面处理工艺的每一次重大突破,都有力地推动了胶接技术发展。

选择合理的表面制备方法应考虑胶接表面污染的性质及程度、胶接件的受力特征及使用的胶黏剂等。油污较重的胶接表面应加强脱脂等预处理工作。受力较大及使用条件苛刻的胶接表面宜选周密的表面处理方法,使用对胶接表面敏感的胶黏剂时,应特别加强表面处理工序。

1. 表面处理的目的

胶接之前,为提高黏结强度,一定要选用合适的表面处理工艺对被粘物表面进行表面处理,表面处理的目的主要有以下四个方面。

(1)清洁被粘表面。清除被粘表面的尘埃、油污、锈蚀、残渣、型砂、氧化皮、漆膜、蜡质、脱模剂、焊斑、溶剂、水分等,提高胶黏剂对被粘表面的湿润性。

(2)粗化被粘表面。增加胶接面积,有利于胶黏剂渗透,增强锚固作用,然而粗糙要适当,不能过度,否则空隙过大,接触不良,积存水分和空气,胶层出现缺胶,局部厚度增大,反而降低黏结强度。

(3)活化被粘表面。通过化学或物理的方法,于表面层引入一些极性基团,使低能表面变为高能表面,惰性表面变为活性表面,难粘表面变为易粘表面。

(4)改变被粘表面的化学结构。为形成化学键结合创造条件。

表面处理就是要达到表面无灰尘、无水分、无油污、无锈蚀、适当粗化、适度活化,以利于胶黏剂的湿润和黏结力的形成,从而获得良好的粘接效果。

2. 表面处理的方法

由于要胶接的零件在压制和机械加工过程中不可避免地受到各种污染，为获得理想的胶接表面，要对零件表面进行表面处理，复合材料的表面处理方法包括清洁处理、脱脂处理、机械处理、有机溶剂（化学）处理、偶联剂处理等，这些单一的方法都难以获得理想的效果，经常是几种表面处理方法联合使用，以期获得良好的表面处理效果。

1) 清洁处理

在对被粘物表面进行其他处理之前，首先要进行清洁处理，可用水、毛刷、棉纱、干布、压缩空气等初步清除被粘物表面的泥土、灰尘等污物。对于小型复杂零件可用超声波进行洗涤，含有旧漆的表面可用机械方法、喷灯、火焰法、碱液清理方法等去除。

对于铝蜂窝夹层结构件，铝合金可用下述配方进行清洁处理，配方见表3-1。

表3-1 铝合金件的清洁处理液配方表

组分	参考质量/份
磷酸三钠	25
硅酸钠	12
洗衣粉	3
重铬酸钾	3
自来水	800

对于复合材料件表面脱漆采用溶剂法，室温使用，简单方便，配方见表3-2。

表3-2 脱漆溶剂配方表

组分	参考质量/份
二氯甲烷	75
甲酸	1～5
苯酚	2～3
酒精	2～6
过氯乙烯树脂	0.5～2

2) 脱脂处理

脱脂就是去除被粘物表面的油污，通常用碱液、有机溶剂等化学药品进行处理。脱脂最好在除锈粗化之前进行，以免油污被打磨进入粗化沟纹内不易清除干净，而严重影响粘接效果。油脂分为非皂化性油和皂化性油。矿物油属于非皂化油，如凡士林、机油、柴油、石蜡等。动物油和植物油因为能与碱作用生成肥皂，故称为皂化油。常用的脱脂除油方法有溶剂除油、碱液除油、乳化除油、电化除油、超声波除油等。其中有机溶剂脱脂是最简便且最常用的脱脂处理方法。

(1)有机溶剂脱脂。不论是皂化油还是非皂化油,都能很好地溶解于有机溶剂中,因此可以用有机溶剂脱脂除油,有机溶剂脱脂过程实质是油脂溶解过程。有机溶剂脱脂具有速度快,简单方便,基本无腐蚀作用等优点,但多数有机溶剂易燃,还有一定的毒性,所以在选择脱脂溶剂时,除了考虑其除油效果外,还应考虑其环保性和经济性。

生产中常用的有机溶剂如汽油、丙酮、丁酮、乙酸乙酯等均属有机烃类溶剂,沸点低、毒性小,适用于常温下擦拭脱脂,但易燃。而三氯乙烷、三氯乙烯、三氟三氯乙烯等均属有机氧化烃类溶剂,沸点稍高,毒性略大,但除油效率高,特别适用于汽液联合脱脂,国外采用较多的是加了稳定剂的三氯乙烯溶剂汽液联合脱脂。汽液联合脱脂的方法是加温溶剂使之汽化,利用被清洗零件温度低于溶剂蒸汽温度,溶剂蒸气就不断地在零件表面凝聚液化,溶解了表面油脂,直到温度平衡为止。冷凝的溶液可以回收再生后重新使用。汽液联合脱脂的清洗质量优于一般的溶剂擦拭法,但需特别注意安全防护措施,如加热温度不能过高,被清洗零件应干燥无水,脱脂装置应能防止溶剂蒸汽逸出等。脱脂操作时应注意通风及防爆。

不同的溶剂,对不同性质的被粘物,有不同的除油效果,须作适当的选择。常用的有机溶剂见表3-3。除油溶剂用量不能过大,因挥发后表面急剧冷却,会使空气中的水分凝聚于表面,形成水膜,影响胶黏剂的湿润,导致黏结强度降低。所用的溶剂应尽量不含水分,最好是化学试剂级。

表3-3 常用的有机溶剂

名称	密度/(g·cm^{-3})	沸点/℃	凝固点/℃
丙酮	0.789	56.5	-94.7
甲乙酮	0.806	79.6	-86.4
乙酸乙酯	0.9	77.1	-83.6
二氯乙烷	1.257	83.5	-35.3
三氯乙烯	1.456	86.7	-73
四氯乙烯	1.62	121.2	-22.4
无水乙醇	0.789	78.3	-117.3
120号汽油	0.73	80~120	-25
甲苯	0.866	110.8	-95

(2)碱液除油。碱液除油是最简单的提高湿润性的化学除油方法,利用碱水使油脂发生皂化达到除去油污的目的。因此,只能用于清除植物油和动物油,而不能除去矿物油。碱液除油

是靠皂化和乳化两种作用完成的,无毒、不燃、经济、安全。一般可用氢氧化钠、碳酸钠、硅酸钠、磷酸三钠、焦磷酸钠、乳化剂、络合物除油剂等的稀碱溶液处理,如果采用浸渍法,碱液浓度可控制在 3%~6%;若采用喷淋法,碱液浓度控制在 0.5%~3%。碱液应有足够的浓度,随着碱含量的增加,皂化作用和乳化作用都增强,除油速度加快。温度影响除油速度,升高温度有利于皂化和乳化作用,但温度过高会影响除油效果,一般把温度控制在 50~90 ℃。

(3)乳化除油。乳化除油是除去非皂化性油(矿物油)的好方法,当非皂化油与乳化剂作用后,会变成微小的油珠与表面分离,进入乳浊液中被除去。利用乳化作用也可使皂化油在有机溶剂中被除去,水溶性污染物则在水中被除去。乳化除油是比较好的除油方法,除油效率高,无着火与中毒的危险。乳化除油的配方见表 3-4。

表 3-4 乳化除油配方表

组分	参考质量/份
煤油	89
三乙醇胺	3.2
表面活性剂	10
水	100

(4)电化除油。将被处理工件挂在阴极或阳极上,浸入碱性电解质液中,并通入直流电,使油脂与件分离的过程为电化除油。电化除油分阴极除油和阳极除油两类。电化除油的原理是电极由于通电极化使金属与碱液间的表面张力降低,溶液很容易渗透到油膜下的工件表面,并且产生大量的氢气或氧气。当它们从溶液中浮出时,便有强烈的搅拌作用,猛烈地撞击和撕裂附在工件表面上的油膜,迫使其碎成细小油珠,脱离工件表面,进入溶液后成为乳浊液达到除油的目的。电化除油效率高,效果好。

(5)超声波除油。利用高频发生器在频率 15~30 kHz 时发射的超声波对溶液的振荡和翻动作用,产生冲击波和空洞现象,使放入其中的工件表面油污被冲击剥落,脱离工件表面。此法非常适宜精密复杂、细小件的脱脂除油。超声波除油一般与化学除油、电化学除油及溶剂除油等联合进行,能大大提高除油效率。

3)机械处理

机械处理可以清除表面旧氧化层并给予适宜的粗糙化。各种供应状态及机械加工后的零件具有不同的粗糙度,不论从哪种胶接理论看,胶接表面的粗糙度可以增加微观的胶接面积,并使胶接接头产生类似机械啮合作用,从而提高胶接强度。但过深的表面粗糙度则又会造成胶缝厚度不均、局部过厚或欠胶,导致胶接强度下降。常用的机械处理方法有用钢丝刷、粗砂纸、细砂纸打磨,喷丸处理,干喷砂及湿喷砂等。最简单且最常用的方法是砂纸打磨。需要指出的是表面粗糙度与胶接剪切强度存在一定关系,在使用不同胶黏剂进行不同形式胶接接头的胶接强度试验中,可以发现其表面粗糙度范围是不尽相同的。这和胶黏剂属性及各种接头形式受力特点不同有关。

喷砂处理是较好的机械处理方法。喷砂处理可以获得稳定、均匀的粗化效果,易于实现工业机械化生产。喷砂机由压缩空气泵、储气罐、油水分离器、橡胶管、喷枪等组成。喷砂处理用的磨料有河砂、海砂、矿砂、石英砂、氧化铝、金刚砂、钢丸等。为了得到粗糙较均匀的表面,所用磨料需要筛选,尽量使粒度大小基本一致。

喷砂分为干法喷砂和湿法喷砂。干法喷砂分为露天喷砂和无尘喷砂,露天喷砂一般采用河砂或石英砂,粒度为80~100目,以0.2~0.7 MPa的压力进行压缩空气喷射。无尘喷砂的加砂、喷砂、集砂、回收都在密闭系统里进行,完全可以避免粉尘飞扬,没有空气污染;砂粒回收容易,可重复使用,只是不能对大面积工件进行表面喷砂处理。湿法喷砂是将水和砂粒按3∶1(体积)混合成砂浆,砂粒粒度为140~325目,再以压力为0.2~0.7 MPa的压缩空气喷射。为防止喷砂处理后再生锈,可预先在水中加入缓蚀剂,如亚硝酸钠、三乙醇胺、乳化剂等。湿法喷砂质量好,无粉尘产生,但冬天不能露天操作。

4)化学处理

化学处理是将被粘物放入酸或碱溶液中,通过化学反应使其表面活化或钝化。化学处理包括在碱或酸溶液中浸蚀处理和阳极氧化处理。

(1)浸蚀液处理。

浸蚀液处理是为了除去工件表面的旧氧化膜,形成一层有利于胶接的新鲜氧化膜。为保证浸蚀反应充分进行,在化学处理之前应该预先进行脱脂处理和机械处理,常用的碱性浸蚀液有氢氧化钠、碳酸钠、肥皂、硅酸钠、硼砂等,一般pH值在9~11,以氢氧化钠应用最为广泛。

酸处理能使表面产生化学活性,有利于胶接性能提高。酸性浸蚀液有重铬酸钠-硫酸,硫酸-铬酸、重铬酸钠-盐酸、硝酸-氢氟酸等,在飞机结构胶接中,以重铬酸钠-硫酸浸蚀液处理为主。

对面积大且形状简单的大型胶接构件,采用喷淋酸蚀法可组织批生产,实现自动化作业及稳定处理质量,还可减少槽液用量,降低成本。与浸蚀工艺相比,喷淋酸蚀工艺的酸蚀液浓度稍高(硫酸277~315 g/L,其余为软化水),处理温度也略高(71.1~82.2 ℃)。两者的金属酸蚀速率相当,但喷淋工艺形成的氧化膜组织更细,厚度约15 nm,仅为浸蚀工艺的三分之一左右,具有良好的胶接剥离强度效果,两者表面形态类似。

(2)阳极氧化处理。

阳极氧化处理包含硫酸阳极化处理、铬酸阳极化处理及磷酸阳极化处理,其中主要使用的为磷酸阳极化处理。

①硫酸阳极化处理。硫酸阳极化可以获得良好的表面效果,但硫酸阳极化处理的胶接表面易发生黏附破坏,胶接强度不稳定,并不能获得优良的胶接性能。硫酸阳极化处理的规范如下:

槽液:硫酸 180~200 g/L;

温度:15~23 ℃;

电流密度:阳极 80~100 A/m²;

时间:30~40 min;

电压:15~22 V。

②铬酸阳极化处理。铬酸阳极化可获得与酸蚀法相当的优良胶接性能。胶接质量稳定。铬酸阳极化处理的规范如下:

槽液:铬酐 52~60 g/L;

温度:35~37.8 ℃;

电压:20~23 V;

时间:35~40 min。

③磷酸阳极化处理。磷酸阳极化处理的黏结强度和耐久性最好,其具体过程如下:

(a)在 60~65 ℃的碱液中浸泡 10~15 min;

(b)用 40~60 ℃的自来水冲洗 5 min;

(c)在 65~70 ℃的硫酸-重铬酸钠水溶液中浸泡 10~15 min;

(d)第 1 次用 40 ℃以下的自来水喷洗 2 min,第 2 次在 40 ℃以下的自来水浸泡 5 min;

(e)浸入 9%~11%(质量分数)的磷酸水溶液(22~28 ℃)中,用 15 V 的直流电阳极化 20~25 min;

(f)第 1 次用 40 ℃以下的自来水浸泡 3 min,第 2 次用 40 ℃以下的自来水浸泡 10 min;

(g)65 ℃以下热风干燥 30 min。

5)其他处理方法

(1)等离子体处理。

等离子体是一种由离子、电子和中性粒子组成的部分或全部反应活性很大的离子化气体。等离子化学反应的主要特征是只在固体材料表面薄层发生反应,而材料内部基本不受影响,若想获得高质量、重复性好的等离子体,需要精心控制反应气体及其混合气体的性质、气体压力和流速、放电能量密度、表面温度、工件的电子能量及能量发生器的激发频率等参数。等离子体产生的高能粒子和光子与聚合物表面发生强烈相互作用,其结果是除去有机污染物,使表面清洁,通过消融和蚀刻消除弱界面层并增大黏结面积;表面分子接枝或交联形成膜层改善耐热性和胶接强度;表面氧化出现新的活性基团,产生酸碱相互作用和共价键结合。

等离子体处理对提高聚合物黏结强度的效果明显,其原因是处理后的表面提高了湿润性,消除了弱界面层,表面交联可阻止低分子物向界面扩散,促进了表面形成共价键。等离子处理是改善材料表面湿润性和黏结性的有效方法。

低温等离子体处理可以改善材料的表面及界面性质,具有以下优点:①表面处理是气固相反应,无废液排放,比较经济,又很安全,还无污染。②表面处理一步完成,无须洗涤、干燥,操作简易,条件要求不严格,易于实现工业化。③处理时间短(几十秒至几百秒),效果却很好,既可间断处理,又可连续作业。④处理仅限表面薄层,对被粘物基体几乎无影响。⑤兼具气体、液体氧化处理法的优点,且又避其不足,是一种快速高效且环保效果较为理想的表面处理方法。⑥处理后的表面可存放几周或更长时间。

(2)激光处理。

激光处理即准分子激光紫外(UV)辐射,提供了一种黏结表面预处理和表面改性新技术,能处理多种材料和被粘件,能替代对生态环境有害的化学处理和研磨处理方法。

最佳 UV 激光处理参数(强度、循环速率、脉冲参数)与被粘物材料及其化学特性有关,随着处理时 UV 激光脉冲数量和能量增大到被粘物的特征临界值,黏结破坏形式则从界面破坏变为内聚破坏。

准分子激光是化学气体激光,基于分子从强的激发态到弱的不稳定基态的发射。激光使用稀有气体的卤化物,如 ArF,是种重要的准分子激光物质。

激光辐射引起经处理的表面形态变化,主要增加黏结面积,有利于胶黏剂渗入,同时能清除表面污染物,改善湿润性,同时会产生化学改性,甚至表层交联,从而提高黏结强度。

激光处理有很多优点:激光处理能很高效地处理许多材料,但仅限表面,其本体不受影响,能清洁表面,除去污染物;适于任何形状的表面处理;可在室温和大气中操作;提高黏结强度和耐久性;避免溶剂擦拭和喷砂处理的污染;处理后放置时间长(4～15 天)。显而易见,激光处理是一种高效清洁、准确安全、环境友好、大有前途的表面处理和改性新方法。

(3)底涂剂处理。

底涂剂的作用很多,如保护处理后的表面、消除弱界面层以促进化学键生成、抑制界面腐蚀等。经过表面处理的被粘物表面能提高,特别是高能表面被粘物。所谓底涂剂就是为了改善黏结性能,涂胶前在被粘物表面涂布的一种胶液,也称底胶,它实质就是与所用胶黏剂相同或类似的高分子稀溶液,它本身能与再涂的胶很好结合。常用的底胶有酚醛、聚氨酯、氯化聚合物、乙酰丙酮等。底涂剂处理能够活化表面,但不能清洁粗化表面,底涂剂的浓度和用量对粘接效果影响很大,涂得薄时可使黏结强度增加。

(4)偶联剂处理。

使用偶联剂进行表面处理,远比化学处理方法简单安全,而效果却可与化学处理相媲美,能在被粘物与胶黏剂之间形成化学键,显著提高黏结强度、耐水性、耐热性等。偶联剂又称粘接促进剂,与底涂剂不同的是其可直接加入胶黏剂配方中,也可涂在被粘物表面上。

以偶联剂进行表面处理,须先配成一定浓度的水或非水溶液,涂敷于脱脂粗化的被粘表面,干燥后再涂胶。在具体使用上可以配成1‰～2‰的偶联剂无水乙醇溶液,涂敷后于70～80 ℃干燥20～30 min;也可将偶联剂配成1‰～3‰的乙醇(95%)溶液,涂敷后于80～90 ℃干燥30～60 min;还可把偶联剂配成1.2%的水(蒸馏水)溶液,涂敷后于120～130 ℃干燥20～30 min。偶联剂溶液现用现配为好,放置过久或一旦有白色沉淀析出就会失效,尤其是其水溶液必须在几小时内用完。

3. 表面处理效果评价

表面处理后的质量如何,在胶接实施前应该进行检验,检验方法有水膜法和接触角测定法,虽然水膜法较为粗略,但却简单快速实用。

1)水膜法

水膜法也称水膜破坏试验,即将蒸馏水(纯净水)洒在处理后的表面上,停留30 s,如果水铺展形成连续的水膜,即表明洁净。若是水呈现一系列分离的液滴,水膜被破坏,观察不到连续的水膜,不能进行粘接,应当重新处理,直至合格为止。

2)接触角测定法

测量被粘物与参考液体(如蒸馏水)之间的接触角,可以定量判断湿润性的好坏。接触角小,表明胶液对被粘表面的湿润性好,说明表面处理的质量符合粘接要求,如果接触角大,则表面处理不合格。

一般为了防止已处理的表面再度被污染和避免表面吸湿,表面处理质量符合要求后应随即进行胶接装配。

3.2.3 胶黏剂选择与准备

1. 胶黏剂的选择

确定采用的胶接方案之后,究竟使用何种胶黏剂是关键问题。目前胶黏剂品种繁杂牌号甚多,每种胶黏剂都不是万能的,不同的胶黏剂具有不同的性能特点、工艺条件和适用范围。即使是同一种胶黏剂,不同的使用方法,也有不同的性能和用途。就其实用性而言,各种胶黏剂的差别是很大的。胶接技术涉及被粘物、胶黏剂、工艺方法、受力状态、环境因素等。实际上被粘物有不同的表面性质,胶黏剂有不同的粘接性能,工艺上有不同的具体要求,粘接件有不同的受力类型,使用时有不同的环境条件,这种复杂的情况,不可能随意拿一种胶黏剂来完成粘接。

任何一种胶黏剂都有其优势,也存在相应的缺陷,所谓胶黏剂的选用,就是扬长避短,充分发挥胶黏剂的粘接优越性,正确选用胶黏剂是胶接技术成败的关键。

1) 胶黏剂的选择原则

胶黏剂选用的出发点是"可靠耐用",兼具环保性和经济性。

(1) 兼具刚性和韧性,综合性能优。

熟悉各种胶黏剂的性能,在强度性能方面,必须同时兼顾刚性与韧性,应具有良好的综合性能,很好的耐久性。根据使用要求,选用综合性能好的胶黏剂,切不可只考虑单项的强度指标,盲目追求高强度。

(2) 工艺简便,可实施性强。

选用胶黏剂不应只考虑胶接强度及综合性能,还应考虑工艺方案的可实施性,离开现有的工艺实施性谈胶接就是纸上谈兵。从生产考虑,必须工艺简便,易于获得稳定的胶接质量。充分考虑工艺性能,宁可选用强度稍低但工艺简便、性能稳定的胶黏剂,不选强度虽高但性能数据分散工艺烦琐的胶黏剂。

(3) 明确主要的使用要求。

从实际使用要求出发,不降低对主要性能的要求。对次要性能、次要方面的不足则进行具体分析。

(4) 胶黏剂具有合理性和先进性。

在胶黏剂选用过程中综合考虑胶接强度、胶黏剂对于被粘物表面的湿润性、工艺实施简便等因素,使胶黏剂的选用具备合理性。

选胶过程中,应及时掌握国内外发展动态,提出合理要求,使选用的胶黏剂在相当一段使用期内仍具有一定的先进性。

(5) 必须考虑环境因素。

胶接制品都要在一定的环境中使用,环境因素对胶接性能有着重要影响。因此,在选用胶黏剂时不能忽视使用的环境因素。这些因素包括温度、湿度、光、氧、水、臭氧、盐雾、化学介质、真空、辐射、微生物等,选用胶黏剂时必须加以考虑。

① 温度。胶黏剂的性能与温度关系密切,随着温度升高,黏结强度降低,低温时胶层发生脆裂,当然也有随温度降低黏结强度反而升高。不同的胶黏剂有不同的耐热性,有的耐热性好,可以在较高温度下使用;有的耐热性差,只能在较低温度下使用。大多数胶黏剂耐低温性较好,有的也可在超低温环境使用。一般的胶黏剂使用温度为$-40 \sim 150\ ℃$。如果在$150\ ℃$以上或$-70\ ℃$以下长期使用,必须选用耐高温胶黏剂和耐超低温胶黏剂。如果需要在高低温循环条

件下工作,应选择既耐高温又耐低温的胶黏剂,如环氧-尼龙胶、环氧-酚醛胶、酚醛-丁腈胶、聚酰亚胺胶、硅橡胶胶黏剂等。

②湿度。湿气和水分对粘接界面的稳定非常不利,可以说是有害无益。粘接件在使用中难免要接触空气和水分,因为水分子体积小,极性大,能够通过胶层类似毛细管作用而渗透、扩散,积累于黏结界面,取代已形成的次价键,水解某些化学键,使黏结面破坏或自行脱开,造成黏结强度和耐久性降低。上述影响与胶黏剂中聚合物结构有关,含酯键、羟基、氰基、酰胺基越多,受湿度影响越大,所以在湿度大或潮湿环境中不宜选用 a -氰基丙烯酸酯胶、不饱和聚酯树脂胶、环氧-尼龙胶、环氧-聚酰胺胶、厌氧胶、环氧-聚砜胶等,而宜选用酚醛-丁腈胶、环氧-丁腈胶、环氧-聚硫胶、硅橡胶胶黏剂等。最好是高温固化,提高交联密度,以减小或防止湿气和水分的影响。如果有应力、温度与湿气的综合作用,则湿度的影响更为严重。

③化学介质。化学介质主要是指酸、碱、盐溶剂等,不同类型的胶黏剂,不同的固化条件,具有不同的耐受介质的能力。一些环氧树脂胶黏剂在燃油或润滑油中,随着时间推移强度反而会增加,其原因是介质起了增塑作用。加热固化的热固性胶,耐化学介质性很好,一般来说,升高温度会使耐化学介质性变差。应根据粘接件所接触的介质类型和浓度选用胶黏剂。

④户外自然条件。户外使用的粘接件所处的条件比较复杂,气温周期变化。风吹雨淋,日晒冰霜,热、光、氧、臭氧、紫外线等综合作用,会加速胶层的老化,导致使用寿命减短。特别是湿热、盐雾环境更为恶劣。因此在户外条件下应选用高温固化或耐大气老化性能好的胶黏剂,如酚醛-缩醛胶、酚醛-丁腈胶、环氧-丁腈胶、酚醛-环氧胶等。

(6)重视安全性和环保性。

胶黏剂用得最多的就是有机胶黏剂,其大多比较易燃,存在火灾和爆炸的隐患,若是发生火灾或引发爆炸,不仅造成生命和财产损失,而且会污染环境,危害人体健康,因此一定不可忽视胶黏剂的安全性和环保性。

(7)来源容易,价格低廉。

在选用胶黏剂时必须充分兼顾经济性,尽量考虑胶黏剂的价格和粘接后所创造的价值。对于应急修补和用胶量少的情况,只要能解决大问题,即使胶价高一点也在所不惜。但对于产品制造、批量生产、所用胶黏剂量较大的情况,价格就要锱铢必较,在保证性能的前提下,尽量选用便宜的胶黏剂,以免影响整体经济效益。随着粘接技术的广泛应用,胶黏剂用量日益增加,国外引进的设备和技术很多方面都需用胶黏剂。如果完全从国外进口,一耗外汇,二无保证,况且好多胶黏剂,国内已有,其性能也不逊国外产品,价格却很便宜。胶黏剂的储存期都比较短,不少为危险化学品,远途运输困难,还会增加成本,供应也不及时。因此应尽量就近解决,切勿舍近求远,这在选用胶黏剂时也是不可忽略的。

胶黏剂选用既重要又艰难，以上所述几点原则在实际选用胶黏剂时不可能同时满足，只能是根据具体情况抓住关键要求，再兼顾其他方面，做到综合分析，全面考虑，分清主次，反复比较，精心选择，找出最佳。初步选定的胶黏剂，还要进行实际的粘接实验，测试力学性能数据和人工加速老化试验，能够满足预期要求才算是最终确定的胶黏剂。

2) 几种复合材料胶接用航空结构胶黏剂的主要性能要求

(1) 蜂窝面板胶黏剂：用于蜂窝区的板芯胶接。其有效连接面积小，易受工作条件影响；工艺性能应突出，固化时流动性好，能自动填充加强夹芯端部与面板胶接，不需预先浸制；还应尽量配用抑制腐蚀底胶并在120 ℃以下固化。用于无孔蜂窝结构的胶黏剂的固化挥发份，要求小于1.5%。

(2) 发泡胶黏剂：用于蜂窝结构件封边连接（膜状封边发泡胶）或用于夹芯填充加强（颗粒状或糊状的接头发泡胶）。其应发泡均匀、容重小、工艺性好、有一定的刚性和强度。发泡胶与面板胶应匹配相容。用于无孔蜂窝结构的胶黏剂的固化挥发份，也应小于1.5%。

(3) 抑制腐蚀底胶：与蜂窝面板胶配合使用，提高接头耐蚀性的胶黏剂。其应具有良好胶接性能、工艺方便、易于控制底胶用量；应尽量兼有保护胶接表面及提高湿润性能等多种功能。

(4) 夹芯节点胶黏剂：用于夹芯节点之间胶接。其应具有较高的剥离强度及中等刚性。以液态使用，应突出工艺性能，如活性期长、黏度变化影响小、自黏性小、固化时不易挤宽。

(5) 修补胶黏剂：用于胶接制造缺陷及胶接结构损伤的局部修理。除应满足构件的基本强度要求外，工艺应简单易行，采用接触压力，尽量在60 ℃以下固化。

(6) 密封胶黏剂：用于胶接构件胶缝的耐环境防护。其应黏附力强、剥离强度高、耐环境性能优异。

2. 胶黏剂的准备

胶黏剂的形态很多，如单组分胶黏剂（含溶剂和不含溶剂）、多组分胶黏剂、胶粉和胶棒等，使用时应根据不同形态进行准备。

(1) 单组分胶黏剂可单独使用，如含有溶剂时，黏度要适宜以满足工艺上的要求。

(2) 多组分胶黏剂，如属市售者应按使用说明书规定配比称量并充分地均匀混合。这类胶黏剂一般适用期都较短，应在使用时临时配制，配胶量不宜过大。

(3) 自行配制胶黏剂必须考虑各组分的相容性、配伍性、黏合性、工艺性等。如果相容性不好，将导致混合不均，出现分层、沉淀、离析絮凝等现象，以致不能使用。工艺性也很重要，随着季节的变化，胶黏剂的黏度、挥发速度、固化时间、流动性、适用期都有很大差异。因此，溶剂的种类和用量、固化剂用量、基料品种等都要做相应的调整。

自行配制的胶黏剂,其所用原材料必须符合规定要求,对于填料的粒度和水分要严格控制,粒度要在200目以上。除了颗粒尺寸大小,还有粒度分布问题,已有研究表明,粒度分布宽点为好,大小不同的颗粒同时存在,容易堆砌紧密,对于提高黏结性能有利。填料在配胶前应烘干除去水分。各组分必须按配方准确称量,各组分的加入必须有一定的顺序,一般是黏料—增韧(塑)剂—稀释剂—偶联剂—填料—固化剂—促进剂。

少量配制时,容器可用玻璃烧杯、聚乙烯塑料杯,也可在金属板、玻璃板、塑料板、覆膜纸上调配。如果用胶量较大,可在专门的搅拌混合器(调胶机)中进行,最好带有夹套,可视情况变化随时于夹套内通入热水或冷水,使胶液保持一定的温度,即可防止"爆聚"。配胶所用的容器和工具必须干燥洁净。

(4)固体胶黏剂已经含有全部组分,使用前需检查型号是否符合要求。

(5)胶膜在使用前还需根据胶接件的要求剪成一定的形状,表面上有污物者应预清除。

(6)在配制胶黏剂或使用成品胶前,应对该胶黏剂进行检查,检查其质量是否合乎技术条件要求,有些胶还应注意保存期限,避免由于使用原料不当而造成胶接的失败。

3.2.4 涂胶并干燥

合理地进行胶黏剂涂布及干燥也是保证胶接质量的重要因素。正确的操作可以改进胶黏剂与胶接表面的结合及胶黏剂底胶与胶膜之间结合,提高胶接性能。

1. 胶黏剂敷用方式

胶接接头所用胶黏剂的敷用方式主要有胶液、胶膜及底胶加胶膜三种。第一种方式在胶接表面上只涂胶液,适用于黏度较稠的环氧型胶黏剂,但不易涂布均匀。较稀的胶液需多次涂胶,工序烦琐,还易产生气泡。第二种方式在胶接表面上只敷贴胶膜,胶量均匀,省却了涂胶操作,但一般胶膜在室温下黏着力不强,生产中需加热敷贴,增加了工件加热工序,胶膜敷贴质量有时还不易保证。第三种方式既涂底胶,又敷贴胶膜,看来最不方便但这是比较好用的敷用方式,预期在相当一段时期内仍将是主要敷用方式。其原因主要是以下三个方面:

(1)采用底胶后可以增强胶黏剂对胶接表面的润湿性能。

(2)根据底胶的不同用途,可以提高某些需要的性能,例如延长胶接表面制备后的存放期,提高胶接剥离强度等。

(3)胶膜在底胶上易于敷贴,黏着可靠。

2. 胶液涂布方法

胶液配制、涂布都应在清洁、明亮、温湿度适宜的胶接工作地进行。胶液的保存与配制应严格按照胶黏剂技术条件及配制说明书进行。密闭冷藏的胶黏剂(或分装组分)必须待温度回升至室温后,再启封使用。胶液在使用过程中的保存和管理,同样应符合技术条件要求。胶液中含有易沉淀的不溶组分时,在分装或使用胶液时,均应充分搅拌均匀。为保持胶接表面活性及减少污染,应严格规定从胶接表面制备结束到涂布底胶(或敷贴胶膜)之间的存放时间,一般控制在 8~16 小时。允许存放时间的长短与表面制备方法及所用胶黏剂类型有关。

胶液的涂布方法随胶液类型、黏度,以及胶接零件形状而异,见表 3-5。

表 3-5 胶液涂布方法一览表

名称	涂布方法	应用特点
刷涂法	利用毛刷涂布	适用于稀胶液及复杂零件
喷涂法	利用喷枪涂布	适用于较稀胶液及中等复杂零件,涂布质量好,效率高
刮涂法	利用刮板涂布	适用于黏度大的胶液,胶层厚度不易均匀
挤涂法	利用挤注器械涂布	适用于黏度大的胶液及小零件,胶层厚度不易均匀
辊涂法	利用胶辊涂布	适用于中、小黏度胶液及简单形状的零件,涂布质量好,效率高
流涂法	利用胶液自重或毛细管均匀流入	适用于流动性好的胶液及胶焊结构
筛绢法	利用胶液透过筛绢印胶	适用于中、大黏度胶液及简单型面印胶

一般胶接零件涂布底胶主要采用刷涂法及喷涂法。底胶厚度对胶接强度有显著影响。较薄的底胶一般只能用喷涂法实现,其方法设备与喷漆类似,应由有经验的喷胶工人用喷枪完成。喷涂法生产效率高、底胶厚度比较均匀,但胶液易飞溅损耗,劳动条件较差,应设置通风良好的喷胶棚。喷胶时,对胶液浓度应严格控制,注意胶质均匀,严防胶液的不溶组分沉淀。对喷胶用气源应采用严格的过滤及干燥措施。供喷涂用的压缩空气应无杂质,含水量小于 0.015 mg/L,含油量小于 0.005 mg/L。底胶喷涂法易于实现机械化,有利于涂胶质量稳定。

底胶涂布后,应进行干燥或固化。底胶干燥是为了充分排除溶剂,提高胶层致密性。有的底胶与胶膜组分不同,需要预先固化以免底胶与胶膜在固化时互熔。生产中可以采用胶液定量法控制底胶厚度。还可采用不同厚度的底胶的标准实样来进行七色检验。此外还可用涂层测厚仪检测厚度,但由于探头压力、角度等影响,一般也只用作合格与否的检查,不做精确定量。

3. 胶膜敷贴方法

根据胶黏剂品种及用途不同,胶膜厚度范围为 0.15~0.45 mm。为避免污染,胶膜一般夹在两层隔离膜之间,仅在贴膜装配时才将有关隔离膜揭下。胶膜敷贴时应赶出胶膜下裹入的空气,较好的办法是将已粘贴胶膜的工件预热后通过一对加压橡胶辊既可使胶膜粘贴牢固,还可有效地挤出裹入的空气。在大型胶接壁板生产中,采用机械化的胶膜滚压机,可保证贴膜质量,将效率提高1~2倍。

3.2.5 装配及固化

涂布胶黏剂的零件应按照产品图纸及技术条件要求进行组合装配。装配在固化模上进行,带有垫板、长桁和蒙皮类零件的板壳结构胶接装配时,首先按固化模上的基准线依次安放蒙皮、垫板和长桁。夹层结构胶接装配时,则按基准线依次安放蒙皮、夹芯和端肋、局部加强件等。总的装配原则为自结构的外表面零件向内表面零件依次进行胶接装配。

绝大多数结构胶黏剂需要加热固化,装配后的工件一般在装配夹具(或固化模具上)送往固化。胶接夹具(或固化模胎)形式与固化方案和产品结构有关。

1. 装配固化方案

航空及航天复合材料结构胶接件根据形状可分为平板件、单曲度板件及双曲度板件三类。不同的胶接产品结构,往往需采用不同的胶接固化方法。按照热压源及产品形状不同,固化方案主要有平台压力机,热压罐及电(汽)热胶接夹具固化法等三种。最常用的为热压罐固化法。

1)平台压力机固化法

平台压力机的结构示意图如图3-2所示,适用于平板件或曲度不大的胶接件固化。利用压力机平台直接加压或使平台保持固定的开启高度作为加压支承面。同时将压力机平台作为热源,平台加热方式采用电热、汽热或油热均可。固化方式又可分为三种。

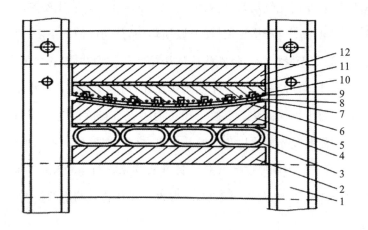

图3-2 平台压力机示意图

1—压力机架;2,12—下、上支撑板;3—气压或液压软管;4,11—隔热板;5—活动模具板;
6—蒙皮;7—桁条;8—弹性垫;9—上活动板;10—蒸汽管和冷却水管。

(1)工作平板法。本法不需用正规胶接夹具。胶接件在工作平板上定位后,直接利用平台压力机加压及加热。本法只用于胶接简单的无内嵌件的等厚度胶接件,不易保证施压均匀。

(2)压腔法。胶接夹具包括一个或两个由平板和橡皮膜(或金属箔)构成的加压腔,利用压力机的平台作为支承面。固化时往加压腔通入压缩空气(或高压油),气压(或油压)使加压腔的薄膜变形,压向被胶接工件,形成均匀的胶接压力。同时由平台提供热源,使胶接工件固化。其工作原理如图3-3所示。

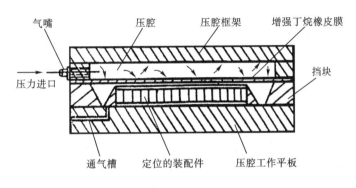

图3-3 压腔法示意图

(3)液流毯法。本法的胶接夹具与压腔法类似。在加压腔内放置一种特殊橡胶(如聚氨酯橡胶)作为介质。它在胶接温度下呈流动态而不固化,能把压力机平台提供的热量及压力均匀地传递到被胶接工件上。介质可重复使用,适用于大批量生产。

2)热压罐固化法

在热压罐中固化装接抽真空和排气管路,连接真空表、压力表、压力传感器等,以监测固化压力,在工件与模具、夹具之间放防黏的隔离薄膜,曲面模具可在表面上涂脱模剂并固化。工件的上面及四周放分压和透气、吸胶的垫物。分压材料多是穿孔的薄膜,有隔离作用又可透气。透气层材料多是经过处理的玻璃布或松孔织物,它可以形成真空通道,又可以吸去多余的胶。最后盖上真空薄膜,一般是透明耐热尼龙薄膜,四周用密封胶或密封胶带密封,构成真空袋,将工件封装在内,在装配工件的同时,还要装配好工艺控制试件(随炉试件)。最后,检查真空袋和中空系统的气密性,而后送进热压罐。

热压罐是一种端头有盖的圆筒形密闭高压容器。配有加压、加温和冷却系统、鼓风循环系统、架车系统及电气控制系统等。固化时,胶接工件装配定位后封于夹具(或模胎)内构成密封袋系统,一起放入罐内,将密封系统内空气抽出(或接通罐外大气),并向罐内通入压缩空气(或惰性气体),同时进行加热,按胶黏剂的要求,经一定周期后即完成胶接工件的加热加压固化工序,热压罐胶接固化示意图如图3-4所示。

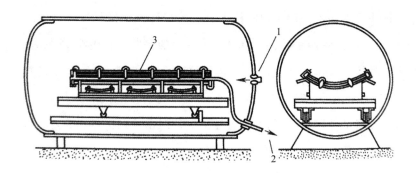

图 3-4 热压罐胶接固化示意图
1—压缩气体入口；2—真空系统管路；3—夹具和工件。

热压罐法固化的优点是便于使用较高的固化压力来胶接形状复杂的大尺寸胶接件，压力及温度均匀、通用性强、胶接夹具（模胎）简单、操作方便、配合多层架车使用时生产效率较高等。

采用热压罐法固化的前提是必须相应提高胶接零件的制造精度，才能保证产品外形良好，提高"胶接件胶接夹具"系统（即密封袋系统）的密封要求，若密封不良将引起固化压力失控，提高对密封袋系统的升温及降温速率要求，要尽量减小胶接夹具热容量，并设置强有力的加热及冷却系统，以便缩短固化周期。

热压罐固化法所用的胶接夹具（模胎）工作型面一般都是产品外形，应严格协调。夹具工作型面表面应开排气槽。胶接夹具至少应有两个出气口，两者远离并分别与真空泵（或接通罐外大气）及真空压力表接通。热压罐中胶接用的典型夹具如图 3-5 所示，夹具上有和工件外形一致的模板。模板固定在框架上，模板下面有抽气嘴接真空管路。加压前，将密封薄膜与模板间的空间抽真空，使薄膜压紧工件。

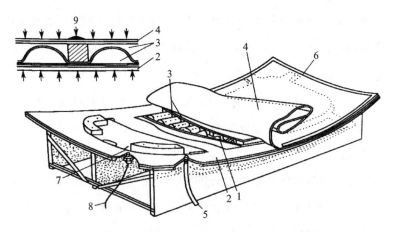

图 3-5 热压罐中胶接用夹具示意图
1—胶接壁板；2—夹具模板；3—真空内腔；4—密封薄膜（真空袋）；5—抽真空管路；
6—密封胶带或弓形夹及压条；7—热电偶；8—导线；9—压缩空气。

3)电热胶接夹具固化法

这是一种利用在胶接夹具上设置加压及加热装置固化的方法,最常用的是电热胶接夹具固化法。其工作原理如图3-6所示。

胶接工件在胶接夹具上装配定位,表面覆盖电热毯作为热源,再覆盖耐热气囊作为压力源,通电加热并往气囊内通入压缩空气,保持规定的时间,即可完成胶接件固化工序。按照结构需要,耐热气囊及电热毯均可分段制造。耐热气囊由硅橡胶或金属箔层构成。电热毯由电热元件(如不锈钢箔带)、绝缘层(如硅橡胶布)、表面增强层(如铜丝网)及硅橡胶板构成。

电热胶接夹具固化法的优点有:①不依赖于压力机、热压罐等大型胶接固化设备;②胶接工件从两侧同时加压,零件制造误差可分摊到产品两侧,胶接件外形质量好。其存在的缺点有:①电热胶接夹具成本高;②电热毯的电功率有限,工作温度不高,宜用于中、低温条件固化;③表面供热不够均匀。

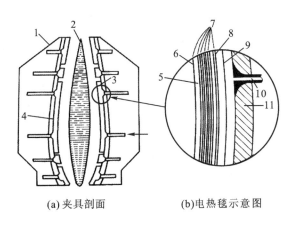

(a)夹具剖面　　　　(b)电热毯示意图

图3-6　电热夹具加温加压原理图

1—夹具;2—工件;3—电热毯;4—气压袋;5—电热元件;6—增强丝网;
7—硅橡胶布;8—硅橡胶板;9—充气囊;10—气嘴;11—夹具铸件。

2.装配固化参数规范

为了获得良好的固化,不仅需要选用合适的固化剂,还必须施行适当的固化条件。固化条件包括固化温度、固化压力、固化时间,也称为固化过程三要素,每个参数的改变都会对固化过程和胶接效果产生很大的影响。

1)固化温度

固化温度是指装配件中胶黏剂固化所需的温度。胶黏剂固化都需要一定的温度,只是胶黏剂品种不同,固化温度不同而已。有的能在室温固化,有的需要高温固化,有的可在低温固化。温度是固化的重要因素,不仅决定固化反应完成的程度,而且也关系固化过程进行的快慢,还会影响固化物的最终性能。每种胶黏剂都有特定的固化温度,低于此温度是不会固化的,适当地提高温度会加速固化过程,并且还能提高黏结强度。即使是室温(18~30 ℃)固化的胶黏剂,若能加热固化,除了可缩短固化时间,增大固化程度之外,也会大幅度提高黏结强度、耐热性、耐水性和耐介质性等。

加热固化时升温速率不能太快,升温要缓慢,加热要均匀,最好是阶梯升温,分段固化,使温度的变化与固化反应相适应。所谓分段固化就是室温放置段时间,再开始加热到某一温度,保持一定时间,再继续升温到所需要的固化温度。加热固化切忌在施胶装配后马上进行,须待凝胶之后升温。如果加温过早,升温太急,温度过高,会因胶的流动性太大而溢胶,造成缺胶,难以获得加热固化的有益效果,还有可能使被胶接件错位。

加热固化一定要严格控制温度,切勿温度过高,持续时间太长,导致过固化,使胶层碳化变脆,直接损害胶接性能。

加热固化到达规定时间,不能将胶接件立即撤出热源,急剧冷却。冷却速度过快,则使胶层提前进入玻璃态,会因收缩不均匀产生很大的内应力,带来后患。应当缓慢冷却到一定温度,方可从加热设备中取出,最好是随炉冷却到室温。

2)固化压力

固化时对胶缝必须施加适当的固化压力。固化压力的作用有:

(1)促使排出胶黏剂固化时产生的挥发分或低分子生成物,保证胶缝致密。

(2)促使被胶接零件之间贴合良好,保证一定的胶缝厚度。

(3)在一定压力下胶黏剂分子有利于润湿,可以改善胶接性能。只有均匀致密、厚度适当的胶缝才能获得良好的胶接强度,固化压力对胶接性能有着重要的影响。

固化加压要大小适宜,压力太大会溢胶,胶层太薄会导致胶接强度降低;压力太小无济于事。加压还要均匀一致,施压时机也要合适。当胶流动性尚大时,施压会挤出更多的胶,应在基本凝胶后施压。当加热时,流动性增大,此时压力太大,胶黏剂流失严重,会引起位置错动,应随加热的不同阶段逐步增压。一般复合材料蜂窝结构必须考虑夹芯层的承压能力,一般选取较低的固化压力。

3)固化时间

固化时间是指在一定的温度、压力条件下,装配件中胶黏剂固化所需的时间。由于胶黏剂品种不同,其固化时间差别很大,有的在室温下可瞬间固化,如 α-氰基丙烯酸酯胶、光固化胶、热熔胶、厌氧胶;有的则需几分钟至几小时,如快固丙烯酸酯胶、厌氧胶、室温快固环氧胶;有的要几天,如室温固化环氧-聚酰胺胶。固化时间的长短又与固化温度和压力密切相关。升高温度,可以缩短固化时间,降低温度则要适当延长时间,也就是说固化时间和固化温度具有时温等效性,不过若是低于胶黏剂固化的最低温度,无论多长时间也不会使其固化,所以固化的时温等效性是有一定限度的。无论是室温固化,还是加热固化,都必须保持足够的固化时间才能固化完全,获得最大的胶接强度。

3.2.6 整修及密封

1. 整修

胶接固化后的部件,为了表面质量良好,需要进行适当的整修加工,刮掉多余的胶,将胶接表面磨削得光滑平整,也可进行锉、车、刨、磨等机械加工,在加工过程中要尽量避免胶层受到冲击力和剥离力。

2. 密封

若要制成一个耐久的胶接接头,必须对胶接接头的外露胶缝进行妥善的防护,特别是对在水上或在湿热环境下使用的胶接接头。

外露胶缝的耐环境条件基本防护办法是遮蔽密封法,即用一种密封材料把裸露胶缝与外界环境条件隔绝开,从而减少或免受环境条件对胶接接头的不利影响。该胶缝密封防滑材料应具有较优异的耐介质及耐大气老化性能,且具有优良的结合力,工艺简便、施工温度低。

迄今为止密封最常用的为聚硫橡胶密封胶黏剂。典型的施工方法:①整修裸露胶缝溢胶;②用有机溶剂清洗保护部位;③对不涂区贴上遮蔽带,露出需涂胶保护部位;④配制密封胶;⑤涂布密封胶;⑥室温硫化或加温硫化;⑦揭去遮蔽带,整修密封胶层。

为了增强对胶缝的保护作用,一般保留胶缝的溢胶部分不予清理。固化挥发分含量大的胶黏剂通常只能获得疏松的溢胶,可以在施工时采取一定措施提高溢胶致密度,有利于防止湿气渗入。为了改进密封胶对端面胶缝的固化程度,提高密封效果,对于胶接构件的防缝密封,宜采用包覆密封法。

3.3 蜂窝夹层结构复合材料的胶接

3.3.1 概述

1. 复合材料结构类型

现代飞机所应用的复合材料,按其构造形式一般可分为两大类,层合结构和夹芯结构。层合结构的典型形式是复合材料层合板。复合材料夹芯结构由上、下面板,夹芯与胶黏剂组成。

一般夹层结构用于机翼、尾翼、机身、箭体、箭头、减速板、发动机短舱、隔音装置、防火隔板等。与薄壁结构的薄蒙皮相比,夹层板的厚度大得多,抵抗失稳能力强,重量还可减小,而且表面光滑,气动外形良好。但它的制造工艺复杂,工艺质量又不易检验,所以应用受到限制。夹层结构表板的材料有铝合金、不锈钢、钛合金和各种复合材料。夹层材料有轻质木材、泡沫塑料等,也可用金属材料或复合材料制成波纹板夹层或蜂窝型夹层(见蜂窝结构)。夹层与表板一般用胶黏结在一起,形成整体。

2. 夹层结构的分类

复合材料夹层结构按照面层可分为玻璃钢、金属、胶合板、塑料板等，按照夹芯材料可分为泡沫夹层、波纹板夹层和蜂窝夹层复合材料。

1）泡沫夹层结构

泡沫夹层结构质量轻、刚度大、保温隔热性能好、强度不高，其泡沫塑料按泡孔结构分为闭孔泡沫塑料和开孔泡沫塑料，按材料分为热塑性泡沫塑料和热固性泡沫塑料。聚氨酯泡沫塑料是常用的芯材，如图3－7所示。

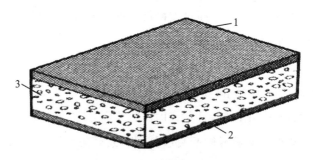

图3－7 泡沫夹层结构图

1—上面板；2—下面板；3—泡沫芯材。

2）波纹板夹层结构

波纹板夹层结构的夹芯材料是波纹板（玻璃钢波纹板、纸基波纹板和棉布波纹板）。其具有制作简单，节省材料，质量轻，刚度大等特点，但不适用于曲面形状的制品，其结构形式如图3－8所示。

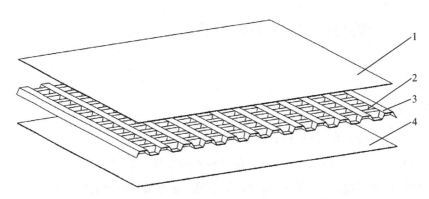

图3－8 波纹板夹层结构示意图

1—上面板；2，3—波纹板；4—下面板。

3）蜂窝夹层结构

蜂窝夹层结构的夹芯材料是蜂窝材料（玻璃布蜂窝、纸蜂窝、棉布蜂窝等），质量轻、强度大、刚度大，通常应用于构件尺寸较大、强度要求较高的部件。如雷达罩、反射面、飞机地板等。蜂窝夹层结构如图3-9所示。

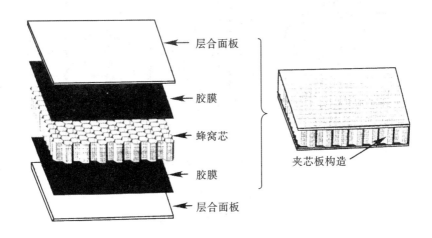

图3-9 蜂窝夹层结构示意图

3. 蜂窝夹层结构的组成和性能

1) 蜂窝夹层结构件的组成

蜂窝夹层结构是复合材料的一种特殊类型。由于这种轻型结构材料具有最优比强度、最优比刚度、最大抗疲劳性能、表面平整光滑等特点,已在中国航天领域得到较为广泛的应用。蜂窝夹层结构实质上是由3种基本材料组合而成的复合材料,这为结构人员提供了广泛改变参数以满足设计技术指标的可能性。目前最常用的为铝面板-铝蜂窝夹层结构、碳纤维面板-铝蜂窝夹层结构、玻璃钢面板-玻璃钢蜂窝夹层结构、凯芙拉纤维面板-Nomex蜂窝夹层结构等,其特点是结构较为复杂、外形尺寸精度要求高、工序内容多、研制周期长。

蜂窝夹层结构由3个元件组成:

(1) 面板。面板的主要功能是提供要求的轴向弯曲和面内剪切刚度,以承受轴向弯曲和面内剪切载荷,在卫星结构中,面板常用预浸树脂石墨纤维单向带或织物,也有采用铝合金面板或玻璃钢面板等,面板应按实际使用要求选定。

(2) 蜂窝芯材。蜂窝芯材有金属蜂窝芯材和非金属蜂窝芯材两大类。金属蜂窝芯材主要是铝合金蜂窝芯材,非金属蜂窝芯材有玻璃布蜂窝芯材、纸蜂窝芯材和 Nomex 蜂窝芯材等。蜂窝芯材的结构形式有六角形蜂窝、柔性蜂窝和过拉伸蜂窝等,大部分采用的是六角形蜂窝芯材,蜂窝芯材结构示意图如图3-10所示。

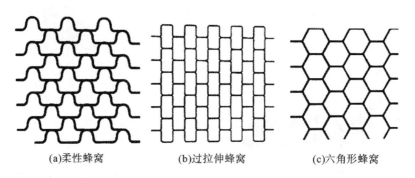

(a)柔性蜂窝　　　　(b)过拉伸蜂窝　　　　(c)六角形蜂窝

图 3-10　蜂窝夹芯材料结构

(3)胶黏剂。胶黏剂是蜂窝夹层结构复合材料研制生产中的重要材料,它对蜂窝夹层结构复合材料的力学性能和制造工艺性能有一定影响。为此对胶黏剂的主要性能提出了各种要求,主要有空间环境条件下性能稳定性较好、工艺性能好、使用方便,同时在现有储存条件下储存期不低于 6 个月。对于蜂窝夹层结构复合材料不同的使用部位和不同的要求,可选用下列类型胶黏剂:①结构胶黏剂用于面板和蜂窝芯子胶接;②泡沫胶黏剂用于蜂窝芯子与预埋件胶接、局部填充和加强;③拼接胶黏剂用于大面积蜂窝芯子的拼接;④灌注胶黏剂用于蜂窝夹层结构件成型后镶嵌件的后埋;⑤胶接热管胶黏剂用于蜂窝夹层结构件中的热管胶接。

2)蜂窝夹层结构件的性能

(1)基本特性。蜂窝夹层结构的基本特性有:①其抗弯刚度约为铝合金的 5 倍;②有极高的表面度和高温稳定性,易成型且不易变形,它不仅能制造成平面面板而且可以制造成单曲、双曲面板,制成车辆零部件后拆装更为方便;③有优良的耐蚀性、绝缘性和环境适应性,可适应铁路动车组和客车各种恶劣的运用环境;另外,根据需要这类板材可以采用表面喷漆或者表面粘贴防火板处理,达到良好的装饰性、防火性;④独特的回弹性,可吸收震动能量,具有良好的隔音降噪效果,所以在民用上对于隔音减震有很大帮助;⑤防火等级高,在遭遇火灾后,烟密度符合高等级的国际铁路防火标准,具有良好的自熄性;放热值较低,能够形成耐火层,能降低释放出的烟雾和有毒气体,具有良好的环保性能。

(2)力学特性。蜂窝夹层结构的主要特点是上、下面板的材料厚度一般情况下是相同的,而且比蜂窝芯子高度小得多,面板材料的强度和刚度一般均较高。根据夹层板力学分析基本理论,其主要力学性能特征如下:①弯矩主要由面板承担,蜂窝夹层结构复合材料由面板承担的弯矩要远大于由芯子承担的弯矩;②面板中的应力沿厚度接近均匀分布,由于蜂窝夹层结构复合材料的面板很薄,面板中的最大应力与平均应力相差很小,面板中的应力可认为沿厚度接近均匀分布;③横向剪力主要由芯子承担,蜂窝夹层板受载时会产生弯矩和垂直板面的横向剪力,由于面板很薄,能承担的横向剪力不大,横向剪力主要由芯子承担;④通常不能忽略芯子的横向剪切应变,由于蜂窝夹层的芯子的横向剪切弹性模量不大,因此横向剪切应变不能忽略;⑤芯子具有支持面板避免失稳的作用,蜂窝夹层板的芯子将提供薄面板的横向支承,避免面板的局部失稳。

3.3.2 胶接蜂窝夹层结构

1. 蜂窝夹层结构的类型

夹层结构的蒙皮和夹芯材料种类很多,如果用铝、钛合金做蒙皮和芯材,则称为金属夹层结构;如果用玻璃钢薄板、木质胶合板和无机复合材料板做蒙皮,用玻璃钢蜂窝、纸蜂窝及泡沫塑料做夹芯材料,则称为非金属材料夹层结构。根据平面投影几何形状,蜂窝夹芯材料可分为六边形、菱形、矩形、正弦曲线形和有加强带六边形等。在这些蜂窝夹芯材料中,加强带六边形强度最高,正方形蜂窝次之。由于正六边形蜂窝制造简单,用料省,强度也较高,故应用最广。

2. 蜂窝夹层结构的原材料

1) 玻璃钢薄板做蒙皮、玻璃钢蜂窝做芯材的夹层结构

(1) 玻璃纤维布(增强材料)生产玻璃钢夹层结构的玻璃布分为面层布和蜂窝布两种。面层布是经过增强处理的中碱和无碱平纹布,其厚度一般为 0.1~0.2 mm。为加强蒙皮和蜂窝之间的黏结强度,常在两者之间加一层短切玻璃纤维毡。选用含蜡玻璃布做蜂窝材料,可以防止树脂浸透到玻璃布背面,减少蜂窝块层间的粘接,有利于蜂窝成孔拉伸。

(2) 蜂窝夹层结构用纸,要求有良好的树脂浸润性和足够的拉伸强度。

(3) 黏结剂(树脂)制造蜂窝夹层结构用的树脂分蒙皮用树脂、蜂窝用树脂和蜂窝与蒙皮黏结用树脂。根据夹层结构的使用条件,可分别选用环氧树脂、不饱和聚酯树脂、酚醛树脂、有机硅树脂及邻苯二甲酸二丙烯酯等。

2) 铝面板/铝蜂窝芯夹层结构

航空及航天飞行器上广泛应用铝蜂窝夹芯结构件,铝蜂窝夹芯一般采用铝箔做面板,也有铝箔胶接而成的。早期的蜂窝夹芯为了排出构件固化时面板胶黏剂产生的挥发物及低分子物,在夹芯格孔的非胶接面上制有通气孔,这种夹芯称为有孔蜂窝夹芯。蜂窝夹芯格子形状通常是正六边形。常用夹芯边长有 3、4、5 mm 等多种。铝箔材料有 L3、LF21、LF2 及 LY12 等。为提高强度及耐蚀性,一般以采用 LF2 锈铝镁合金箔居多。常用铝箔厚度为 0.03、0.04、0.05 mm。受力较大的蜂窝壁板有时采用厚度达 0.08 mm 的铝夹芯。铝面板和铝蜂窝芯采用胶接方式,比传统的铆接结构的重量减轻 15%~30%。

3. 蜂窝夹层结构的制造

蜂窝夹层结构制造包括蜂窝芯的制造、夹芯材料的加工、面板和蜂窝芯的胶接连接等工艺

过程。

1)玻璃布蜂窝夹层结构制造

(1)玻璃布蜂窝夹层结构制造工艺。

①干法制造:此法是先将蜂窝夹芯和面板做好,然后再将它们胶接成夹层结构。为了保证芯材和面板牢固胶接,常在面板上铺一层薄毡(浸过胶),铺上蜂窝,加热加压,使之固化成一体。干法成型的优点主要有产品表面光滑、平整,生产过程中每道工序都能及时检查,产品质量容易保证,缺点是生产周期长。

②湿法制造:此法的面板和蜂窝夹芯均处于未固化状态,在模具上一次胶接成型。生产时,先在模具上制好上、下面板,然后将蜂窝条浸胶拉开,放到上、下面板之间,加压、固化,脱模后修整成产品。湿法成型的优点有蜂窝和面板间黏结强度高,生产周期短,最适合用于球面、壳体等异形结构产品的生产,缺点是产品表面质量差,生产过程较难控制。

无论是干法还是湿法制造,都包括玻璃布蜂窝芯的制造、蜂窝芯与面板的胶接连接。

(2)玻璃布夹芯的制造。

生产玻璃布夹芯材料时,主要采用胶接拉伸法。工艺过程是先在制造蜂窝芯材的玻璃布上涂胶,然后重叠粘接成蜂窝叠块,固化后定型成蜂窝芯材,按需要的蜂窝高度切成蜂窝条备用。可以采用手工涂胶,也可以使用机械化涂胶。胶接拉伸法工艺流程如图3-11所示。

①涂胶条与叠合。在玻璃布上涂胶条常采用机械涂胶法,即在涂胶机上进行,也可用手工涂胶法涂胶。涂胶机按涂胶方法可分为漏胶式和印胶式两种。涂胶质量的控制是能否制造良好蜂窝的关键。涂胶要防止漏胶与透胶、保证尺寸的宽度。在涂胶过程中,主要是控制出胶条的宽度、厚度和各胶条间的平行度,以及胶条的干燥程度。

②蜂窝叠块的压制固化。涂胶完毕,从叶轮转筒上取下蜂窝叠块,按所用胶的固化规范放在预先加热的液压机上进行蜂窝叠块的压制,并在0.3~0.5 MPa的压力下保持2~3 h,然后冷却至40~50 ℃时卸压。

③切割、拉伸与浸胶。压制好的蜂窝叠块,按蜂窝高度 h(切割宽度)在切纸机上进行切割。然后拉伸蜂窝,并将其固定在特制的浸胶托架上,托架的作用只是将蜂窝拉开后保持其格孔形状。然后浸入预先调配好的胶液中。缓慢取出托架,水平放置以挥发溶剂,经过24~48 h,就可以从托架上取下蜂窝。

④浸胶蜂窝块的固化。浸过胶的蜂窝块,经晾置干燥后,还不能使用,需进行固化,才能成

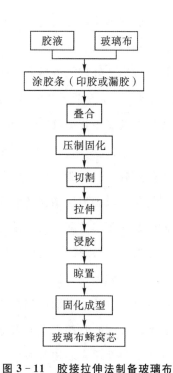

图3-11 胶接拉伸法制备玻璃布蜂窝芯工艺流程图

(3)玻璃钢面板制作。

玻璃钢面板靠模具进行裱糊成型,模具采用凹模还是凸模,主要取决于制品结构、外形及表面光洁度,而胶液的性质决定制品固化条件及加压形式。

(4)玻璃布芯材与玻璃钢面板的胶接连接。

①玻璃布芯材和玻璃钢面板的表面处理:表面处理方法包括有机溶剂清洗、砂纸打磨、喷砂处理、化学溶剂处理、偶联剂处理等。

②胶黏剂选择:底胶和胶黏剂均选择胶接强度高、韧性及耐环境性能优良的环氧树脂型胶黏剂。

③涂胶及烘干:在表面处理的表面涂一层薄薄的底胶,涂底胶后在规定时间内涂胶。可用刷子、辊子或刮刀将涂胶与蜂窝夹芯胶接端面上,或者将蜂窝夹芯浸到胶液深度2~3 mm的胶槽中,取出晾干或烘干。大型夹层结构采用胶膜,需要在零件上热贴胶膜。

④玻璃钢面板与蜂窝芯的胶接装配及固化:面板及蜂窝芯经表面处理后,涂底胶并贴上胶膜,在胶接夹具中进行装配,如果需要,则在芯子对缝、芯子与边缘零件、蒙皮后缘角落等处,填放可以发泡充填间隙的泡沫胶。装配好后,封装真空袋,检查密封性,在热压罐中加温加压固化。

2)铝蜂窝夹层结构制造

(1)铝蜂窝夹层结构件制造方法。

①一次成型法:此法将内、外蒙皮和浸渍好树脂的蜂窝芯材按顺序放在模具上,依次胶合固化成型。成型压力为0.01~0.08 MPa。这种成型方法具有生产周期短,成型方便,蜂窝芯材与内外蒙皮胶接强度高等优点,但对成型技术要求较高。

②二次成型法:将内、外蒙皮分别成型,然后与芯材胶结在一起固化成型。(芯材可以是先固化好的,也可是没有固化的),这种方法具有制件表面光滑,易于保证质量等优点。

③三次成型法:外蒙皮预先固化好,然后与芯材胶合进行二次固化,最后在芯材上胶合内蒙皮进行三次固化。这种方法具有表面光滑,成型过程中可进行质量检查,发现问题可及时排除等优点,但这种方法生产周期长。

无论哪一种成型方法,都包括蜂窝芯的制造、蜂窝芯与蒙皮的胶接连接。

(2)铝蜂窝芯的制造。

铝蜂窝夹芯的制造方法有成形法和拉伸法两种,如图3-12所示为这两种方法的示意图。成形法制造夹芯是铝箔首先成形后胶接,适用于制造厚铝箔夹芯。拉伸法是铝箔先胶后成形的制造方法。先将铝箔表面脱脂,然后在铝箔上涂胶条,再将已涂胶的箔片相互迭装胶接制成蜂窝迭层板,最后将蜂窝迭层板拉伸成形即为蜂窝夹芯。拉伸法制造夹芯生产率高、胶接节点强度高,过去只适于制造薄铝箔夹芯。近年来采用了先进的胶黏剂及胶接技术,提高夹芯胶接节点强度后，用拉伸法也能制造铝箔较厚的夹芯，例如 LF2 铝箔厚度为 0.008 mm，边长为 3 mm。拉伸法制造夹芯是国内外目前采用的夹芯批生产方法，以下为拉伸法制造蜂窝夹芯工艺过程。

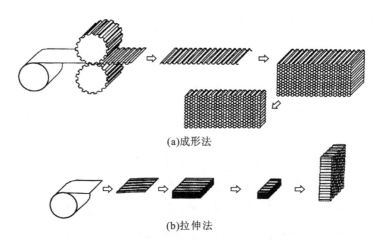

图 3-12 制造蜂窝芯的成形法和拉伸法示意图

① 铝箔表面处理。

为保证夹芯胶接节点强度，铝箔在涂胶前必须进行表面制备，一般在专用铝箔清洗机上完成铝箔表面处理、冲洗、烘干及卷绕等工序。目前国内应用铝箔表面制备主要有碱液脱脂和钝化处理。

(a) 碱液脱脂。铝箔的清洗流程：碱洗（槽1）→碱洗（槽2）→热水洗→冷水洗硝酸光化→冷水洗→烘干→卷绕（及切割），此过程在铝箔清洗机上进行。

清洗机各槽配方及控制参数如下：

弱碱槽，苛性钠（5 g/L）；磷酸三钠（40 g/L）；水玻璃（10 g/L）；水（1 L）。槽液温度为 80～85 ℃。热水槽水温为 80～90 ℃，采用流动热水为佳。冷水槽为流动冷水。硝酸槽一般为 15～30% 体积比的硝酸水溶液。烘干箱内空气温度小于 120 ℃。

铝箔清洗速度应以除净油污及保证烘干质量为准来调节。铝箔清洗质量用"水膜法"检查。脱脂干净的铝箔从冷水槽引出时，表面应形成一层润湿良好、均匀连续的水膜。清洗烘干后的铝箔应卷紧、绕齐、无折皱，同时还可切割成所需宽度。

清洗合格的铝箔必须用洁净无油的包装纸或塑料薄膜包覆。近期不用的铝箔用真空封存为宜。

(b) 铬酸盐氟化物钝化处理法。铝箔用弱碱液除油不能提高铝箔的抗蚀性，且抗湿热性能较差。铝箔进行钝化处理可提高大湿度环境下胶接蜂窝夹芯的制流质量，但同时铝箔表面硬度提高，带来铝箔发脆。此外钝化处理的废液含有铬、氟等有害组分，需认真进行废液处理。

铝箔钝化处理所用铝箔清洗机与弱碱液法所用的基本相同。其工艺流程:弱碱液洗→热水洗→冷水洗→硝酸光化→钝化处理→冷水洗→烘干卷绕及切割。

铝箔钝化处理前的除油处理可采用弱碱液法,也可用 OP 乳化剂除油,但不易冲洗干净。

钝化槽配方及控制参数如下:

铬酐 CrO_3(10~11 g/L);重铬酸钾 $K_2Or_2O_7$(10~11 g/L);氟化钠 NaF(1.5~2.0 g/L);水(1 L)。槽液温度为 31~38 ℃,处理时间为 30~60 s。

钝化膜的生成与钝化温度及时间成正比。溶液温度过低,浸渍时间过短,则膜的生成速度慢,膜层太薄;反之温度太高,时间太长,则膜过厚,易脱落,且铝箔延伸率下降。这些都对胶接强度不利。

②铝箔涂胶。涂胶质量对蜂窝夹芯的格孔规整性及胶接强度有重要影响。所涂胶条应均匀、宽度一致、边缘整齐、间距准确。胶条的合理厚度及宽度因所用胶黏剂及涂胶方法而异,需通过试验确定。

铝箔涂胶方式可分为纵向涂胶及横向涂胶两种。纵向涂胶时,胶条与铝箔条料的方向一致,所制得的夹芯块沿箔条方向的尺寸有限,不能制造大尺寸蜂窝夹芯块。横向涂胶时,胶条与铝箔条料的方向垂直,可按夹芯的纵向尺寸要求来随意切取铝箔,适宜制造大尺寸蜂窝夹芯块,应用较广。

常用铝箔涂胶方法有纵向涂胶的拉胶法、滚轮法及横向涂胶的齿辊法、鼠笼法和凹印法等。目前国内夹芯生产中应用最广的是凹印涂胶法,其涂胶工艺流程图如图 3-13 所示。

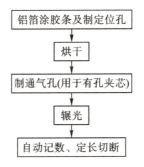

图 3-13 凹印涂胶法工艺流程

该机床涂胶时,铝箔被紧压在凹印辊上,凹印辊转动上胶后,在接触铝箔之前,先用刮刀片将辊子表面的胶液全部刮光,仅在凹槽的沟槽内留下胶液、凹印辊与铝箔接触时,即将凹槽上的胶液整齐地转印到铝箔上。

③箔片迭合及固化。(a)箔片迭合:已涂胶切断的箔片需要迭合及固化成拉伸前的蜂窝夹芯即蜂窝迭合板。已涂胶箔片的切断长度及迭合层数应按蜂窝夹芯毛坯尺寸确定。手工迭装箔片时,按箔片上已制出的定位孔装配定位。(b)箔片迭合板固化:为防止迭合板在固化时滑移

错位,迭合板固化前应预压定位,使箔片相互粘连定位。迭层板固化可在热压罐内或热压床上进行。固化加压必须均匀,否则易引起各处胶条挤宽程度不一,导致拉伸后夹芯翘曲变形。固化温度不均匀易引起局部胶条固化不足。采用热压床固化时尤应注意沿迭层厚度的温度梯度及四周自由散热影响。为确保固化压力及温度均匀,迭合板应尽量采用热压罐固化,迭合板固化参数随夹芯所用节点胶黏剂而异。

④铝蜂窝夹芯拉伸成形及加工。(a)蜂窝迭层拉伸成形:蜂窝迭层拉伸成形即得蜂窝夹芯。一般均拉制等截面蜂窝夹芯。先按所需夹芯毛坯的展开尺寸对迭合板下料加工,再在迭合板两面粘贴上由气球布、铝箔或其他材料制成的拉伸条带,然后利用销棒通过拉伸条带将迭合板固定到拉伸机夹头上进行蜂窝拉伸。(b)蜂窝夹芯机械加工:蜂窝夹芯块下料或粗加工均可由带锯床完成,夹芯格孔内不需添加工艺填料。细齿轮及速度较高的锯切可以获得较好的表面质量。

夹芯毛坯的型面加工常用铣切法。夹芯格孔内不添加工艺填料,但需固持在铣切模胎或工艺蒙皮上(铣切时工艺蒙皮吸附固定在铣切模胎上)。目前常用的固体材料主要为聚乙二醇或聚乙烯醇,有时也用双面压敏胶带固持夹芯进行小量加工,如加工局部下陷台阶等。

聚乙二醇为热熔性材料,50~52 ℃熔化,室温下凝固起固持作用,铣切后再加热熔化回收,并用 50~60 ℃水冲洗干净。其加工工艺简单,可重复使用,但固持力小,适用于将夹芯直接固持到铣切模胎上。聚乙烯醇为水溶性材料,水分蒸发后起固持作用,固持力强,适用于将夹芯共固持到工艺蒙皮上,加工后水溶分离。不管选用何种固持材料,均应满足不腐蚀铝箔及用后易于清除干净。为便于监控固持材料是否清除彻底,可在固持材料中适当添加荧光染料作为追踪剂。利用紫外线检查已清洗的蜂窝夹芯零件,即可确知固持材料的清洗程度。

蜂窝夹芯铣切刀具一般采用工具钢制作的阀门式无齿铣刀或小直径细齿铣刀片。夹芯表面常存在毛刺、撕裂等缺陷。切前速度愈高则表面切削质量愈好,精加工速度应在 600 r/min 以上。

(3)铝蒙皮和铝蜂窝芯的胶接连接。

①铝蒙皮和铝蜂窝芯的表面处理:由于铝蜂窝复合材料板的使用环境不同,而温度、湿度变化及盐雾空气等对黏结结构和材料有很大的影响。为了抵御雨水对胶层的弱化作用,粘接前必须对其进行表面处理。铝的表面处理有几种方法,有碱洗除油、化学氧化、铬酸阳极化和磷酸阳极化处理等。不同表面处理方法均能起到提高黏结强度的效果,而各种方法处理所形成的表面膜性质却不同。铝蜂窝复合层板的铝合金蒙皮和铝蜂窝芯表面处理均采用磷酸阳极化,用磷酸阳极化处理形成的氧化膜强度好,更耐水侵蚀,是比较好的选择。

铝蜂窝经磷酸阳极化处理后应涂上底胶。底胶有偶联剂型、抑制腐蚀型、沉积型等多种类型,可根据相应的要求选择。

②胶黏剂的选择:由于待粘接的面积较大,用溶剂型胶液较为不便,且由于夹层芯为蜂窝结构,胶液不具操作性,胶膜在固化过程中挥发量少,胶层致密,可用于粘接蜂窝与金属蒙皮。先

将胶膜与铝合金面板粘接,贴不上时用热风机稍吹片刻,有气泡必须排除,胶膜必须紧贴于面板。胶膜可以拼接,接缝容差为 0~0.5 mm。胶膜一般采用中等或高分子质量的环氧树脂,添加一些填料和潜伏型固化剂配置而成,胶膜还包括用纤维织物为支撑物的载体。

一般高韧性胶膜的厚度对剪切强度影响不大,主要影响剥离强度。在一定范围内厚的胶膜的剥离强度高。但在大面积胶接中采用的胶膜不宜过厚,胶膜的厚度一般为 0.25~0.35 mm;相反,韧性差的胶膜越厚则剥离强度与剪切强度越差。通过比较选用粘接效果较好的 J-47 胶膜。

③涂胶及干燥:铝蒙皮及铝蜂窝芯经表面处理后,涂底胶并贴上胶膜并进行干燥。

④铝蒙皮和铝蜂窝芯的胶接装配及固化:铝蒙皮及铝蜂窝芯经表面处理后,涂底胶并贴上胶膜,在胶接夹具中进行装配,如有需要,则在芯子对缝、芯子与边缘零件、蒙皮后缘角落等处,填放可以发泡充填间隙的泡沫胶。装配好后,封装真空袋,检查密封性,在热压罐中,加温加压固化。

3.4 胶接质量控制及检测

3.4.1 复合材料胶接质量控制

胶接接头的胶接质量取决于所用材料(胶黏剂及其他有关材料)、胶接表面状态(表面处理质量及被污染程度等),以及构成接头的物理、化学条件,接头几何装配关系,固化条件等。

1.胶接质量控制的原则

(1)尽量减少可变因素的影响。凡一切行之有效的参数都要尽量固定下来,把可能存在的不稳定因素压缩到最低限度。例如,不仅要进行材料及工艺过程控制,还应重视控制人员素质及生产环境条件等。

(2)对影响产品胶接的各个环节都应加以严格控制,以免不稳定因素得以层层转嫁影响。例如,控制胶黏剂材料复验,胶黏剂存放保管。不仅要控制各项工艺参数,还应控制仪表、设备、工具、夹具、模具质量等。

(3)对产品质量应有必要的试验考核。例如采用工艺控制试样或直接利用产品进行性能验证等。

(4)对所有质量控制均应通过一套严密的规章制度贯彻实现,并由专设职能部门监督执行。

(5)应不断引用先进的科学技术方法来提高胶接质量控制方法的稳定性和准确性。例如对胶黏剂化学组分采用红外光谱检验,对胶缝采用差示扫描量热法检验是否固化充分等。

2.胶接质量控制内容

1)胶接环境条件控制

胶接质量稳定可靠必须以胶接界面及胶黏剂不受污染为前提。这种污染是广义的,它不仅包括人为接触污染,也包括空气中的尘埃、油雾,甚至材料表面的吸湿等污染,此外还涉及已处理的胶接表面在环境条件下的结构组织变异。因此必须对胶接环境条件作严格控制。特别在技术水平不够高的情况下,尤应加强胶接环境控制。凡重要胶接操作作业必须在环境条件有控制的胶接工作间内进行。

温度、湿度、灰尘等都会影响黏结效果,对粘接操作环境应有严格要求,工房温度应保持在 18~30 ℃,相对湿度不超过 65%,应有温、湿自动记录装置。若湿度过大,则被粘物会吸收少量湿气,在加热固化时汽化而使胶层疏松。空气应经过滤,除去 40% 以上空气中 $5\mu m$ 的粒子,保持空气清洁无尘。现场不准有产生烟雾、粉尘和水蒸气的操作。另外工作间的墙面应刷漆、室内地板要用防脱落、易清洗的材料制成,地面应密封少尘。

2)胶接材料控制

所选用的胶黏剂应有足够的性能数据,并进行必要的应用实验。胶黏剂购进后应对包装进行检查,不应有损坏和泄漏,必须附有合格证。还要按标准要求对理化性能进行检测,确认合格后方可使用。储存时应以原包装密封储存,防止受潮,须符合规定的温度、湿度、放置状态、时间等。从低温或冷藏室中取出的胶黏剂应在与环境温度平衡后开封使用,以防吸潮,超过储存期的胶黏剂一般不能使用。胶接工艺过程用的辅助材料也要符合标准规定,并有合格证。

3)对被粘物的控制

首先要检查被粘物是否符合工艺要求,表面有无损坏和污染。表面处理必须精心进行,如果需要化学处理,必须按照适当的程序、浸泡温度和时间、溶液浓度和污染程度进行。若是喷砂处理,应当定期更换砂料。溶剂擦拭要用新鲜试剂和干净布料,并应经常检查盛装溶剂的器皿和擦拭用布料是否已脏污。

4)胶接模具、设备及仪表控制

胶接固化模具质量对产品外形及胶接质量有直接影响。固化模具在正式投产使用前,应确定模具的固化温度分布及升温速率,并应对首件产品进行胶接质量鉴定。对胶接固化设备,如热压罐,应具备温度、压力参数的自动控制、记录及监控报警系统,一般温度均匀性要求为 ±55 ℃,压力稳定性要求为 0.15~0.20 Pa,并定期校测。底胶喷涂所用压缩空气必须附加干燥及油水分离装置。底胶固化用的烘箱,其清洁度要求与胶接工作间相同,其温度控制要求与热压罐相同。设备的测量仪表必须明确精度要求,并进行定期校验。

5)胶接工艺控制

在胶接制造过程中,把住各个环节进行严格的工艺质量控制,是保证胶接质量的积极措施。其内容包括以下 7 点。

(1)预装配工艺控制:应规定胶接零件公差要求及允许变形量。

(2)胶接表面制备控制:应保证胶接表面制备质量可靠,没有污染。

(3)涂底胶及贴胶膜控制：应控制底胶厚度；遵守固化规范及胶膜拼接规定等。

(4)胶接工序间的时间限制控制：对各胶黏剂在使用过程中的工序间停放时间应做出限制。

(5)固化控制：要严格执行固化规范，保证固化温度及压力的准确性、稳定性和升降温速率等。

(6)工艺控制试样：工艺控制试样应与所代表的产品同时用相同材料及相同工艺制成。凡多次固化的产品应有多套控制试样，分别代表各个固化阶段的胶接质量。

(7)保证质量：每个胶接产品应保存完整的工艺记录，建立履历本制度。胶接产品要进行生产控制试验，即首件鉴定及重复鉴定。首件鉴定内容应包括目视外观检查、胶接质量无损检验及破坏性试验等。只有首件鉴定合格后才能投入批量生产，胶接产品批量生产后应定期抽样，按首件鉴定内容进行重复鉴定，确保质量稳定。

6)操作人员控制

胶接操作技能虽不复杂，但只有真正了解胶接特点的人员才能自觉履行各种胶接操作规定，减少不稳定因素，同时胶接操作经验积累对提高胶接质量也是至关重要的。为此从事胶接及胶接无损检验操作的人员均应经过专门训练和考核，凭合格证操作。

3.4.2 复合材料胶接质量检测

复合材料胶接结构的主要缺点之一就是胶接质量不稳定，但从外观很难判断胶接质量，因此除了严格控制工艺参数外，还必须对胶接质量进行严格的检测。复合材料胶接件的质量检测包括胶接生产的质量检测及胶接构件的性能检测两部分。胶接构件及其工艺试验均应进行胶接生产质量检测，检测内容见表3-6。

表3-6　胶接质量检测项目及内容

序号	类型	项目	检测内容
1	胶接生产质量检测	目视检测	胶接件及胶缝的表面质量
2		无损检测	胶缝内在质量如脱粘、疏松、气泡、分层等
3	胶接件性能检测	密封渗透试验	将制件浸入80℃左右热水中保持2 min，若有气泡溢出，说明存在渗漏
4		X射线进水检查	检查蜂窝芯格进水、节点开放、失稳变形和发泡胶填充质量
5		耐热试验	在相应与胶接件的设计要求温度下进行耐热试验1 h，胶接件经耐热试验后的变形、脱胶或产生的其他缺陷均不应超过规定

1.胶接生产质量检测

1)目视检测

目视检测用以检查胶接件的表面质量,就是用肉眼或放大镜观察胶层周围有无翘曲、鼓起、剥离、脱胶、裂缝、孔洞疏松、缺胶错位炭化、接缝不良等。若是挤出的胶是均匀的,说明不可能缺胶;没有溢胶处有可能缺胶。

2)敲击检测

如图3-14所示的敲击法是一种采用专用的敲击棒、敲击锤、硬币或者仪器等检测工具轻轻敲击被检测复合材料胶接结构表面,通过辨听敲击声音的变化来确定损伤检测的方法。采用硬币、敲击棒或者敲击锤,敲击复合材料胶接结构表面时,清脆的音响回声表明胶层密实,胶接质量良好,声音沉闷低哑表明胶层有气孔、脱粘、分层等缺陷。人工敲击法对检查人员的经验要求比较高,因为检测的效果在很大程度上依赖于检验人员的经验。该法对环境也有要求,在嘈杂的环境下检测易受干扰。

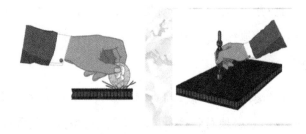

图3-14 敲击法示意图

3)超声波检测法

超声波检测法利用压电传输元件将超声脉冲传入被测构件中,当遇到损伤或缺陷时,会产生界面反射,或引起声速和能量衰减的变化,通过接收和分析这些信号及其变化,从而确定损伤或缺陷的大小、位置。超声波探伤成本低、操作方便;检测厚度大、对人和环境无害;探伤不直观,难以确定缺陷的性质,结果在很大程度上受操作者技术水平和经验的影响,不能给出永久性记录。

超声波检测有脉冲反射法和穿透法。两种方法都可利用聚焦探头,水浸或喷水技术和自动扫描技术来实现大面积工件的自动化检验。

脉冲反射法是超声波探头发射脉冲超声波进入被检测工件内,当超声波遇到异质界面(如缺陷处)时,产生反射、透射和折射,根据反射回波的情况来判断工件中缺陷的方法。脉冲反射法对多层胶接的脱粘的检测比较有效。

穿透法(又称阴影法)是依据脉冲波或连续波穿透试件之后的能量变化来判断缺陷时情况的一种方法。穿透法常采用两个探头,一个作发射用,一个作接收用,分别放置在试件的两侧进行探测,如图3-15所示。穿透法适用于多层板胶接结构和金属蜂窝结构的检测。

第 3 章　复合材料胶接连接工艺

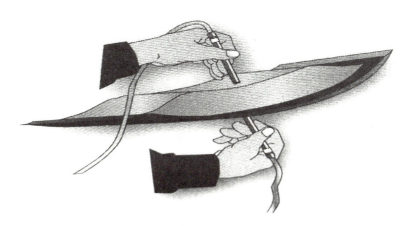

图 3-15　应用超声波穿透法检测工件(手持)

脉冲反射法与穿透法相比,灵敏度高,缺陷定位精度高,不需要专门的扫查装置,现场手工操作方便。

超声波探伤设备,如图 3-16 所示,一般由超声波探伤仪、探头及试块组成。超声波探伤仪是探伤的主体设备,主要功能是产生超声频率电振荡,并以此来激励探头发射超声波。同时,它又将探头接收到的回波电信号予以放大、处理,并通过一定方式显示出来。超声波探头又称压电超声换能器,是实现电声能量相互转换的能量转换器件。试块是按用途设计制作的具有简单人工几何反射体的试样。

(a)超声波探伤仪

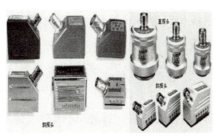
(b)探头

(c)试块

图 3-16　超声检测设备

4）射线检测法

射线检测是基于被检测件对透入射线的不同吸收来检测零件内部缺陷的一种常规无损检测方法。通过专用底片记录透过试件未被吸收的射线所形成的黑度影像，来评判缺陷的性质、形状、大小和分布缺陷。其工作原理如图 3-17 所示。

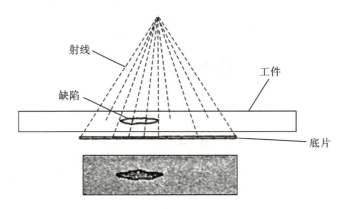

图 3-17　射线检测工作原理示意图

射线检测是利用各种射线对材料的透射性能及不同材料对射线的吸收、衰减程度的不同，使底片感光成黑度不同的图像来观察的，是一种行之有效而又不可缺少的检测材料或零件内部缺陷的手段，在工业上应用广泛。其具有以下优点：

（1）几乎适用于所有的材料，对零件几何形状及表面粗糙度均无严格要求。

（2）射线检测能直观地显示缺陷影像，便于对缺陷进行定性、定量和定位。

（3）射线底片能长期存档备查，便于分析事故原因。

射线检测对气孔、夹渣、疏松等体积型缺陷的检测灵敏度较高，对平面缺陷的检测灵敏度较低，如当射线方向与平面缺陷（如裂纹）垂直时很难检测出来，只有当裂纹与射线方向平行时才能够对其进行有效检测。另外，射线对人体有害，需要有保护措施。

射线检测设备有 X 射线机、工业射线胶片、其他检测设备和器材。通常可分为如图 3-18 所示的便携式 X 射线机、移动式 X 射线机、固定式 X 射线机。射线胶片片基为透明塑料，它是感光乳剂的载体。结合层是一层胶质膜，它将感光乳剂牢固地黏结在片基上。乳剂层的主要成分是卤化银感光物质极细颗粒和明胶，此外还含有一些增感剂等，是胶片的核心，它决定了胶片的感光性能。其他设备包括观片灯、黑度计、暗示器材和标记与铅板。观片灯是用于底片评定的基本设备；黑度计是测量底片黑度的设备。暗室必需的主要设备和器材包括：工作台、切片刀、胶片处理的槽或盘（或自动洗片机）、安全红灯、上下水、计时器等，标记与铅板使用标记主要是为了缺陷定位和建立档案，以实现质量追踪。

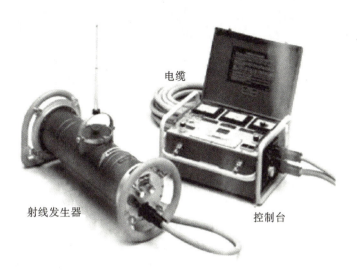

图 3-18 便携式 X 射线机

射线检测一般只用于蜂窝结构检测。检测内容包括夹芯压瘪、起皱，节点脱胶，夹芯滑动变形，内部腐蚀，夹杂物，以及夹芯进水等。由于可以得到直观的缺陷图像，检验结果便于分析及保存，因而 X 射线照相检测已发展成为常用辅助手段，常用于对质量可疑的工件的检查。特别是对蜂窝结构的重要接头部位应用 X 射线检测颇有实用价值。

射线检测还可与聚酯薄膜检验装置配合使用，把已检出胶接缺陷的 X 射线胶片，将胶接缺陷复制到带有产品结构模线的聚酯薄膜上，有利于准确判定缺陷的结构位置及性质，便于进行修补及培训检验人员。X 射线检测方法发展了微焦距 X 射线设备、软 X 射线和配套使用细粒度胶片，以提高对胶层均匀度的检测分辨率。另外还采用荧光屏幕显示仪及 X 射线探测器（探头）来取代胶片，提高了检测速度，降低了费用。

5）声振检测法

本法适应性强，灵敏度高，是胶接结构的常规无损检测手段。其工作原理是利用换能器（探头）激发被测件振动，因胶接质量不同，其振动特性也不同，就会影响换能器的振动特性，使输出的电信号（谐振频率、幅度、相位等）随之产生相应变化。用仪器测出这种变化，并与预制的标准样件做比较，即可检测被测件（胶接结构）的质量。

我国研制的胶接结构声振检测仪器有 SZY-Ⅲ型声阻探伤仪、JQJ-77 型胶接强度检验仪，DJJ-1 型多层胶接检验仪和 WLS-1 型涡流声检验仪等，这些仪器重量轻、体积小、操作方便、使用可靠，适用于生产及外场检验。国内几种声振检测仪的性能特点列于表 3-7，可根据不同胶接结构特点选用适宜的检测测仪器。

表 3-7 国产胶接质量声振检测仪性能特点

类型	检测对象	用途	使用局限	灵敏度	备注
SZY-Ⅲ型声阻探伤仪	单蒙皮或带垫板的蜂窝结构	检测胶层脱粘或疏松	①面板厚度大于2 mm,灵敏度显著下降;②蜂窝夹芯格子边长不大于5 mm	①薄蒙皮-板结构可测出最小伤直径5 mm;②单蒙皮结构可测出最小伤直径10 mm	不需液体耦合剂
JQJ-77型胶接强度检验仪	板-板胶接结构及蜂窝结构	检验内聚剪切强度及内聚抗拉强度	①黏附强度大于内聚强度;②上板最厚不大于7.5 mm(板板胶接);③上板最厚5 mm	①板板结构剪切误差不大于±3.92 MPa;②板芯蜂窝结构抗拉强度误差不大于±1.47 MPa	需液体耦合剂,预先制作强度校准曲线
DJJ-1型多层胶接检验仪	多层板板胶接结构或厚面板蜂窝结构	检测胶层脱粘	①检测多层板胶接结构,总厚度不大于15 mm;②检测带垫板蜂窝结构,上板厚度不大于2.8 mm	①多层板结构可测出最小伤直径25 mm;②蜂窝结构可测出最小伤直径20 mm	需液体耦合剂
WLS-1型涡流声检验仪	板板胶接结构或蜂窝结构	检测胶层脱粘或疏松	①不能用于面板不导电的结构;②总厚度不大于3 mm;③上板总厚度不大于2 mm	①多层板结构可测出最小伤直径25 mm;②蜂窝结构可测出最小伤直径10 mm	需液体耦合剂

6) 全息照相检测

全息照相干涉图像检测法是一种拍录和比较物体瞬时几何形状微差的方法。以采用两次曝光法为例,先后对处于两种不同状态下(如不同压力)的被测物体拍录其瞬间表面变形,使之在一张底板上两次曝光,然后显影,观察其干涉条纹。有缺陷的胶接结构在受到适当外力作用下,其缺陷部位的表面变形就会异于他处,而使干涉条纹发生畸变。由此即可检查判别出内部胶接缺陷。

全息照相检测法具有以下优点:

(1)激光全息检测是一种干涉测量技术,干涉测量精度与激光波长同数量级,微小(微米数量级)的变形均能被检测出来,检测灵敏度高。

(2)由于激光的相干度很高,因此,可以检测大尺寸工件,只要激光能够充分照射到这个工件表面,都能一次检测完成。

(3)对被检对象没有特殊要求,可以检测任何材料和粗糙表面。

(4)可对缺陷进行定量分析,根据干涉条纹的数量和分布确定缺陷的大小、部位、深度。

(5)非接触测量、检测结果便于保存。

但其也存在以下缺点:

(1) 对内部缺陷的检测灵敏度较低：灵敏度取决于内部缺陷在外力作用下所造成的物体表面的变形大小。

(2) 对工作环境要求较高：暗室中进行，需要严格的隔振措施。

全息照相检测法适用于铝蜂窝结构，特别有利于检测机械贴紧的脱粘伤。对总板 2 mm 以下者，可以发现直径为 10 mm 的脱粘缺陷。面板厚度在 0.8 mm 以下时，可发现直径为 5 mm 的缺陷。

7) 红外热成像检测

红外线热成像检测法是基于物体的热辐射特性，利用被检物体的不连续性缺陷对热传导性能的影响，导致物体表面红外辐射能力发生差异，通过红外摄像将红外辐射差异转化为可见的温度图像，从而判别和确定物体损伤或缺陷的一种检测方法。

红外热成像检测的优点：红外热成像检测可以实现非接触测量，不会影响被测制件的温度分布，对远距离目标、高速运动目标、带电目标及其他不可接触目标可采用；其响应快，不必像一般的热电偶、热电阻那样要求与被测目标达到热平衡，只要接受目标辐射即可，而辐射能的传播速度为光速，因此测温的速度仅取决于热成像系统自身的响应速度；其测温范围宽，普通型 T 系列的测温范围为 $-20 \sim 300\ ℃$；灵敏度高，目前最灵敏的热成像系统能测出 $0.01\ ℃$ 的温度变化；其空间分辨率高，一般点热成像系统 1 s 内可测出 20 万个点。但胶接件面板太厚或导热系数太高都会降低检测灵敏度。

红外热成像检测法所用的设备是红外热成像仪，红外热像仪是一种红外波段的摄像机，它利用实时的扫描热成像技术进行温度分析，其系统组成包括红外望远镜、光学扫描仪、红外探测器与制冷器组件、信号放大器与处理电路、显示器等。

红外热成像仪由光学系统、红外探测器、信号处理器及显示器四个部分组成。光学系统的作用是接收目标物体发出的红外线并聚焦到红外探测器上；红外探测器的作用是感应透过光学系统的红外线，并把信号发送给信号处理器；信号处理器的作用是将来自红外探测器的信号转化成红外热图像；显示器的作用是显示红外热图像。

红外热像仪可将不可见的红外辐射转换成可见的图像。物体的红外辐射经过镜头聚焦到探测器上，探测器将产生电信号，电信号经过放大并数字化到热像仪的电子处理部分，再转换成我们能在显示器上看到的红外图像。

红外热成像系统必须经过温度标定后才能准确测量。标定的过程为多个黑体放置成半圆形，热像仪放在中心能转动的台子上，并与标定系统的自动控制中心相连。红外热像仪依次对准各黑体，每个黑体都会在热像仪中产生一个辐射信号，标定系统将此信号与其温度对应起来。将每对信号与温度对应起来，并将各点拟合成一条曲线，这就是标定曲线，此曲线将被存在热像仪的内存里，用来对应物体辐射与温度的关系，所以如果热像仪的探测器接收到物体的辐射信号，此标定曲线将会把信号转换成对应的温度。

8）声发射检测

声发射是一种动态无损检测技术，它将试样所受的动态负荷与变形过程联系起来，可表征在动态测试中试样产生的微小变形，是显示缺陷发展过程和预测缺陷破坏性的一种检测方法。

声发射检测法利用对胶接工件施加适当应力，使胶接强度低于标准指标的部位并造成应力集中，产生微观破坏，从而出现声发射的现象来进行检测，是一种正在发展的检测方法，可以查出胶接结构的低胶接强度区，能大面积一次检测，操作简便。

2．胶接构件性能检测

1）密封渗透试验

对固化后的蜂窝夹层结构件要用密封胶来密封全部可能进水、进气的通道。待密封胶固化后，进行密封渗漏试验，将胶接制件浸入 80～90 ℃的热水中保持 2 min，若有气泡溢出，说明制件存在渗漏。

2）X 射线进水检查

X 射线检测是利用各种射线对材料的透射性能及不同材料对射线的吸收、衰减程度的不同，使底片感光成黑度不同的图像来观察的，是一种行之有效而又不可缺少的检测材料或零件内部缺陷的手段。X 射线进水检查主要用于检查蜂窝芯格进水、节点开放、失稳变形和发泡胶填充质量。

3）耐热试验

有的胶接工件需要经受耐热试验，将工件放在烘箱中，在相应与胶接件的设计要求温度下进行耐热试验 1 h，胶接件经耐热性试验后的变形、脱胶或产生的其他缺陷均不应超过规定。

课后拓展

1.查询文献资料，调研相关复合材料企业，针对复合材料的胶接发展现状，完成相关调研报告。

2.查询文献资料，调研相关航空企业，针对飞机蜂窝夹层结构件的应用及其胶接技术，完成相关调研报告。

3.分析以下复合材料胶接案例，给出合理的胶接技术方案。

（1）玻璃钢管道又称"不饱和聚酯树脂夹砂管"，是近十几年来发展起来的树脂基复合材料管材，由于该种管材具有轻质高强、耐酸碱、耐腐蚀、内外表面光滑、不结垢、无二次污染、抗老化、安装方便、使用寿命长等优点而发展迅速，被广泛应用于石油、化工、给排水等各个领域，尤其是在城镇给排水领域有独特的优势，得到迅猛发展。随着玻璃钢管道地广泛应用，玻璃钢管与钢管及钢管件之间的连接工程也越来越多。针对玻璃钢管道与钢管及钢管件之间法兰连接方式在实际应用中的不足及胶接连接的独特优势,玻璃钢管道直接与钢管(件)进行胶接连接,则可减少玻璃钢管道在应用过程中与钢管(件)连接后因沉降速度及冻胀系数均不同而产生的应力集中问题,减少管道的损坏次数及维护成本,有很大的实际应用价值。

请以此案例为背景,完成玻璃钢管道与钢管件的胶接技术方案。

(2)随着轨道交通运输业不断发展,新型玻璃钢材料进入了人们的视野。由于玻璃钢作为树脂基复合材料具有重量轻、强度高,而且可以模制成复杂形状的特点,地铁列车车体的头部设计大都利用玻璃钢材料这一特点实现流线型外观。然而玻璃钢材料与钢材、铝合金等很难采用传统的机械连接装配,只能采用胶接连接。

请以此案例为背景,完成地铁车辆玻璃钢头罩与铝合金车体的胶接技术方案。

(3)胶接技术在航空航天产品上有着广泛应用,如航天器上的玻璃钢防热层与铝合金之间就常采用胶接方式连接。因防热层需要高温固化才能成型,铝合金和防热层材料的线膨胀系数又不同,在生产过程中,产品的黏结区域会因热胀冷缩效应而形成较大的内应力。特别当铝合金表面喷上涂层后,这种内应力会造成防热层或铝合金与涂层之间发生脱粘现象。

请以此案例为背景,选用合适的胶黏剂及胶接工艺参数完成航天器上的玻璃钢防热层与铝合金胶接技术方案。

4.飞机复合材料结构件以Nomex蜂窝夹层结构飞机货舱底板为例,给出胶接质量的检测方案,分析胶接存在的缺陷并针对缺陷产生的原因给出相应的解决方案。

习题

一、填空题

1.胶接连接是借助_____将其胶接零件连接成不可拆卸的整体,是一种较实用有效的连接技术。

2.胶接工艺流程分为胶接零件预装配、胶接零件_____、胶黏剂的选择和准备、胶黏剂的涂覆、胶接零件的_____、_____、整修后处理、胶接质量检验。

3.预装配方法是将所有参与胶接的零件,在未做_____及在不涂布胶黏剂的条件下,于固化模具或_____上进行装配,并进行修整使其符合制品要求。

4.胶接表面处理就是在胶接前从表面上清除各种_____,改变表面性质,提供有利于胶接_____,从而提高_____。

5.胶接接头所用胶黏剂的敷用方式主要有胶液、_____及_____三种。

6.在选用胶黏剂时不能忽视使用的环境因素。这些因素包括温度、湿度、光、_____、水、臭氧、盐雾、_____、真空、辐射、微生物等。

7.现代飞机所应用的复合材料,按其构造形式一般可分为两大类:_____和_____。

8. 蜂窝芯材的结构形式有_____、_____和过拉伸蜂窝等。

9. 蜂窝夹芯的制造方法有_____和拉伸法两种。

10. 超声波检测有脉冲反射法和_____。

二、判断题

1. 胶接技术比起其他的连接技术可以减轻结构的重量且生产效率高。（   ）

2. 被粘接表面越粗糙,其黏结强度越高。（   ）

3. 用于胶接的胶黏剂应该现用现配,配制量不应过大。（   ）

4. 涂胶过程应保证涂胶均匀,匀速进行,防止产生气泡。（   ）

5. 一般高温固化比常温固化需要的时间短。（   ）

6. 一般固化时,施加的压力越大,固化效果越好。（   ）

7. 要获得良好的粘接效果,对粘接的操作环境必须有严格要求。（   ）

8. 韧性差的胶膜越厚则剥离强度与剪切强度越差。（   ）

9. 从低温或冷藏室中取出的胶黏剂可以立即使用。（   ）

10. 射线检测对气孔、夹渣、疏松等体积型缺陷的检测灵敏度较高,对平面缺陷的检测灵敏度较低。（   ）

三、选择题

1. 关于胶接连接,下列说法不正确的是（   ）。

A. 胶接连接方法是借助胶黏剂将其胶接零件连接成不可拆卸的整体

B. 简化机械加工工艺,缩短产品生产周期

C. 应力分布均匀,延长结构件寿命

D. 胶接质量的控制较为简单

2. 关于胶接表面处理,以下说法不正确的是（   ）。

A. 粗化被粘表面可增加粘接面积,有利于胶黏剂渗透,增强锚固作用,然而粗糙要适当,不能过度

B. 在选择脱脂溶剂时,除了考虑其除油效果外,还应考虑其环保性和经济性

C. 脱脂一般在粗化后进行

D. 湿法喷砂处理的质量好,无粉尘产生,但冬天不能露天操作

3. 下列说法不正确的是（   ）。

A. 为防止迭合板在固化时滑移错位,迭合板固化前应预压定位,使箔片相互粘连定位

B. 一般超过储存期的胶黏剂是不能使用的

C. 胶黏剂的黏度越大,胶接强度越高

D. 加热固化一定要严格控制温度,切勿温度过高,持续时间太长

4.下列关于全息照相检测说法不正确的是( )。

A.对被检对象没有特殊要求

B.对内部缺陷的检测灵敏度较高

C.非接触测量

D.可对缺陷进行定量分析

5.关于WLS-1型涡流声检验仪,下列说法不正确的是( )。

A.可用于检测板—板胶接结构或蜂窝结构

B.可以用于检测面板不导电的胶接结构

C.检测时需要液体耦合剂

D.可用于检测胶层脱粘或疏松等缺陷

四、简答题

1.简述胶接连接技术的特点。

2.胶接预装配的工作内容及注意事项有哪些?

3.胶接表面处理的目的有哪些?常用的表面处理方法有哪些?

4.胶黏剂的选择原则有哪些?

5.简述蜂窝夹层结构的基本组成及各组成部分的作用。

6.蜂窝夹芯结构常用的芯材有哪几种?芯材的结构形式有哪几种?

7.简述玻璃布蜂窝芯胶接拉伸成形法工艺过程。

8.简述铝蜂窝芯胶接拉伸成形法工艺过程。

9.简述复合材料胶接质量控制内容。

10.简述射线检测的基本原理和特点。

第 4 章　复合材料机械连接基础

本章导读

本章主要介绍了复合材料制孔工艺、切割工艺、复合材料结构用紧固件及复合材料机械连接设计。复合材料制孔工艺介绍了制孔工具及钻孔、铰孔、锪窝等制孔工艺。复合材料切割工艺介绍了切割工具及机械切割、高压水喷射切割、激光切割、超声波切割等切割工艺。复合材料结构用紧固件介绍了紧固件材料、种类及选用,重点介绍了铆接类紧固件、螺栓类紧固件、抽芯铆钉类紧固件和特种紧固件。复合材料机械连接设计介绍了机械连接的特点、形式、破坏模式、机械连接设计一般原则,重点介绍了复合材料螺栓连接设计和复合材料铆接设计。

知识目标

(1)掌握常见制孔工具的使用方法。

(2)掌握常见切割工具的使用方法。

(3)熟悉复合材料结构用紧固件材料和种类。

(4)熟悉机械连接的特点、形式、破坏模式及设计原则。

能力目标

(1)能进行钻孔、铰孔、锪窝等制孔工艺操作。

(2)能进行机械切割、高压水喷射切割、激光切割、超声波切割等切割工艺操作。

(3)能正确选用复合材料结构用紧固件。

(4)能进行复合材料螺栓连接设计和复合材料铆接设计。

素质目标

(1)具备严谨认真的工作态度和一丝不苟的精神。

(2)具有脚踏实地、肩负责任、艰苦奋斗的工匠精神。

(3)具有爱岗敬业、诚实守信、遵章守纪的良好职业道德。

4.1 复合材料制孔工艺

在复合材料构件的连接中,机械连接占据着重要地位,所以当复合材料构件在进行装配时,需加工出成千上万个紧固件孔,而孔的加工不仅数量多且难度大,是复合材料加工中最难的加工工序之一。由于复合材料层压板的主要特点之一是层间剪切强度低,这就使得钻孔中的轴向力容易产生层间分层和出口端的分层,这些制孔缺陷,如不加以防范,甚至会导致昂贵的复合材料构件报废。因此,复合材料制孔工艺技术研究的重要性已逐渐为人们所认识。复合材料制孔中另一个主要问题是碳纤维材料的硬度高,相当于高速钢的硬度,因此对刀具的磨损极快,使刀具的使用寿命大大降低,如一般高速钢钻头刃磨一次,在碳纤维复合材料上仅能钻制3~5个孔,因而无法进行工业化加工生产。在复合材料制孔加工中还有一个必须普遍注意的问题是纤维粉尘的污染会危害人体健康,而且它的导电性易使电器设备和电网短路,所以施工中必须采取安全措施。

4.1.1 制孔工具

1. 钻枪

复合材料制孔中一般使用手持式气动钻枪。气动钻枪有直柄式、90°弯头式、枪式等多种形式,如图4-1所示。钻枪常用来驱动钻头、锪钻、铰刀、孔锯等工具。

图4-1 钻枪

2. 钻头

钻头与钻枪配合使用。航空工业使用的传统钻头可用于复合材料的钻孔,但存在两个方面的问题:一是钻头寿命短;二是容易出现材料分层。芳纶纤维是复合材料中机械加工最难的材料,特别容易分层、起毛。因此,复合材料制孔中经常用到一些特殊钻头,它们的材质一般都是硬质合金或高速钢,同时构型也有特别要求,如花头钻头(曲刃钻头)、锥形铰刀钻头、硬质合金钻头、金刚石钻锪复合钻头等。

1) 花头钻头(曲刃钻头)

花头钻头的构型如图 4-2 所示,它的特殊几何形状避免了材料内部的断裂和分层。常用于凯芙拉材料的钻孔。使用花头钻头钻孔时为防止错动,工件要固定牢靠,避免钻孔过程中振动;同时进刀速度必须慢,建议在正式钻孔前先在小块材料上试钻几个样孔以取得经验。

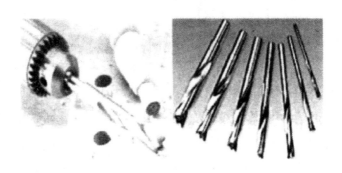

图 4-2 花头钻头

2) 锥形铰刀钻头

锥形铰刀钻头的构型如图 4-3 所示。它是钻孔和扩孔的组合钻头。大量用于玻璃纤维和碳纤维复合材料的钻孔,但不能在凯芙拉材料上成功应用。钻削的线速度经常保持在 3～4 m/min。

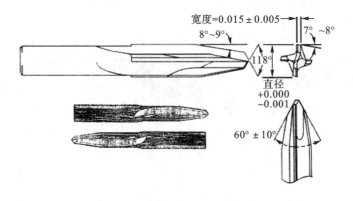

图 4-3 锥形铰刀钻头

3) 硬质合金钻头

硬质合金钻头的构型如图 4-4 所示,在其切削部分镶嵌硬质合金刀片时它的顶角一般为 118°或 135°。

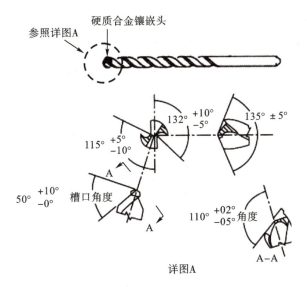

图 4-4 硬质合金镶嵌头钻头

4）金刚石钻锪复合钻头

金刚石钻锪复合钻头可切削部分镶嵌硬质合金刀片，其构型如图 4-5 所示。钻锪复合钻头可使钻孔和锪窝一次完成。

图 4-5 金刚石钻锪复合钻头

3. 铰刀

在复合材料工件上精确制孔时要用到铰刀，其构型如图 4-6 所示。铰刀通常与钻枪配套使用，也可手动铰孔。

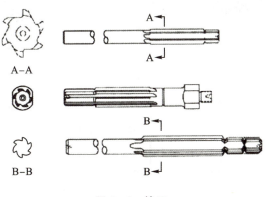

图 4-6 铰刀

4. 锪钻和限位套

锪钻用于在复合材料工件上加工埋头窝,如图 4-7 所示。通常锪钻与限位套配合使用。限位套可限定锪窝的深度,通过调节限位套可调节锪窝的深度。锪钻限位套的构型如图 4-8 所示。不同构型的锪钻限位套在使用时,最大允许转速有所不同。

图 4-7 锪钻

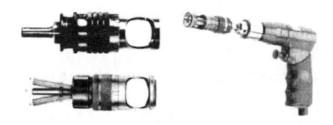

图 4-8 锪钻限位套及其使用

复合材料加工中常用到的锪钻有以下几种:

1) 硬质合金锪钻

硬质合金锪钻的构型如图 4-9 所示,它分为整体硬质合金头部和硬质合金镶嵌头等形式。硬质合金锪钻可用于加工凯芙拉纤维、碳纤维和玻璃纤维,钻削时钻枪的钻速一般为 90~950 r/min。

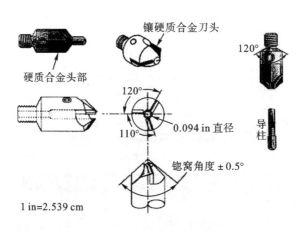

图 4-9 硬质合金锪钻

2) 多晶金刚石锪钻

多晶金刚石锪钻的构型如图 4-10 所示,它常用于加工凯芙拉纤维、碳纤维和玻璃纤维,钻削时钻枪的钻速一般为 500~1500 r/min。多晶金刚石锪钻比标准的硬质合金锪钻更耐用。

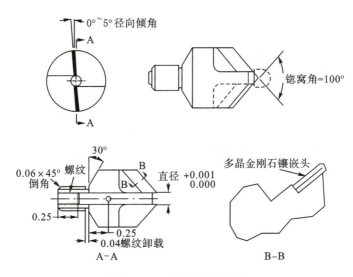

图 4-10　多晶金刚石锪钻

3) 金刚石锪钻

金刚石锪钻的构型如图 4-11 所示,它常用于加工碳纤维和玻璃纤维等耐磨性强的复合材料,钻削时钻枪的钻速一般为 3000~5000 r/min。

图 4-11　金刚石锪钻

4) 高速钢锪钻

高速钢锪钻的构型如图 4-12 所示,它仅用于加工凯芙拉纤维,钻削时钻枪的钻速一般为 90~750 r/min。该锪钻的刃口设计非常特别,这样可以确保高质量的切削效果,避免纤维起毛刺。

图 4-12　高速钢锪钻

5. 其他制孔工具

其他制孔工具有钻孔导向块、引孔器、钻头限位器、钻孔导向座等,它们的构型如图 4-13 所示。

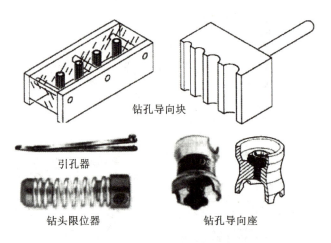

图 4-13 钻孔导向块、引孔器、钻头限位器和钻孔导向座

4.1.2 制孔工艺

复合材料的钻孔、铰孔和锪窝是复合材料制件连接装配时常碰到的工艺操作,但若不小心则会给复合材料造成严重的损伤,如分层、边缘起毛和出口处劈裂等。工作中要用特殊的刀具,一般由硬质合金或金刚石制成,并要正确选择刀具的参数。钻孔时以低进给大转速为好,铰孔和锪窝时则以低转速为好,加工时刀具要注意保持锋利。钻孔加工时制件背面尽可能要垫有木板或者硬塑料板,并用相应夹具夹紧,以防止出口端分层、劈裂。

在复合材料上钻孔、铰孔和锪窝时,一般采用干法加工,即切削加工时不加冷却润滑液。大多数热固性复合材料层合板经钻孔和仿形铣后会产生收缩,因此精加工时要考虑一定的余量,即钻头或仿形铣刀尺寸要略大于孔径尺寸,并用碳化钨或金刚石钻头或仿形铣刀。另外,钻头必须保持锋利,必须采用快速去除钻屑和使工件温升最小的工艺。

热塑性复合材料钻孔时,要避免过热和钻屑堆积,为此钻头应有特定的螺旋角和宽而光滑的退屑槽,钻头切削刃要用特殊材料制造。采用的钻速不仅与被钻材料有关,而且还与钻孔大小和钻孔深度有关。一般手电钻转速为 900 r/min 时效果最佳,而气钻转速为 2100 r/min 且进给量为 1.3 mm/s 时效果最佳。

1. 钻孔

1) 在碳纤维复合材料构件上钻孔

钻直径为 3~12 mm 的通孔应使用硬质合金麻花钻,钻头的几何参数见表 4-1。推荐转速为 800~2800 r/min,进给量为 0.01~0.06 mm/r。为了避免出口面产生分层,一方面当快要钻透时应放慢进给速度,另一方面应在出口面加垫板(硬塑料板、夹布胶木板或铝板)、粘贴可剥布或固化胶层。

表 4-1 钻头的几何参数

锋角	后角	横刃宽/mm	螺旋角
110°~120°	10°~25°	(0.1~0.3)d	25°~30°

钻直径大于 12 mm 的孔,应采用 80~100 粒度的金刚石套料钻,如图 4-14 所示,推荐转速为 500~2800 r/min。为防止孔出口面劈裂,应采用两面钻孔,每面各钻一半。如无法两面钻孔,应在孔出口面加垫板支撑。

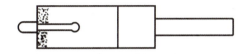

图 4-14 金刚石套料钻

2)在碳纤维复合材料与铝或钛组合的构件上钻孔

从复合材料面钻入,可不加垫板支撑,用硬质合金麻花钻按钻铝或钛的转速钻削,直至钻通为止,如图 4-15 所示。为防止金属切削划伤复合材料孔壁,应注意断屑。钻铝或钛的推荐转速见表 4-2。

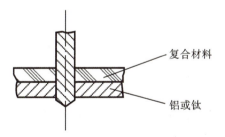

图 4-15 从复合材料面钻入

表 4-2 钻铝或钛的钻速

材料	孔径/mm	转速/(r·min^{-1})
钻铝	3~8	1500~3500
钻钛和钢	3~8	500~1800

从铝或钛面钻入,用硬质合金麻花钻,转速见表 4-2,但在孔出口面应加垫板支撑,以防止出口面劈裂,见图 4-16。

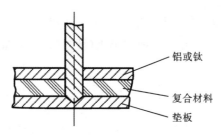

图 4-16 从铝或钛面钻入

用可控进给钻配上钻模板钻孔,应采用四直槽钻铰复合钻头,转速为 4000 r/min,进给量控制在 0.007～0.02 mm/r 时可不加垫板支撑。

3)在其他纤维复合材料构件上钻孔

芳纶树脂复合材料最好用平头钻,可使孔边飞毛少。使用一般钻头时,背面一定要衬垫牢固,垫材可用胶木,也可在复合材料两面附上撕离层(如玻璃布、压敏胶带等),钻孔后再撕去。钻头转速为 2500～3500 r/min,应加水润滑。

玻璃纤维树脂复合材料用涂有二硼化钛的钻,寿命可大大延长。

硼纤维树脂复合材料最好用浸涂金刚砂的钻头,进钻速度为 0.08～0.14 mm/s。

2. 铰孔

如需铰孔,钻孔时应留出铰孔余量 0.15～0.4 mm,然后用硬质合金铰刀铰至最后尺寸,推荐转速为 500 r/min。

3. 锪窝

(1)应尽量将钻孔出口面放于锪窝面。

(2)对碳纤维复合材料构件的锪窝应使用硬质合金锪窝钻或金刚石锪窝钻。

(3)使用硬质合金锪窝钻转速为 500～800 r/min,金刚石锪窝钻的转速为 800～1400 r/min。为防止表面纤维劈裂,锪窝钻必须在旋转以后接触工件。

(4)锪窝深度应用锪窝限位器控制,试锪合格后方可使用。

(5)孔需要倒角时,用金刚石锪钻,见图 4-17,倒角转速为 500 r/min。

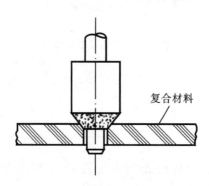

图 4-17 用金刚石锪窝钻倒角

第4章 复合材料机械连接基础

4. 制孔质量验收标准

(1) 孔径、沉头窝的尺寸、公差要求、钻孔和锪窝时的表面粗糙度,均应符合设计图样、技术条件或紧固件安装生产说明书的要求与规定。

(2) 钻孔和锪窝表面粗糙度不低于 $Ra6.3$,铰孔不低于 $Ra3.2$。

(3) 孔与板的垂直度偏差通常不大于 $2°$。

(4) 孔各部位的质量要求见图 4-18 和表 4-3。

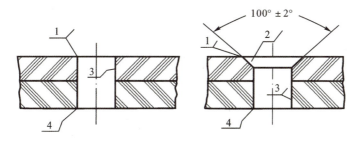

图 4-18 有质量要求的部位

表 4-3 孔的损伤要求

部位	要求
1	孔入口处不应有分层,孔边缘的毛刺应清除
2	沉头窝与孔的同轴度小于或等于 0.08 mm
3	孔壁损伤允许范围:深 0.25 mm、宽 0.2 mm
4	孔出口边损伤允许范围见表 4-4,损伤包括分层、劈裂和掉渣,孔边缘的毛刺应清除

(5) 由于分层、劈裂和掉渣引起的孔边损伤允许范围见图 4-19 和表 4-4。

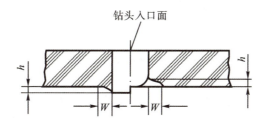

图 4-19 孔边损伤范围

表 4-4 孔边损伤允许范围   单位:mm

孔径	3	4	5	6	8	10	12
$h_{最大}$	0.1	0.4	0.1	0.1	0.4	0.4	0.1
$W_{最大}$	1.3	2.0	2.5	2.5	3.0	3.0	3.0

(6) 允许的孔壁最大损伤范围:深 0.25 mm、宽 0.2 mm,并且不超过孔或沉头窝圆周长的 25%,见图 4-20。

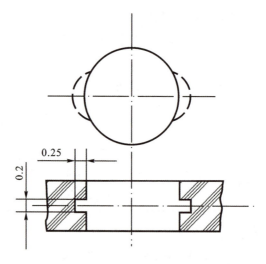

图 4-20　孔壁损伤范围

(7) 孔出口的劈裂损伤应在长 3d、宽 1.8 mm 的范围内,见图 4-21。

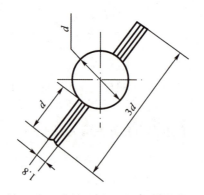

图 4-21　孔出口劈裂范围

(8) 制孔质量一般采用目视检查,有公差要求的孔用量具检查,对重要受力部位连接孔质量有疑问时应进行无损检测。

4.2　复合材料切割工艺

4.2.1　切割工具

在复合材料加工中,常用的切割工具有铣头、铣刀、旋转锉、孔锯、切割锯片、剪切器和剪刀、切割刀等;与之配套使用的动力工具有镂铣机、研磨机、钻枪、切割机等。蜂窝芯材料加工时还

第4章 复合材料机械连接基础

会用到一些专用的切割工具。

1. 镂铣机

镂铣机也叫气动铣,常用来驱动铣头、铣刀等工具。大量用于复合材料的切割和修边等工作。大多数的镂铣机以 20 000～30 000 r/min 的转速有效工作。镂铣机的常见构型如图 4-22 所示。

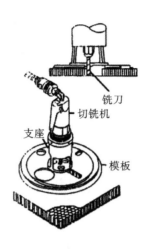

图 4-22　镂铣机

2. 研磨机

研磨机有直柄式和弯头式两种构型,如图 4-23 所示。研磨机常用来驱动铣头、铣刀、旋转锉等工具,弯头式研磨机也是常用的打磨工具。

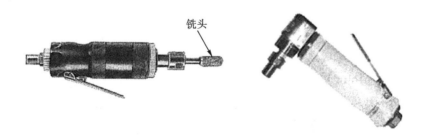

图 4-23　研磨机

3. 铣头

铣头与镂铣机或研磨机配合使用,常用于切割或打磨复合材料板件。铣头的构型如图 4-24 所示,一般选用硬质合金材料制作。

图 4-24　铣头

4. 铣刀

铣刀与镂铣机或研磨机配合使用,它的常见构型如图 4-25 所示,一般选用硬质合金材料制作。

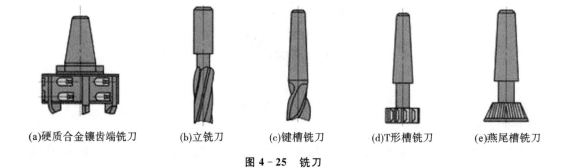

(a)硬质合金镶齿端铣刀　　(b)立铣刀　　(c)键槽铣刀　　(d)T形槽铣刀　　(e)燕尾槽铣刀

图 4-25　铣刀

5. 旋转锉

旋转锉与研磨机配合使用,它有柱形、柱形圆头、球形等多种构型,如图 4-26 所示。旋转锉一般选用硬质合金材料制作。

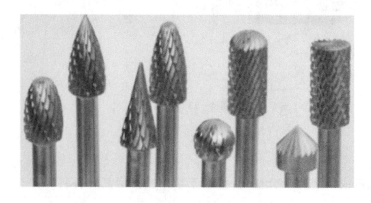

图 4-26　旋转锉

6. 曲线锯

曲线锯(马刀锯)能上下往复切割多种板材。切割玻璃纤维和碳纤维等复合材料板通常使用硬质合金镶嵌头的锯片。曲线锯有电动和气动两种形式,通常要求上下往复切割速度达到每分钟 2500 次。

7. 圆盘切割机与切割轮

圆盘切割机和切割轮的构型如图 4-27 所示。用于切割复合材料板件的切割轮通常有金刚石切割轮和硬质合金镶嵌头切割轮两种形式。切割轮的大小一般选用 $4 \sim 5$ in(in=2.54 cm)的直径。使用圆盘切割机切割之前要将切割轮安装紧固,以防止切割轮在轴上打滑,切割一段时间后要让切割轮适当冷却,以延长工具的寿命。

图 4-27　圆盘切割机和切割轮

8. 连体带柄金刚石锯片

连体带柄金刚石锯片的构型如图 4-28 所示,它与研磨机配合使用。使用连体带柄金刚石锯片切割复合材料板时,切割一段时间后要让切割轮适当冷却,以延长工具的寿命。

图 4-28　连体带柄金刚石锯片

9. 孔锯

孔锯的构型如图 4-29 所示,它用于在纤维复合材料板件上切割 $1 \sim 7/2$ in 直径的孔,通常采用金刚石或硬质合金作切削刀刃。孔锯通过驱动轴与钻枪配合使用。

图 4-29 孔锯

10. 剪切器和剪刀

用于剪切复合材料板件或纤维材料的剪切器和剪刀有电动、气动和手动构型,如图 4-30 所示。

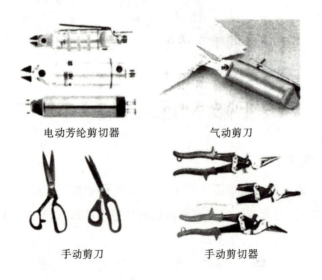

电动芳纶剪切器　　　　气动剪刀

手动剪刀　　　　手动剪切器

图 4-30 剪切器和剪刀

切割玻璃纤维和碳纤维板材或织布可以选用常规的剪切器和剪刀,切割芳纶纤维板材或纤维时最好选用特别硬化的剪切器和剪刀。动力剪切器和剪刀经常镶嵌硬质合金刀头,这种剪切器和剪刀特别适合切割复合材料板材、预浸料和厚度大的纤维布。

11. 切割刀

切割刀广泛用于薄铝蒙皮的切割、复合材料蒙皮的切割、复合材料板材的切割和蜂窝芯的切割等。切割时常使用模板来引导刀刃的切割路线,刀刃必须保持清洁,也要经常更换刀片。切割刀和刀片的构型如图 4-31 所示。

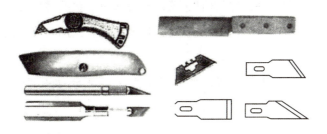

图 4-31 切割刀与刀片

4.2.2 切割工艺

成形的复合材料板材、管材、棒材或层合板常需按尺寸要求进行切割。常用的切割方式有机械切割、砂轮切割、超声波切割和激光切割等。用机械切割纤维复合材料时易产生毛边或分层现象,故在操作过程中应特别注意。高压水切割、超声切割和激光切割能保证切割精度,自动化程度高,但需专门设计的大型设备,加工成本高。

1. 机械切割

复合材料机械切割包括砂轮片切割、带锯切割和铣削。复合材料切割一般选用金刚石、砂轮片,切削的工艺参数主要有主轴转速 n 和进给量 f。主轴转速 n 较低时,刀具不易切断纤维,容易将纤维从基体中拉出;主轴转速 n 很高时,切削温度较高,易使基体熔化粘在刀具上,影响材料性能和切割质量。为保证切割表面的质量,进给量 f 不宜过大。

带锯切割的切割效率较高,是目前航空企业中使用较多的一种切割方法,如图 4-32 所示为带锯切割机,但此种切割的切口质量较差,切口不平整,往往还会在出口边产生纤维毛刺。带锯切割一般只能用于粗加工,切割复合材料时一般采用钨砂带锯条。

图 4-32 带锯切割机

砂轮片切割和带锯切割一般只适合直边或圆形等简单形状的零件切割,对于复杂外形零件的切割可以采用铣削的方法。复合材料铣削可采用普通铣床铣削和数控铣床铣削,普通铣削的质量差,效率低。

在飞机制造业中,复合材料的零件一般外形尺寸较大,形状结构比较复杂,并且要求高,因而往往采用数控加工。

常用的碳纤维复合材料零件硬度和强度都很高,切削过程中切削力较大,切削温度较高。为了防止影响零件,加工过程中一般采用干切削,加工过程中零件易被烧伤或受热软化,而且刀具磨损严重。而飞机零件对制造精度及表面光洁度要求也很高,因此在加工过程中选择的刀具材料必须具有极高的红硬性和热冲击韧性、良好的耐磨性、耐热性和抗黏结性等特点,在加工过程中需要选择合理的刀具几何参数和切削参数。对于碳纤维复合材料,其切削力大,导热性差,刀具的前角应选用较小值,以增强切削刃强度和散热体积。但同时碳纤维复合材料具有较高的强度及韧性,切削刃应保持锋利。因此,前角又不宜过小。

数控切割对设备和刀具要求高,其切割成本远高于普通铣削。

2. 高压水喷射切割

高压水喷射切割使用的介质是 30 000~50 000 lb/in^2(1 lb/in^2 =1 psi=6.895 kPa)压力下的高压水,经过一个 0.008 in^2 的小孔,沿着预先规划路径用高压水喷射切割,允许以非常小的公差切割,用于已固化的零件或预浸料铺层的切割,以备机器或手工铺叠成复合材料,加工热随水流带走,高压水切割机如图 4-33 所示。采用高压水切割具有精度高、不产生粉尘或烟雾、表面质量好、无须二次加工等优点。

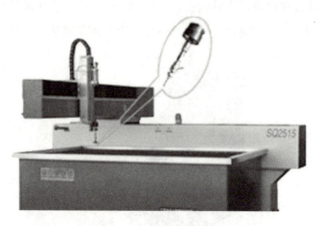

图 4-33 高压水切割机

高压水切割通常有两种类型,如图 4-34 所示,一种是纯水压切割,采用这种系统切割某些类型材料时,系统的加工能力受到材料厚度的限制;另一种是有研磨水喷射切割,该系统能够切割密度大的较厚的复合材料。

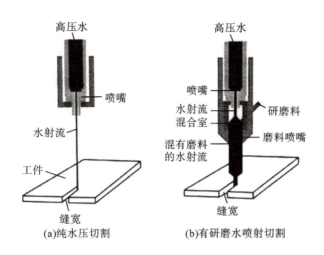

图 4-34　高压水切割示意图

使用高压水切割时应注意：射流通常会偏离切割方向一定的角度，随着壁板厚度的增加影响更明显；研磨沙砾的尺寸是确定切割面精度的一个重要因素，加工材料的类型对精度也有一定的影响；高压水切割所产生的切割缝宽大于 0.001 in(1 in＝2.54 cm)，并且喷射水入口的切缝比出口处宽；建议单独实验来确定切割参数，以优化切割效果。在众多的切割方法中，只有水切割属于冷态切割，其直接利用高压水射流的动能对材料进行切削而达到切割目的，切割过程中无化学变化，它具有对切割材质理化性能无影响、无热变形、切缝窄、精度高、切面光洁等优点。

高压水切割与常规切割方法相比，具有以下优点：

(1) 可切割多种复合材料，如金属基复合材料、树脂基复合材料、高分子材料等，不论材料软硬、熔点高低都可切割，尤其对硬度大、质脆的复合材料更为适用。

(2) 切缝表面质量高，边缘无毛刺和飞边，不会出现剥离和开裂缝，也不会由于水短暂暴露于边缘上而使材料性能下降，通常一次完成，不需要精加工。

(3) 由于水本身就是切割工具，被切割材料不会受热变形，也不会产生磨损和卡刀现象。适合切割热敏材料，如环氧树脂。

(4) 切割力小，尤其是沿径向方向和侧向的力小，从而避免了零件由于附加应力而变形，对薄壁零件的切割非常有利。

(5) 加工效率高。

(6) 经济效益好。高压水切割的切缝较窄，亦可进行套切，可节省材料，特别是它能切割难加工材料，还能加工成复杂形状。

3. 激光切割

激光切割的基本原理是将方向性和集聚性特强的单色光照射到被加工材料的指定位置,并按一定的速度移动,被加工材料因吸收激光能而受热急剧升温,通过汽化蒸发和熔融溅出去除材料,从而完成切割过程,如图 4-35 所示。激光切割是一种非接触工艺,因此可以用于复杂、易碎构件的切割,与复合材料的强度和硬度无关。然而,采用激光切割对一些不允许发生碳化和热退化的材料受到限制。

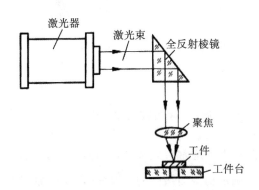

图 4-35 激光切割原理

采用激光切割时,若提高功率,则切割深度增加,但同时由于热量增加,切口表面的质量会受到影响。而功率小时,则会产生不完全切割。在激光切割中,有时由于热量消散不充分,会出现分层现象。

激光切割具有以下优点:①切缝窄,通常为 0.1~0.4 mm,材料利用率高。②激光作用时间短,所以激光切割的热影响区小,约为 0.06~0.1 mm。③激光切割的深宽比大,对于复合材料可达 100 以上。④激光切割速度快,切割硼环氧复合材料的速度可达 12 m/min,而切割丙烯板材时其切割速度为机械切割法的 7 倍。⑤激光既能切割平面工件,又能切割及加工立体工件。激光能量是无接触传送的,所以切割硬脆材料能防止其碎裂。用激光束可以较好地切割小于 0.5 mm 厚的薄材。⑥由于激光切割属于点切割,其加工灵活性好,所以可根据需要,从板材的任一点开始切割形状复杂和有尖角的零件。⑦对环境无污染,切割时无振动、无噪声、无尘、烟雾少。

激光切割分为激光气化切割、激光熔化切割、激光氧气切割和激光划片与控制断裂四类。

1) 激光气化切割

利用高能量密度的激光束加热工件,使其温度迅速上升,在非常短的时间内达到材料的沸点,材料开始气化,形成蒸气,这些蒸气的喷出速度很大,在蒸气喷出的同时,在材料上形成切口。材料的汽化热一般很大,所以激光气化切割时需要很大的功率和功率密度。激光气化切割多用于极薄金属材料和非金属材料(如纸、布、木材、塑料和橡皮等)的切割。

2)激光熔化切割

激光熔化切割时,用激光加热使金属材料熔化,然后通过与光束同轴的喷嘴喷吹非氧化性气体(Ar、He、N_2等),依靠气体的强大压力使液态金属排出,形成切口。激光熔化切割不需要使金属完全气化,所需能量只有气化切割的 1/10。激光熔化切割主要用于一些不易氧化的材料或活性金属的切割,如不锈钢、钛、铝及其合金等。

3)激光氧气切割

激光氧气切割原理类似于氧-乙炔切割。它是用激光作为预热热源,用氧气等活性气体作为切割气体。喷吹出的气体一方面与切割金属作用,发生氧化反应,放出大量的氧化热;另一方面把熔融的氧化物和熔化物从反应区吹出,在金属中形成切口。由于切割过程中的氧化反应产生了大量的热,所以激光氧气切割所需要的能量只是熔化切割的 1/2,而切割速度远远大于激光气化切割和熔化切割。激光氧气切割主要用于碳钢、钛钢,以及热处理钢等易氧化的金属材料。

4)激光划片与控制断裂

激光划片是利用高能量密度的激光在脆性材料的表面进行扫描,使材料受热蒸发出一条小槽,然后施加一定的压力,脆性材料就会沿小槽处裂开。控制断裂是利用激光刻槽时所产生的陡峭的温度分布,在脆性材料中产生局部热应力,使材料沿小槽断开。

4. 超声波切割

随着纤维复合材料在航空航天领域应用越来越广泛,传统的以高速铣钻为基础的切割技术已明显力不从心,而超声切割技术可以有效地应对所有类型的复合材料。

超声切割技术的基本原理是利用一个电子超声发生器产生一定范围频率的超声波,然后通过置于超声切割头内的超声—机械转换器,将原本振幅和能量都很小的超声振动转换成同频率的机械振动,再通过共振放大,得到足够大的、可以满足切割工件要求的振幅和能量(功率),最后将这部分能量传导至超声切割头顶端的刀具上进行预浸带的切割加工。超声波切割机利用超声波的能量,将被切割材料的局部加热熔化,从而达到切割材料的目的。其典型的例子是对凯芙拉纤维的切割,用常规刀具几乎无法切断此类材料,而超声切割则很容易做到。另外,复合材料加工所要求的工效越来越高,而超声切割可以获得高达 60 m/min 的切割速度,加工效率高。

传统高速加工方法在加工蜂窝材料时不可避免地会产生粉尘,对操作人员和工件本身造成污染，而且无法得到理想的表面和型面加工质量，而超声切割属于无切屑加工，可以完全避免对操作人员和工件的污染，并可显著地改善工件型面质量。如果采用其他方法（如高压水切割、激光切割等），蜂窝工件会受潮或发生烧灼现象，而超声切割可以完全避免这些缺点。

由于超声切割工艺具有以上优点，国外主要飞机制造企业已经广泛采用。随着复合材料技术的发展及其在航空领域的广泛应用，超声切割技术正在大范围替代以往的高速铣削、高压水切割和激光切割工艺。

4.3 复合材料结构用紧固件

4.3.1 复合材料结构用紧固件材料

复合材料是采用纤维与树脂合成的材料，本身电位较高，其连接所用的紧固件应具有较好的电位相容性；同时，由于减重的需要，还须具有较高的比强度。兼具电位相容性和高比强度的材料是复合材料连接用紧固件的首选。表4-5是紧固件材料电位与比强度对照表，由表可以看出，与复合材料电位匹配依次是复合材料本身、耐蚀不锈钢和钛合金。

表4-5 紧固件材料电位与比强度对照表

项目	碳纤维	耐蚀不锈钢	钛合金	合金钢	铝合金
电位/mV	+90～+179	−309～−200	−408～−280	−608～−517	−935～−621
比强度/$(10^6 m^2 \cdot S^{-2})$	—	0.04～0.06	0.18～0.22	0.10～0.12	0.15～0.18

从表4-5中还可以看出，比强度由大到小的排序是：钛合金、铝合金、合金钢和耐蚀不锈钢。由于现代飞行器在减重方面有较高的要求，复合材料紧固件目前还没有较高比强度的产品，而不锈钢的比强度不高，钛合金与复合材料电位相近，比强度高。综合比较，钛合金是与复合材料匹配最好的材料，成为在螺栓类、螺母类和抽芯铆钉类紧固件上使用最广泛的材料。而其他与复合材料电位可搭配材料，有些也可作为组合类紧固件产品中零件的使用材料。

4.3.2 复合材料结构紧固件种类

复合材料结构使用的紧固件选择原则是：对于螺纹类紧固件，钛螺栓应与不锈钢螺母搭配采用，避免发生安装"卡死"问题，在解决润滑问题后，钛螺栓可与钛螺母搭配使用；对于铆钉，由于复合材料塑性差，抗冲击能力低，因此铆钉安装尽可能不采用锤铆，而尽可能采用压铆；为了解决拉脱强度低的问题，紧固件应设计成大钉头、大法兰环帽或大底脚。复合材料结构用的紧固件主要有铆接类（钛铆钉、钛铌铆钉）、螺栓类（钛螺栓、钛高锁螺栓、钛螺母）、抽芯铆钉类（螺纹抽芯铆钉、拉拔型抽芯铆钉)、特种紧固件类(钛环槽钉、特种钛紧固件)等。

1. 铆接类紧固件

由于复合材料结构耐冲击性能较差,因而在该结构中进行铆接时紧固件杆部的膨胀极易造成孔边分层,进而影响接头质量。另外,对于铆接工艺,由于手工铆接不易获得一致的紧固件夹紧力矩,因而一般在大于 4 mm 规格时大部分采用可控拧紧力矩的紧固件,但由于铆钉相对于其他紧固件安装方便且质量较轻,在有些场合仍然被大量使用,主要用于 4 mm 以下铆钉的连接,有些特殊结构有时也会应用 4 mm 以上规格的铆钉。

复合材料铆接用紧固件,首先考虑的是防腐蚀,从电位腐蚀来看,不锈钢较适合。美国早期在 F-14 战斗机复合材料尾翼上大量使用 A286 铆钉,并采用了电磁铆接技术,后来由于减重的需要,改为钛铆钉,如纯钛铆钉。国内由于纯钛铆钉初期使用量较少,原材料来源较复杂,造成难以采用大批量生产技术进行加工,故材料的稳定性、一致性难以保证。由于部分制造的铆钉产品存在铆接开裂问题,影响设计人员的选用。因此目前使用最成功的是钛铌材料制造的铆钉,这种材料不但强度高,抗剪切性能比纯钛材料高,可达到 345 MPa,而且塑性好,铆接效果好。如图 4-36 所示为用 TC4/钛铌材料制造的双金属铆钉铆接示意图,展示了钛铌材料较好的铆接效果。

图 4-36 铆接的双金属铆钉

此外,铆接类紧固件用于复合材料时,在复合材料端铆接,需增加垫圈控制铆接膨胀量及减少单位承载面积的压应力,而在金属端面连接时,则不需要采用垫圈。

2. 螺栓类紧固件

复合材料结构使用的螺栓类紧固件大多是由 TC4 材料制得的,抗拉强度为 1100 MPa,剪切强度为 660 MPa,主要紧固件有钛合金螺栓、钛合金高锁螺栓、艾迪 2 型螺栓紧固系统等。在安装过程中都须进行力矩控制,以免在连接后造成复合材料承载能力的下降。

钛合金螺栓主要用于开敞部位和可拆卸部位,在安装时须采用限力矩扳手以保证安装力矩的一致,其配套使用的螺母有自锁螺母和托板自锁螺母等。对于沉头钛螺栓,驱动槽有多种结构形式,如飞利浦十字槽、高扭矩十字槽、三翼槽、内梅花槽、高扭矩一字槽、康尼尔高扭矩一字槽等,如图4-37所示。不同驱动槽的扳拧力矩差异较大,由于钛合金螺栓耐磨损性能差,与自锁螺母安装需要较大的扳拧力矩。传统的一字槽、十字槽不适用于扳拧力矩较大的场合,而高扭矩十字槽、内梅花槽扳拧力矩大,被大量使用。各种驱动槽的极限扭矩如图4-38所示。

PHILLIPS® 飞利浦十字槽　　TORQ-SET® 高扭矩十字槽　　TRI-WING® 三翼槽　　TORX 内梅花槽　　HI-TORQUE 高扭矩一字槽　　CONNIE®HI-TORQUE 康尼高扭矩一字槽

图4-37　航空沉头螺栓用驱动槽槽型

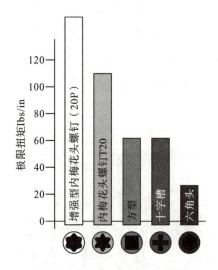

1 lbs/in≈0.175 N/mm。

图4-38　不同驱动槽极限扭矩比较

钛合金高锁螺栓是飞行器上大量使用的一种永久性连接紧固件,主要用于半开敞部位的永久性连接,可以实现单面安装。为了减重,在复合材料结构上大多采用轻型钛合金高锁螺栓和轻型高锁螺母。该种产品以Lisi®航空的Hi-Lite®轻型高锁螺栓最为典型,它采用了短收尾螺纹技术,与普通高锁螺栓/高锁螺母组件相比,可降低结构质量10%~14%。针对传统的高锁螺栓使用的六方槽作为驱动槽,存在扳拧扭矩不够的问题,国外有厂家在钛高锁螺栓尾部采用五瓣槽替代六方槽,可以提高扳拧扭矩。如图4-39为普通高锁螺栓与轻型高锁螺栓的区别。

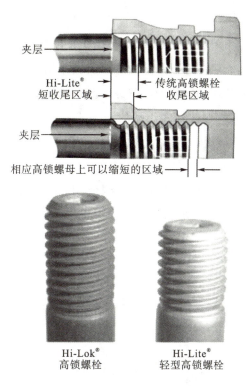

图 4-39　普通高锁螺栓与轻型高锁螺栓的区别

由于螺纹配合且带自锁结构,钛螺栓/螺母紧固件在安装过程中会损失部分拧紧力矩,造成预紧力不一致。因此,国外开发出了艾迪 2 型螺栓紧固系统,如图 4-40 所示。该紧固系统安装方便,具有质量小、避免咬合等特性。与其他螺纹紧固组件相比,该紧固组件在完成自锁前施加预紧力可使安装预紧力一致,因此在多种飞行器上得到应用。除了使用带有内螺纹的艾迪螺母,也可使用艾迪挤压环帽与之配套。

图 4-40　艾迪 2 型螺栓紧固系统的安装过程

3. 抽芯铆钉类紧固件

复合材料结构上还大量使用单面连接的抽芯铆钉，主要用于封闭空间的永久性连接，其具有质轻、比强度高、自锁、防腐、大底脚等特点。抽芯铆钉按结构形式可分为螺纹抽芯铆钉和拉拔型抽芯铆钉。复合材料结构使用的螺纹抽芯铆钉已发展出了多种形式，以美国 Monogram 公司开发的螺纹抽芯铆钉最为典型，有芯杆露出型的 Visu-Lok 型抽芯铆钉、芯杆平断型 Composi-Lok 型抽芯铆钉、干涉型 Radial-Lok 型抽芯铆钉、主承力型 Osi-Bolt 型抽芯铆钉等，还发展出自动化连接的螺纹抽芯铆钉类型。

螺纹抽芯铆钉形式如图 4-41 所示，具有与复合材料电位相容、安装后材料不分层、可在 7°斜面上进行安装、易于控制力矩、不松动、方便安装等特点。

图 4-41 螺纹抽芯铆钉

干涉型螺纹抽芯铆钉形式如图 4-42 所示，其在传统螺纹抽芯铆钉的外部增加一个壁厚 0.30 mm 左右的不锈钢衬套；在安装过程中，抽钉的杆部挤入衬套，使衬套发生径向膨胀，实现对复合材料孔壁的干涉，提高结构的疲劳寿命。

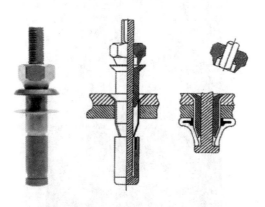

图 4-42 干涉抽芯铆钉及安装结构图

用于复合材料结构的拉拔型抽芯铆钉以美国 Cherry® 公司的 MaxiBolt® 最为典型。如图 4-43 所示,该抽芯铆钉是在用于金属结构的不锈钢拉拔型抽芯铆钉的基础上发展而来的,大部分功能与螺纹抽芯铆钉一致。与螺纹抽芯铆钉相比,具有质量更小、安装后不用铣平的特点。

图 4-43　钛合金拉拔型抽芯铆钉

4. 特种紧固件

特种紧固件主要有两大类:钛合金环槽钉和复合材料紧固件。钛合金环槽钉是一种应用于高传载部位的永久性连接紧固件,按结构形式可分为拉铆型和镦铆型,复合材料结构选用拉铆型。美国航空工业大量采用该种紧固件,如波音公司从 B-707 飞机到 B-787 飞机上都大量使用钛合金环槽钉,B-787 飞机的机身、机翼主要是复合材料结构,大量使用了带法兰环帽的轻型比例式钛合金环槽钉。

在金属结构和复合材料结构上使用的环槽钉有明显差异。在环槽钉发展的早期,主要用于金属结构,抗剪型的锁紧环槽为单个环槽,如图 4-44 所示;抗拉型的为 4 个等距环槽,如图 4-45 所示。

图 4-44　金属结构用抗剪型环槽钉

图 4-45　金属结构用抗拉型环槽钉

随着航空航天发展的需要,环槽钉的锁紧环槽发生了重大改进,均采用了比例式环槽形式,如图 4-46 所示。目前,无论是金属结构还是复合材料结构,环槽钉都采用了比例式结构形式,这种锁紧环槽可以实现最高的抗拉能力、抗弯能力及预紧载荷能力。抗剪型的锁紧环槽由单个环槽改成 5 个环槽,如图 4-47 所示为复合材料用抗剪型钛环槽钉;抗拉型的锁紧环槽槽数多于抗剪型的。为了减少对复合材料的厚向挤压,采用法兰环帽。

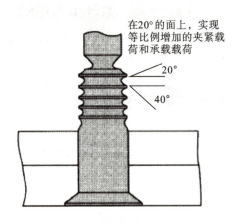

图 4-46 比例式环槽钉结构

图 4-47 复合材料结构用抗剪型钛环槽钉

为了提高复合材料抗疲劳能力,在比例式钛环槽钉基础上,加入不锈钢薄壁衬套,形成干涉环槽紧固系统,如图 4-48 所示。该紧固件的干涉原理和前述的干涉螺纹抽芯铆钉相似,可实现复合材料结构的干涉连接,较复合材料普通间隙提高疲劳寿命 1 倍以上,并提高复合材料钉载分配能力。

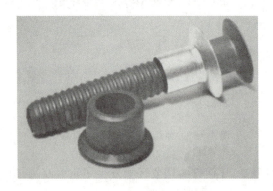

图 4-48 干涉环槽紧固系统

复合材料制造的紧固件与复合材料具有最佳的电位匹配,是解决重量、腐蚀、雷击、雷达图像等问题的理想方法,该紧固件主要用于飞机隐身部位和电磁敏感部位,如仪表板、雷达天线、机翼前缘、垂尾前缘、平尾前缘等部位,但由于目前其最高抗剪强度只能与高强铝铆钉相当,因而仅限使用于次承力结构。复合材料紧固件成型用材料主要有两种,即热固性和热塑性,目前用于复合材料紧固件的材料大多是热塑性材料,主要有 PEEK/LC、PEEK/C、PEI/GL、PEEK/Q。复合材料紧固件按紧固件类型可分为复合材料螺栓、复合材料螺母、复合材料螺钉,以及复合材料铆钉等,其中复合材料铆钉需采用专门的热铆接发生器进行铆接安装;复合材料紧固件按成形工艺可分为注射级和模压级,如图 4-49 和图 4-50 所示,其中模压级的长纤维复合材料紧固件在较高温度下可保持极高的拉伸强度、剪切强度和疲劳强度,在国外多种飞行器、发动机、舰船、航空电子设备领域,以及商用飞机上均有应用。

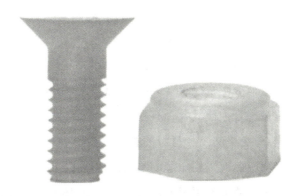

图 4-49 注射级复合材料螺栓与螺母

图 4-50 模压级复合材料紧固件

4.3.3 紧固件选用

1. 选择紧固件时注意的问题

在复合材料的机械连接中,选择紧固件时应注意四个基本问题,即电化腐蚀、孔壁磨损、装配损伤和拉脱破坏。碳纤维复合材料与金属材料之间的电位差对大多数金属都存在很大的电化腐蚀可能性,因此应选择紧固件与复合材料电位较接近的钛、钛合金、耐蚀不锈钢、蒙耐尔合金等金属材料。如果有对比强度的要求,可选用钛合金。铆钉一般选用纯钛、钛铌合金(Ti55%-Nb45%)和蒙耐尔合金。

为了降低成本,可在碳纤维复合材料与易腐蚀金属材料连接处,采用加绝缘层的措施。如与铝合金连接时,可采用镀镉钢螺栓,在螺栓和复合材料连接表面涂一层转化膜并加环氧聚酰胺底漆,在垫圈和螺母上也应涂环氧聚酰胺底漆,并在全部连接处涂以聚氨酯面漆,或在碳纤维复合材料与金属之间加一层很薄的凯芙拉-49或玻璃纤维层。

当使用螺栓作紧固件时,必须注意避免钉孔孔壁的擦伤,并应设法使孔壁的耐磨性满足使用要求。

装配损伤一般是由过盈配合、撞击或加预紧力造成的。试验已经证明在碳纤维复合材料连接中,在一定的紧固件拧紧力矩作用下,一定的过盈量可以提高接头的疲劳寿命;在多螺钉连接中,还可以改善各螺钉上的载荷分配;在油箱区可以改善密封性;在紧固件单面安装时可提供所需要的反力矩等。然而,过盈配合会使复合材料在钉孔处产生分层损伤,因此通常要求采用间隙配合,或者很小的过盈量,避免引起复合材料的损伤。由于碳/环氧层合板的抗冲击强度低,所以一般不宜采用冲击振动铆接,而采用压铆或单面铆钉连接。

在安装紧固件时,通过螺母施加的预紧力过大会引起碳/环氧层合板的损坏,为了避免这种情况发生,可增加抗挤压金属套筒,如图4-51所示。用扳手拧紧螺栓时,要规定扳手的力矩大小。目前常采用增加螺母和垫圈挤压面积的方法来解决复合材料机械连接拉脱强度低的问题。

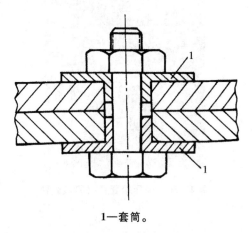

1—套筒。

图4-51 紧固件与抗挤压金属套筒

2. 紧固件类型的选用

机械连接可按紧固件划分连接类型。机械连接通常采用的紧固件有4种:销钉、螺钉、铆钉和螺栓,对有特殊连接要求部位,采用特种紧固件。销钉多用于耳片接头,对飞机结构零件紧固连接不适用。螺钉与层合板连接力小,连接不牢固,易松动,易从层合板中拉出,难以实现长期有效连接,因此在承载连接中一般不采用该种连接方式。

1) 铆钉连接选用

铆接是机械连接中工艺最简单、成本最低、增重最少的连接方式。金属结构连接中,铆接广泛应用。由于复合材料延伸率小、层间强度低、抗冲击能力低等弱点,使铆接易引起复合材料层合板孔内壁及表面层的损伤,同时铝铆钉与碳纤维复合材料有电偶腐蚀,因此,复合材料层合件铆钉连接应用受到限制。一般用于连接厚度大于 3 mm 的层合件连接和复合材料件与金属件传载接头连接。铆钉一般为钛合金钉。实心铆钉连接强度高;空心铆钉适用单面可达情况;对有外表面光滑要求部位采用埋头铆钉。

实心铆钉连接时,钉杆有镦粗,适当控制钉杆与孔之间连接配合的过盈量,有利于提高连接强度、疲劳寿命,以及密封性。为此,在镦头端加一个孔内径较小的刚性金属垫片来控制钉杆的膨胀量,并用压铆而不是锤铆。

抽芯铆钉、钛铌合金空心铆钉、双金属铆钉和空尾铆钉等在铆接后钉杆直径基本不变,不会引起层合板开裂,现已推广应用。

2) 螺栓连接选用

需要重复拆装和承载较大的接头,大都采用螺栓连接。螺栓连接适合较厚的层合板连接,螺栓直径 d 与连接厚度 t 之比约为 1~1.5。螺栓拧紧的预紧力可控制,明显提高连接强度和连接可靠性。钛合金螺栓,除普通六角形凸头螺栓外,高锁螺栓更常用。高锁螺栓具有较高且均衡的夹紧力,有自锁能力,可单面安装,具有很好的机械性能,静强度和疲劳强度均较好。

3) 特种紧固件连接选用

按连接特殊要求专门设计研制的紧固件,以弥补铆接和螺接难以实现或达不到要求的连接需求。常见的特种紧固件有钛环槽钉、螺纹抽钉、干涉配合钛环槽钉等,这些紧固件具有装配力小、连接夹紧力可控、密封等优点,因而在复合材料连接中得到应用。

4.4 复合材料机械连接设计

4.4.1 复合材料机械连接的特点、形式及破坏模式

机械连接通常是指用螺栓或者铆钉等紧固件,把两个或两个以上零部件连接构成一个整体的连接方法。相对于铆接,螺栓连接不但连接性能更加可靠且能够传递更高的载荷,特别是对于主承力结构的连接接头设计,螺栓连接往往是更优的选择。此外,螺栓连接可以重复装配使用,拆卸方便并且受环境因素影响较小,满足了在飞机结构中对可拆卸维修的使用要求,因此,螺栓连接是复合材料结构中最常用的连接方式。

螺栓连接优点如下：①在制造、修理时可重复拆卸和装配；②对需要进行连接的零件表面制备及处理的要求不高；③对剥离应力敏感性低；④无胶接固化所产生的残余应力，可能有一些残余应力但数值较小；⑤受连接件厚度限制较小；⑥便于检查连接质量、保证连接的可靠性。

螺栓连接缺点如下：①在复合材料结构上制孔，使得结构不完整，在制孔过程中产生初始损伤；②制孔后，结构承载时，孔边产生应力集中，导致连接效率变低；③由于制孔后强度下降的损伤，孔周边需要局部加厚，加之附加的紧固件，导致结构重量增加；④制孔和装配的工序，导致成本增加；⑤由于紧固件钢制材料与复合材料接触可能会存在电偶腐蚀；⑥金属紧固件与复合材料结构件配合易疲劳，降低紧固件性能。

螺栓连接一般都用于重要部位和主承力结构处，但是由于复合材料的各向异性，并且影响连接的因素较多，将金属结构连接的经验用于复合材料结构连接会造成不可预期的严重后果，所以在机械连接设计时应注意：①机械连接的连接强度与复合材料类型、铺层比例、被连接件板厚、连接结构几何尺寸、加载方式，以及环境等因素有关；②几何外形满足机械连接的极限强度条件时，基本不再发生变化；③机械连接过程中，螺栓应易承受剪切载荷，应尽量避免螺栓受拉或弯曲；④由于复合材料属于脆性材料，导致多钉连接时钉载会分配不均匀。机械连接方式针对被连接件连接来看可分为搭接与对接，按螺栓受力方式可分为单剪与双剪搭接，按搭接板是否斜削可分为非斜削与斜削对接，所以机械连接主要有九种构型，如图 4-52 所示。

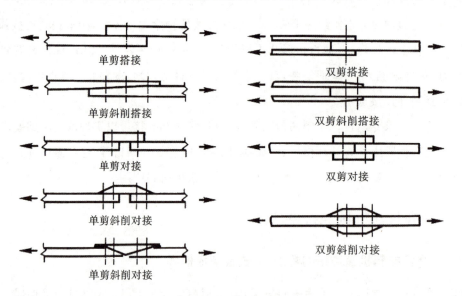

图 4-52　机械连接主要构型示意图

单剪形式的连接会产生附加弯曲而造成接头承载能力的减小和连接效率的降低，一般应尽可能避免。连接设计宜采用双剪连接形式。斜削形式的连接可以改善多钉连接载荷分配的不均匀性，提高连接的承载能力。

选择复合材料机械连接形式时应注意以下几点：

(1)不对称连接形式，如单剪形式，推荐采用多排紧固件，紧固件的排距应尽可能大些，使偏心加载引起的弯曲应力降低到最小。应注意到，当用增加层压板局部厚度的方法增强不对称连接时，随板厚的增加，由偏心导致的附加弯曲应力也更大，相当程度上抵消了材料厚度增加所起的作用。

(2)碳纤维树脂基复合材料的塑性很差，多排紧固件连接会造成载荷分配的严重不均，因此，如有可能尽量采用不多于两排紧固件的多钉连接形式。多排紧固件连接钉孔应尽可能采用平行排列，避免交错排列，以提高连接强度，特别是疲劳强度。

(3)设计合理的斜削型连接可以提高连接强度。但是不合理的斜削形式的搭接连接的承载能力反而比等厚度连接形式的还要差。设计的关键是斜削搭接板厚度和紧固件直径的选择。

机械连接的破坏模式多样，如图 4-53 所示，主要分为两个部分，一是被连接件失效破坏，二是紧固件失效破坏，具体总结如下：①被连接层压板的挤压破坏、拉伸破坏、剪切破坏、劈裂破坏、拉脱破坏，以及上述破坏模式的组合破坏。②紧固件的弯曲失效、剪断、拉伸破坏，以及上述破坏模式的组合型破坏。破坏模式主要与其几何参数和铺层方式有关。剪切破坏与劈裂破坏是低强度破坏形式，在结构设计中应杜绝发生。挤压破坏是可接受的破坏形式，属于局部破坏，一般不会引起整体结构灾难性破坏，是设计者希望的一种良性破坏形式。

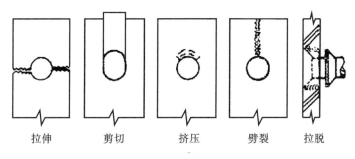

图 4-53 机械连接破坏模式

4.4.2 机械连接设计一般原则

(1)应满足连接强度要求。连接几何参数及铺层的选择应尽可能保证连接接头发生挤压破坏，或以挤压破坏为主的组合型破坏。

(2)应优先选用螺接，尽量避免铆接，推荐使用高锁螺栓及专门为复合材料结构设计的高锁环槽铆钉等紧固件。

(3)应满足抗电偶腐蚀要求。紧固件材料与复合材料构件要相容。复合材料应使用钛合金或不锈钢紧固件，并采用涂以密封胶的湿装配，以防止电偶腐蚀。

(4)双排以上的多钉连接,各排钉孔应尽可能平行排列,此时疲劳强度较高;若采用交错排列,则静强度略高。斜削和阶梯形接头可改善多钉连接时钉载分配不均匀的问题。

(5)连接区复合材料构件的铺层比例,±45°层一般不少于40%。连接孔处可适当进行局部加厚。连接孔区附近还可采用局部软化带设计以提高接头强度。

(6)应考虑使用环境条件的影响和特殊要求。如对结构整体油箱区的紧固件应采用密封措施(涂密封胶或加塑料帽套等)。

(7)应尽可能减轻重量和降低成本。

(8)制孔(钻孔、铰孔、锪窝)应符合规范要求。

(9)如果需要综合考量连接效率、重量和成本,就必须把连接和结构件融为一体进行设计。

4.4.3 复合材料螺栓连接设计

螺栓连接的形式通常有搭接和对接两种。搭接和单盖板对接都会产生附加弯矩,而用双盖板对接能避免产生弯矩,带锥度的连接形式在多排螺钉情况下能消除边缘螺钉的过大载荷。复合材料连接的结构效率主要由它的接头决定,与材料的基本性能相关度不高。正确的复合材料结构设计,首先是确定接头的位置和大小,再确定纤维的最优排布。在连接设计中,连接效率是衡量接头设计成功与否的重要指标。由于接头中存在孔,它的强度不可能超过本体层合板的强度。经过研究表明,经过仔细设计的螺栓接头,其强度甚至只有本体层合板强度的一半,较简单的螺栓接头的强度不会超过层合板强度的1/3。纤维复合材料的连接效率范围如图4-54所示,图中还标出了韧性材料和完全脆性材料的连接效率,因为复合材料是由两种不同性能的材料组成的,因此不会像完全脆性材料那样破坏。在碳纤维复合材料(CFRP)连接中,螺栓直径与板宽之比对连接效率的影响如图4-55所示。显然,将单孔或单排接头改进到最佳是困难的,要使连接效率有大的改善,可以采用多排紧固件的连接形式。

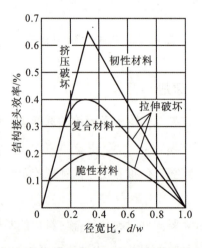

图4-54 韧性、脆性材料和复合材料螺栓接头的效率

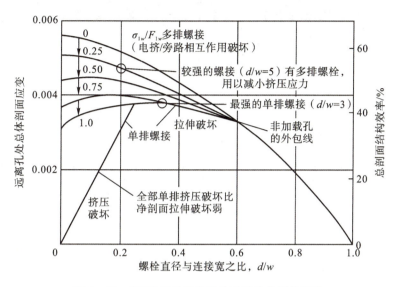

图 4-55 CFRP 螺栓接头设计对接头效率的影响

在复合材料连接中,最重要的是挤压设计应力,它是钉孔直径扩大 4% 时所对应的应力值。一些复合材料的挤压设计应力可取表 4-6 中的值。而有关边缘剪切、剪切撕裂和层间剪切设计应力值列于表 4-7 中,必须注意,表中的这些数值是在应力集中不很严重的情况下得出的,如果设计中高的应力集中不可避免,则应适当减小表中的设计值,尤其对剥离和层间剪切情况更应如此。

表 4-6 $d/t=1$ 时复合材料的挤压设计应力值

项目	极限应力/MPa	设计应力值/MPa
玻璃-聚酯(编织)	297.6	141.1
玻璃-环氧(编织)	319.5	254.9
硼-环氧 0°/90° 0°/90°/±45°	1378.0 1033.5	1033.5 826.8
碳-环氧 0°/90° 0°/90°/±45°	447.8 334.5	378.9 310.0
凯芙拉-环氧(编织)	378.9	310.0

表 4-7　复合材料在室温下的剪切设计应力值

项目	碳-环氧正交铺设	玻璃-环氧编织	硼-环氧正交铺设	凯芙拉-环氧编织
面内剪切强度/MPa	137.8	110.2	206.7	124.0
剪切模量/GPa	8.96	5.51	10.34	6.89
剥离强度/MPa	68.9	55.1	103.3	55.1
层间剪切强度/MPa	55.1	27.6	68.9	41.3

连接接头的几何参数：板宽 W，行距 P，间距 S，端距 e，边距 S_w，孔径 d 和板厚 t，各参数定义见图 4-56。直径可根据剪切强度确定，也可由钉杆、板等强度确定。间距、边距、端距和行距主要由试验确定。经验表明，复合材料接头的几何参数应按表 4-8 选择。

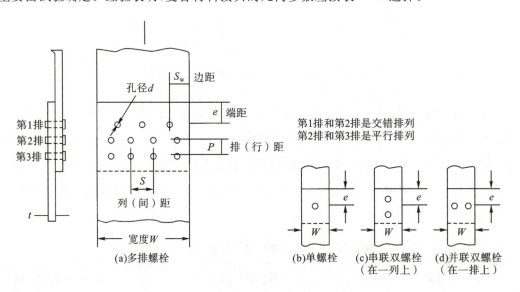

图 4-56　机械连接几何参数定义

表 4-8　复合材料接头的间距、边距、端距和行距

材料	板厚 t	间距 S	边距 S_w	端距 e	行距 P
碳-环氧 [0°,±45°,90°]	$d/t \geqslant 1$	$5d$	$2.5d$	$\geqslant 4d$	$\geqslant 4d$
玻璃纤维-树脂	$d/t=1$	$\geqslant 4d$	$2.5d$	$2.5d$	$\geqslant 5d$
	$d/t<3$	$5d$	$2d$	$3d$	$\geqslant 4d$
	$d/t=3\sim5$	$\geqslant 4d$	$1.5d$	$2.5d$	$\geqslant 4d$
	$d/t>5$	$4d$	$1.25d$	$2d$	$\geqslant 4d$

在结构设计中,不仅要确保结构工作安全,还要考虑结构经济性,要求质量小、成本低。确定安全系数是一项十分重要的工作,要求在确保安全的条件下,尽可能降低安全系数。对于复合材料结构的接头,安全系数为

$$f = \sigma_a / [\sigma] \tag{5-1}$$

其中:σ_a——设计应力;$[\sigma]$——许用应力。

对于玻璃纤维增强复合材料接头,安全系数可保守地取为 3;对结构质量有严格限制的部位,安全系数可取 2,但必须注意结构件的工艺质量,确保不会提前破坏;对于碳-环氧、硼-环氧、凯芙拉-环氧结构件,安全系数取 1.5,一般约有 15% 的强度储备;对重要接头应提高安全系数,安全系数应取 2,上面所指的安全系数对应设计应力 σ_d。但目前确定复合材料接头的设计应力的方法不统一,主要方法有以下三种:①取接头能承受的最大应力;②取接头载荷-变形曲线的第一拐点对应的应力;③取钉孔变形量达到某一数值所对应的应力。采用螺栓连接时,必须在层合板上钻一定数量的孔,这意味着部分受力纤维被切断,失去传递应力的作用;同时由于孔的存在,影响着孔周围的应力分布,即在孔边产生应力集中。螺栓连接是通过螺栓的剪切应力传递载荷的,因此孔边又是传递载荷集中的部位。铺层的顺序和方向明显地影响着孔周围的应力分布,很大程度上决定了螺栓对孔的挤压强度,影响通过孔截面的拉伸强度和孔边的剪切强度等。

波音飞机公司规定,在机械连接接头铺层设计中,由 0°、±45°、90°铺层组成的层合板,至少应有 40% 的 ±45°铺层和 10% 的 90°铺层,将 ±45°铺层置于层合板外表面,层合板的压缩和冲击性能会得到一定改善。

图 4-57 给出了碳-环氧 T300/4211[0°/90°/±45°]纤维复合材料层合板的不同铺层比例与挤压强度的关系曲线。由该图可见,纤维方向对破坏模式和破坏载荷都有很大影响。

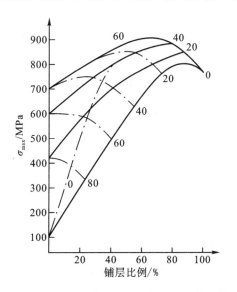

图 4-57 不同铺层比例对挤压强度的影响

紧固件的夹紧力是指用拧紧螺母的办法产生垂直于层合板平面的压力，可用加垫圈的方法增加侧向夹紧的面积，该夹紧力可以防止孔边过早分层，明显提高接头的挤压强度和疲劳寿命。当夹紧力达到某一数值后，再增加夹紧力时接头的挤压强度趋于定值，还可能使层合板受到损伤。通常，对于不同厚度和铺层情况的层合板连接，其最佳拧紧力矩由试验确定。对于由0°、±45°、90°层组成的碳/环氧层合板，其各方向层所占的百分比不同，层合板厚度不同，则拧紧力矩对挤压强度的影响也不同。为了得到较大的挤压强度，对不同直径的螺栓，建议采用的拧紧力矩范围见表4-9。表中的拧紧力矩上限与层合板的法向压缩强度值有关。

表4-9 拧紧力矩的范围

螺栓直径/mm	建议拧紧力矩(N·m)
6.35	3.39~7.68
7.94	6.67~15.03
12.7	11.3~25.99

4.4.4 复合材料铆接设计

铆接是一种不可拆的机械连接，它依靠铆钉钉杆镦粗形成镦头将构件连接在一起。由于铆钉价格便宜，强度和可靠性较高，便于使用自动钻铆设备，因此它是一种被广泛应用的永久性连接方法。

许多铆接结构还有一个重要要求，就是保证一定程度的密封性，不让液体或气体渗入。铆缝处的渗漏主要是从铆接件的接触间隙，铆钉杆、铆钉头和孔壁的间隙渗入的。铆缝密封方法有多种，如铆钉表面涂密封材料，安装弹性垫片和橡胶圈，采用带密封圈的铆钉等。铆钉的种类很多，按头型分，有100°埋头、130°埋头、平锥头、大扁圆头等；铆钉杆除普通实心铆钉外，还有抽心铆钉、螺纹空心铆钉、高抗剪铆钉、空尾铆钉、双金属铆钉等特种铆钉。

复合材料结构铆接时，由于复合材料层间强度低，抗冲击能力差，安装时不宜于锤铆，需用压铆。为提高复合材料接头处的局部强度，在铆钉镦头下放置一个垫圈，可大大减小镦头处的工艺残余应力，由于垫圈均匀承受着铆钉和孔壁间的接触压力，从而改善了接头的性能。这种方法也能在轻质芯层的夹层结构中应用。铆接和螺栓连接都属机械连接，铆接接头的内力和变形分析、接头几何参数的确定等都与螺栓连接相同。

铆接和螺栓连接的不同之处是铆接过程中铆钉杆会产生较大的变形，形成铆钉镦头。复合材料结构铆接时，铆钉杆的镦粗使孔区产生较大的变形。由于复合材料的相对延伸变形很小，具有脆性破坏特征，铆钉杆的镦粗会使复合材料的结构完整性提早被破坏。因此，必须谨慎地考虑和评价铆接的可能性。

在铆接过程中,铆钉杆位于铆接孔中的那一部分处于封闭的镦粗方式,同铆接件一起变形,而镦头那一部分钉杆是敞开镦粗方式,因此铆钉的变形很不均匀,相当复杂。铆杆镦粗时与孔产生干涉配合,使孔周产生残余应力,因此铆接件在外载作用前孔区已存在着复杂的三维初始应力。铆钉在塑性变形的过程中,不但铆钉材料的组织和物理力学性能发生较大的变化,而且铆钉各部位的强化程度也不同,因此使分析工作变得更复杂。

孔周应力集中系数与铆接接头中的初始应力和变形有关。当干涉量超过某一临界值时,孔周发生损坏,一般可以用材料的许用极限应变来评价临界干涉量。玻璃纤维复合材料的临界相对干涉量在 3%～5%,而碳纤维复合材料为 1%左右,远小于基体的许用应变。研究表明,在铆钉镦头下安装垫圈可减弱钉杆在铆接过程中的扩孔作用,从而增加铆接接头的强度,但该垫圈有一定的尺寸要求,主要尺寸是内径 d 和外径 D。d 值决定垫圈和铆接件共同吸收的抗破坏能力。一般标准垫圈的内径容差太大,不能起到减小干涉量的目的。如图 4-58 所示给出了有垫圈的接头效率和没有垫圈的接头效率试验结果。有垫圈的接头效率为 0.5～0.55,没有垫圈的接头效率为 0.37～0.4,即有垫圈的接头拉伸强度增加 35%～40%。

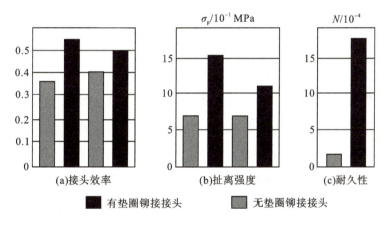

图 4-58 垫圈对铆接强度的影响

为了解决铆钉钉杆变形的不均匀性,对复合材料的铆接工艺和铆钉的材料、结构进行了大量研究。研究结果表明,只要选择合适的铆钉并采取一定的工艺措施,铆接就可以成功地应用到复合材料结构上。

碳纤维复合材料激光制孔技术

激光加工作为一种非接触加工技术,其主要分为连续激光加工和短脉冲激光加工,其与材料之间的相互作用是激光产生的电磁场与材料结构作用,过程较为复杂,涉及光学、热学、力学等。连续激光输出在时间上连续,加工过程有较为严重的热影响区(HAZ)产生,应用场合多为大功率激光焊接、材料切边等。脉冲激光的输出在时间上是不连续的,当激光功率一定时,激光脉宽(脉冲输出时间)越短,则单脉冲能量密度越大,有利于快速去除材料,从而减小 HAZ 产生。因此,目前激光制孔主要采用短脉冲(纳秒)甚至超短脉冲(皮秒/飞秒)激光束,其制孔过程多为激光烧蚀过程,即强能量激光束辐射不透明靶材,使得材料局部区域迅速受热升温,发生融化、气化并产生等离子体喷发,从而使材料表面发生质量迁移。

碳纤维增强树脂基复合材料(CFRP)是由树脂基体和碳纤维增强体复合固化成形,两种组成材料的热物性能差异大。其中,基体材料树脂的汽化温度约为 500 ℃,而碳纤维升华温度在 3600 ℃以上,且碳纤维轴向热导率是树脂热导率的 250 倍。因此,采用脉冲激光束对 CFRP 进行制孔烧蚀加工,当碳纤维材料达到升华温度时,其周边树脂材料早已因纤维轴向热传导而气化,从而造成纤维裸露,产生较大的 HAZ。特别是当激光束不移动,在小范围区域连续烧蚀 CFRP 材料制孔时,热聚集效应特别明显。因此,目前常见的 CFRP 激光制孔工艺的主要特点是激光束呈圆形运动的,将 CFRP 材料切成圆孔形状,其主要包括同轴环制孔工艺、双光束制孔工艺、螺旋制孔工艺、双旋转制孔工艺。

同轴环制孔工艺采用脉冲激光束对 CFRP 进行烧蚀切割制孔,激光束运动轨迹由一系列同心圆环组成,同心圆环之间距离一般设置为一个聚焦光斑直径,有利于对目标区域材料完全去除,同时加工后的圆环路径有足够的冷却时间,从而减少 HAZ 的产生。双光束制孔工艺采用相互对立错位安装的两束脉冲激光同时对 CFRP 进行制孔加工,激光束路径采用同轴环扫描方式进行。螺旋制孔工艺的激光束在目标孔中心的圆周路径上做旋转运动,同时光束轴绕自身旋转中心自转。激光束在圆周路径上的旋转与光束自身的旋转保持同步,像螺旋一样旋进加工,目标孔材料经过多次的激光脉冲烧蚀形成通孔。双旋转制孔在螺旋制孔原理基础上,通过扫描振镜将螺旋扫描路径进行偏心,扩大激光束的偏心量,提出"双旋转"切割制孔工艺,极大地提高了制孔孔径的范围和加工效率。

习题

一、填空题

1. 复合材料制孔中一般使用手持式气动钻枪,气动钻枪有_____、_____、枪式等多种形式。

2. 复合材料加工中常用到的锪钻有_____、_____、_____、_____。

3. 研磨机有_____和_____两种构型。

4. 激光切割分为激光气化切割、_____、_____和激光划片与控制断裂四类。

5. 复合材料结构用的紧固件主要有_____、_____、抽芯铆钉类和特种紧固件类等。

6. 在复合材料的机械连接中,选择紧固件时应注意_____、_____、_____、拉脱破坏这四个基本问题。

7. 机械连接按螺栓受力方式可分为_____与_____。

8. 机械连接通常采用的紧固件有销钉、_____、_____和螺栓。

9. 为提高复合材料接头处的局部强度,在铆钉镦头下放置_____,可大大减小镦头处的工艺残余应力。

10. 复合材料结构铆接时,由于复合材料层间强度低,抗冲击能力差,安装时不宜于锤铆,需用_____。

二、判断题

1. 钻孔时以低进给低转速为好,铰孔和锪窝时则以大转速为好。(　　)

2. 大多数热固性复合材料层合板经钻孔和仿形铣后会产生收缩,因此精加工时要考虑一定的余量。(　　)

3. 切割芳纶纤维板材或纤维时最好选用特别硬化的剪切器和剪刀。(　　)

4. 复杂外形零件的切割可以采用砂轮片切割和带锯切割。(　　)

5. 无研磨水喷射切割能够切割密度大、较厚的复合材料。(　　)

6. 复合材料结构上使用单面连接的抽芯铆钉主要用于封闭空间的永久性连接。(　　)

7. 需要重复拆装和承载较大的接头,大都采用螺栓连接。(　　)

8. 销钉多用于耳片接头,对飞机结构零件紧固连接不适用。(　　)

9. 单剪形式的机械连接会产生附加弯曲而造成接头承载能力的减小和连接效率的降低。(　　)

10. 对结构整体油箱区的紧固件可以不采用密封措施。(　　)

三、选择题

1. 大多数的锪铣机以(　　)的转速有效工作。

　　A. 10 000~20 000 r/min　　　　　　B. 20 000~30 000 r/min

　　C. 30 000~40 000 r/min　　　　　　D. 40 000~50 000 r/min

2. 在复合材料加工中,下列哪个不是常用的切割刀具?(　　)

　　A. 旋转锉　　　　B. 曲线锯　　　　C. 铰刀　　　　D. 气动铣

3. (　　)是与复合材料匹配最好的材料,成为在螺栓类、螺母类和抽芯铆钉类紧固件上使用最广泛的材料。

　　A. 钛合金　　　　B. 铝合金　　　　C. 合金钢　　　　D. 不锈钢

4. 对外表面光滑有要求部位应采用（　　）。

A. 实心铆钉　　　　B. 空心铆钉　　　　C. 埋头铆钉　　　　D. 抽芯铆钉

5. 机械连接的破坏模式多样，（　　）是可接受的破坏形式，属于局部破坏，一般不会引起整体结构灾难性破坏。

A. 挤压破坏　　　　B. 拉伸破坏　　　　C. 剪切破坏　　　　D. 劈裂破坏

四、简答题

1. 常见的复合材料制孔工具有哪些？

2. 常见的复合材料切割工具有哪些？

3. 高压水切割与常规切割方法相比，具有哪些优点？

4. 简述激光切割的基本原理。

5. 复合材料结构使用的紧固件的选择原则是什么？

6. 什么是机械连接？

7. 简述螺栓连接的优缺点。

8. 机械连接的破坏模式有哪些？

9. 简述机械连接设计一般原则。

10. 简述铆钉连接工艺过程。

第 5 章　复合材料机械连接工艺

本章导读

　　本章主要介绍了螺接工艺、铆接工艺、特种紧固件连接工艺及先进装配连接技术。螺接工艺介绍了高锁螺栓安装和普通螺栓安装。铆接工艺介绍了钉杆镦粗的实心铆钉铆接工艺和钉杆局部变形的半空心铆钉铆接工艺,实心铆钉的铆接工艺重点介绍了纯钛铆钉铆接工艺、钛-铌实心铆钉的铆接工艺和铝铆钉的铆接工艺,钉杆局部变形的半空心铆钉铆接工艺重点介绍了空尾铆钉的铆接工艺、半管状铆钉的铆接工艺和双金属铆钉的铆接工艺。特种紧固件连接工艺介绍了环槽钉的安装工艺和单面大底脚螺纹抽钉安装工艺。先进装配连接技术介绍了自动钻铆技术、电磁铆接技术、干涉配合铆接技术和孔挤压强化技术。

知识目标

(1) 熟悉高锁螺栓安装特点、工艺、质量要求及工具设备。
(2) 掌握典型实心铆钉和半空心铆钉的铆接工艺方法。
(3) 掌握环槽钉和大底脚螺纹抽钉特点、安装方法和质量要求。
(4) 了解自动钻铆技术、电磁铆接技术、干涉配合铆接技术和孔挤压强化技术。

能力目标

(1) 能正确操作高锁螺栓安装和普通螺栓安装工艺。
(2) 能正确操作实心铆钉铆接工艺和半空心铆钉铆接工艺。
(3) 能正确操作环槽钉的安装工艺和单面大底脚螺纹抽钉安装工艺。
(4) 能选用先进装配连接技术。

素质目标

(1) 具有追赶超越、不断创新、艰苦奋斗的工匠精神。

(2)具有自主学习习惯和敬业爱岗的工作作风。

(3)具有团结协作、善于沟通的职业素养。

5.1 螺接工艺

5.1.1 高锁螺栓安装

1. 安装特点

高锁螺栓是用于复合材料结构连接的一种紧固件。它由高锁螺栓、高锁螺母及垫圈组成。螺栓尾部有一个内六方孔,孔内插入六角扳手后,可以单面进行安装螺母。螺母上有一断颈槽,当拧紧力矩达到预定值,高锁螺母头部的工艺螺母自行断落。我国有自行研制的高锁螺栓,螺栓是钛合金的,螺母是铝合金的,垫圈是纯钛的。高锁螺栓连接的特点:工艺简单、夹紧力高且稳定、自锁性好。

2. 安装工艺

高锁螺栓可以用高锁风扳机安装,也可用手工工具安装。如图 5-1 所示给出了用风扳机安装的工艺过程,如图 5-2 所示给出了各种风扳机的头部形式,如图 5-3 所示给出了用手工工具的安装。

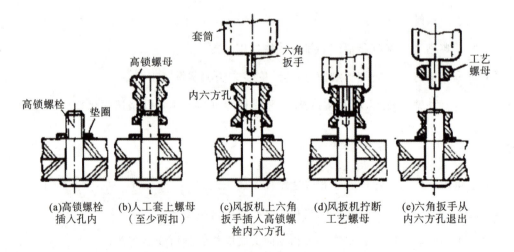

图 5-1 用风扳机安装高锁螺栓

第5章 复合材料机械连接工艺

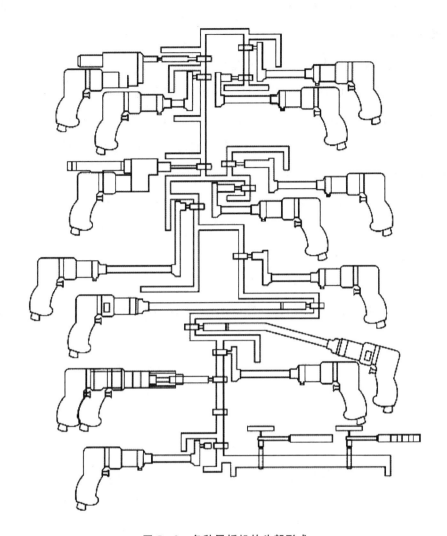

图5-2 各种风扳机的头部形式

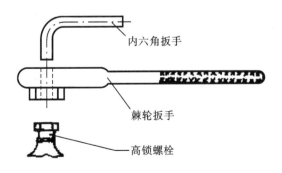

图5-3 手工工具安装高锁螺栓

3. 安装质量要求

(1) 紧固件与孔的配合要求达到 H9/f9、孔与板的垂直度偏差通常在 2°以内。

(2) 复合材料构件表面倾斜度超过 0.5°时，必须使用特制倾斜度的垫圈。

(3) 除非传力件外（如电缆导管夹子、垫板等），螺栓的螺纹部分不允许在孔的挤压部位。为此，必须用夹层厚度尺准确测出夹层厚度，以选择具有合适光杆长度的螺栓。

(4) 钛合金高锁螺栓与合金钢螺栓应分别储存和保管，装配时也不能混用。

(5) 在连接部位，特别在潮湿部位安装高载紧固件，一律采用湿装配。湿装配时，孔内或紧固件应涂密封胶，允许螺纹粘上密封胶，螺母必须在胶的施工期内上紧完毕。紧固件间（如螺栓与螺母）或紧固件与板之间存在较大电位差时，也应采用同样措施。

(6) 沉头螺栓钉头不得下陷，允许钉头凸起 0.1~0.2 mm。

(7) 拧断螺母（如高锁螺母）或螺杆（如螺纹抽钉），螺纹不得在螺母或套环内，至少应露出螺纹 1~2 扣。

(8) 螺母或螺杆拧断后，应对剪断后的表面进行保护，防止腐蚀。

(9) 对凸头螺栓的间隙检验，当按图 5-4 所示将 0.05 mm 的千分垫插入间隙后，以不能触到顶杆为合格。

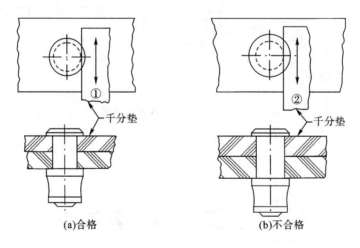

图 5-4 凸头螺栓间隙检查

(10) 对沉头螺栓，当按图 5-5 所示将 0.05 mm 的千分垫插入间隙时，允许在圆周的 40% 内存在间隙，但不应触到头部和杆部的交接处。

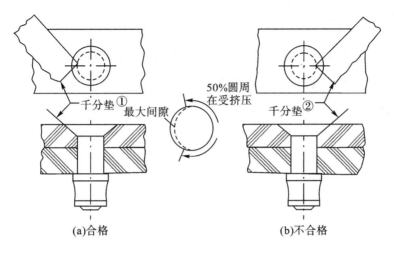

图 5-5　沉头螺栓间隙检查

(11) 螺栓头损坏情况检验,如图 5-6 所示。图中有 4 种损坏情况,不允许在一个钉头上组合出现;若出现如图中的损坏情况,只许每连续 10 个中有一个。

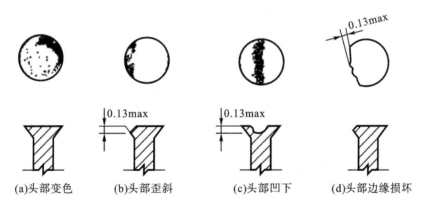

图 5-6　螺栓头损坏情况检验

(12) 高锁螺母安装后,若仍能有轴向移动或用手指能产生旋转,则必须更换。

(13) 若高锁螺母的六方部分没有拧断,则螺母必须更换,不能重复使用。

4. 设备及工具

(1) 高锁风扳机:风扳机转速控制在 200～500 r/min。

(2) 手工安装工具:内六角扳手、棘轮扳手等。

(3) 自动钻铆机:在下铆台上改装有高锁螺母的附件,能实现钻孔、锪窝、放置高锁螺栓和螺母、上紧螺母等的全部自动安装过程。

5.1.2 普通螺栓安装

在复合材料结构内部的连接中,也常用到大量普通螺栓,其安装工艺和所用工具与金属结构相同。只是螺栓材料的选择应考虑电偶腐蚀问题。对碳纤维复合材料结构,最好选用钛螺栓。在普通螺栓安装中,常遇到多钉连接情况,安装时不宜逐一地将单个螺栓拧紧,而应均衡、对称地将所有螺栓分若干次拧紧,直至达到规定的拧紧力矩值。对缝内密封的螺栓,需分两次拧紧,初次拧紧必须在密封剂活性期内完成,重拧必须在初次拧紧后的 20 min 内进行。两次拧紧须在密封材料施工期内完成。

5.2 铆接工艺

由于复合材料(特别是碳纤维复合材料)延伸率小,层间强度低和抗撞击能力差等弱点,一般认为不宜进行铆接连接。但因铆接成本低、重量轻、工艺简单且适于用自动钻铆机进行自动化装配,所以国内外对复合材料结构的铆接工艺研究一直在进行,且在一些承力不大的部位上,国外还应用得比较普遍。我国在研制复合材料构件中,进行了大量铆接工艺研究。研究结果表明:只要选用塑性好的材料并采取一定工艺措施,即使在碳纤维复合材料结构上,铆接连接也能成功得到应用。

按钉杆镦粗情况的不同,可分为钉杆镦粗的铆接和钉杆局部变形的铆接。钉杆镦粗的铆接指实心铆钉的铆接。钉杆局部变形的铆接指空尾铆钉、半管状铆钉及双金属铆钉的铆接。

5.2.1 钉杆镦粗的实心铆钉铆接工艺

碳纤维复合材料的弱点是延伸率低、抗撞击能力差,因此用实心铆钉铆接碳纤维复合材料结构时,既不允许有大的干涉量,也不宜采用锤铆,为减少干涉量,孔径应大于钉径,镦头处应加垫圈,垫圈内径应小于孔径。

实心铆钉用的材料品种很多。国内有 TA1 纯钛铆钉,国外有钛-铌、蒙乃尔等材料制成的各种实心铆钉,其中尤以钛-铌铆钉的应用最普遍。现将几种典型实心铆钉的铆接工艺方法介绍如下。

1. 纯钛铆钉铆接工艺

TA1 纯钛有良好的冷镦工艺性及铆接工艺性且价格便宜,已被成功应用在碳纤维复合材料飞机结构上。几种常用铆钉的孔径、垫圈内径见表 5-1。

表 5-1　孔径及垫圈内径　　　　　　　　　　　　　　　　　　　　　单位:mm

钉径(d)	孔径(D_1)	垫圈内径(D_2)
2.5	2.8~2.9	2.6~2.7
3.0	3.3~3.4	3.1~3.2
3.5	3.8~3.9	3.6~3.7
4.0	4.3~4.4	4.1~4.2

其他铆接参数(图 5-7)应符合:铆钉伸出量 C 为 $1.3d$;镦头直径 B 为 $1.4d\pm0.10$;镦头高度 A 为 $0.6d^{+0.05}_{-0.10}$。

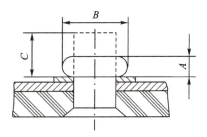

图 5-7　铆后镦头参数

安装质量要求如下:
(1)孔与板面垂直度偏差在 1°以内。钻孔、锪窝后应清除杂物。
(2)与镦头接触的板件若为碳纤维复合材料,必须加厚度大于 1 mm 的钛垫圈。
(3)对碳纤维复合材料结构,必须尽量使用压铆,无法压铆时可用 M51 型铆枪锤铆,不得用大功率铆枪。对凯芙拉纤维及玻璃纤维复合材料结构,可以用压铆,也可用锤铆。
(4)埋头铆钉钉头不得下陷,允许钉头凸起 0.1~0.2 mm。
(5)镦头不得呈喇叭形状,不允许有 45°滑移现象,如图 5-8 所示。
(6)镦头周围不允许有裂纹,如图 5-9 所示;

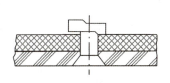

图 5-8　镦头损伤检查

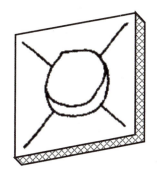

图 5-9　镦头周围板件损伤检查

(7) 镦头直径和高度应符合要求。

2. 钛-铌实心铆钉的铆接工艺

钛-铌(55Ti-45Nb)铆钉剪切强度高、塑性好、与碳纤维复合材料有极好的相容性,是理想的铆钉材料。

钛-铌铆钉制孔按表5-2所给数值进行。

表5-2 制孔孔径值 　　　　　　　　　　　　　　　　　　单位:mm

名义钉径(d)	孔径(D)
2.381	2.489~2.591
3.175	3.277~3.378
3.969	4.039~4.140
4.763	4.851~4.953

其他参数:铆钉伸出量 C 为 $0.8\sim1.5d$;最小镦头直径 B 为 $1.3d$;最小镦头高度 A 为 $0.3d$。铆接质量要求与纯钛铆钉铆接质量要求相同。

3. 铝铆钉的铆接工艺

铝合金铆钉价格便宜、工艺性良好,对玻璃纤维和凯芙拉纤维复合材料结构,采用这种铆钉是合适的。表5-3是使用波音公司BACR15CE铆钉铆接时的制孔孔径及镦头参数值。铆接质量要求与纯钛铆钉铆接质量要求相同。

表5-3 孔径及镦头参数 　　　　　　　　　　　　　　　　　　单位:mm

名义钉径(d)	孔径(D)		镦头参数	
	凯芙拉纤维/环氧预浸带或编织布	凯芙拉纤维/环氧同铝合金,玻璃纤维/环氧同铝合金,玻璃纤维	A	B
2.381	2.489~2.616	2.489~2.616	0.965	3.099
3.175	3.302~3.480	3.251~3.429	1.270	4.115
3.969	4.089~4.293	4.039~4.242	1.270	5.156
4.763	4.877~5.080	4.826~5.029	1.524	6.172
6.350	6.477~6.629	6.477~6.629	2.032	8.255

5.2.2 钉杆局部变形的半空心铆钉铆接工艺

为避免钉杆镦粗而造成基体孔壁损伤,国外研制了仅钉尾产生变形而主杆部分基本不膨胀的半空心铆钉,它既使层板牢固地连接在一起,又不使孔壁损伤,是一类很适合复合材料结构连接的紧固件。

1. 空尾铆钉的铆接工艺

波音公司 BACR15GA 及切雷公司 CSR90433 空尾铆钉用于结构连接的情形如图 5-10 所示。这种钉的钉尾有一空心段,连接结构上、下表面均有 100°的窝,铆接后形成双面埋头的连接结构。

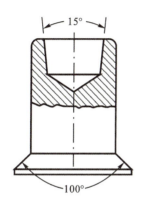 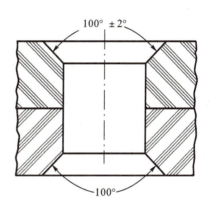

图 5-10 空尾铆钉及被其连接的结构

1)连接特点

(1)适用部位:副翼、舵面、调整片等要求双面埋头的操纵面外部结构,如波音 767、F-18 和 AV8-13 等机型操纵面用的就是这种空尾铆钉。

(2)安装力低:由于铆接时钉的主杆不变形,铆接力只等于铆同样材料实心铆钉的一半。

(3)安装载荷均匀:空尾铆钉需用专门铆接机进行铆接,对结构施加的是均匀分布载荷,具有最小的潜在危险。

(4)铆钉材料为退火的 55Ti-45Nb,其抗剪强度达 345 MPa,承载能力较好。

2)铆接方法

空尾铆钉的铆接是在铆接机上进行的,如图 5-11 所示。铆接时,将铆钉插入孔中,并将成形铆模放在铆接机上,由于钉尾有一空心段,其刚变较低,在仅为实心铆钉一半的安装力作用下,钉尾变形,在 100°的埋头窝内形成镦头。

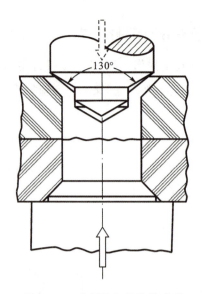

图 5-11 空尾铆钉的铆接成形

由于铆接空尾铆钉只是钉尾变形，钉杆主要部分基本不膨胀，因此钉、孔虽呈间隙配合，但间隙要比实心铆钉的小，制孔及锪窝可按表 5-4 进行。铆接须采用压铆，压铆力见表 5-5 中。这种铆接适于用在两面均有齐平度要求的操纵面结构。

表 5-4 空尾铆钉的孔径及窝径   单位：mm

名义钉径(d)	孔径(D)	窝径
3.969	4.039～4.115	5.766～6.147
4.763	4.826～4.902	7.163～7.544
5.556	5.690～5.766	8.077～8.255

表 5-5 空尾铆钉的压铆力

名义钉径(d)	压铆力/kN(±0.889 kN)
3.969	13.33
4.763	15.55
5.556	17.77

3) 安装质量要求

(1) 钉的喇叭形尾部不得有肉眼可见的开裂。

(2) 喇叭形尾部轴线不得偏离钉轴中心 1 mm 以上。

(3) 空尾铆钉成形时，当两个端面凸出量超过 0.381 mm 时，如图 5-12 所示，须进行铣削，铣削中须做到：①喇叭形尾部不偏离钉轴中心；②四周突出量不超过 0.635 mm；③铆钉不被铣出低于 0.254 mm 的下陷;④在任何部位,不得有多于 25% 的铆钉被铣削。

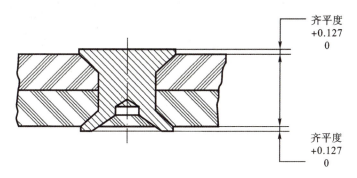

图 5-12　空尾铆钉的安装要求

2. 半管状铆钉的铆接工艺

1) 铆钉特点及安装方法

如图 5-13 所示的蒙乃尔半管状铆钉,在钉尾也有一空心段,但被其连接的结构上下表面均不锪窝。铆接时,在安装载荷及成形模的作用下,形成帽形镦头,能有效地将构件连接在一起,主要用于内部结构。在不同材料上制孔见表 5-6,钉杆伸出量见表 5-7 和图 5-14 的规定。

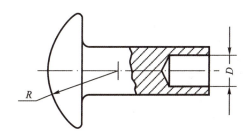

图 5-13　半管状铆钉

表 5-6　半管状铆钉的制孔孔径　　　　　　　　　　单位:mm

名义钉径(d)	孔径(D)		
	碳纤维/环氧预浸带或编织布	凯芙拉纤维/环氧预浸带或编织布	凯芙拉纤维/环氧同铝合金,玻璃纤维/环氧同铝合金,玻璃纤维/环氧
2.261	2.311~2.413	2.362~2.489	2.311~2.413
3.124	3.175~3.277	3.226~3.363	3.175~3.277
3.708	3.759~3.861	3.810~3.937	3.759~3.861
4.775	4.851~4.953	4.877~5.004	4.826~4.953

表 5-7 半管状铆钉伸出量　　　　　　　　　　　　　　　　　　　　单位：mm

名义钉径(d)	伸出量(C)
2.261	1.016~1.778
3.124	1.524~2.288
3.708	2.032~2.794
4.775	2.794~3.556

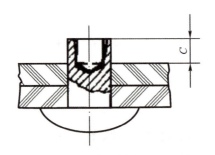

图 5-14 半管状铆钉的伸出量

2)安装质量要求

(1)半管状铆钉的安装,必须使钉尾翻边折向板的底面形成镦头,如图 5-15 所示。

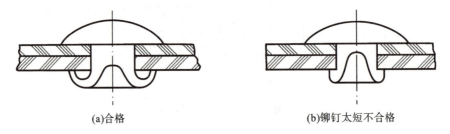

(a)合格　　　　　　　　　　　　(b)铆钉太短不合格

图 5-15 半管状铆钉的安装要求

(2)若铆镦头径向开裂不引起复合材料结构表面损伤,可认为铆接合格,若引起与镦头接触的复合材料板开裂,应认为铆接不合格。

3.双金属铆钉的铆接工艺

1)双金属铆钉特点

(1)与同类剪切紧固件相比,这种紧固件能节重 10%~40%。

(2)特别适于用自动钻铆机进行铆接。

2)铆接方法

双金属铆钉的铆接与一般实心铆钉相似,其制孔孔径、所需铆接力及镦头参数见表 5-8。

表 5-8 双金属铆钉铆接工艺参数

名义钉径(d)/mm	孔径(D)/mm	铆接力/kN	最小镦头参数	
			$A(0.34d)$/mm	$B(1.3d)$/mm
3.969	4.064～4.140	16.44	1.422	5.410
4.763	4.712～4.788	22.10	1.651	6.248
6.350	6.236～6.312	38.20	2.159	7.747
7.938	7.823～7.899	67.52	2.692	10.363
9.525	9.411～9.487	97.72	3.251	12.395

5.3 特种紧固件连接工艺

除上两节讨论的螺接和铆接外,在一些有特殊要求的部位,常用特种紧固件进行连接。特殊要求包括:①结构不开敞,只能从单面安装;②结构表面倾斜度或曲度较大;③结构有密封要求。为了满足这些要求,国内外研制了不少特种紧固件,在复合材料结构上应用较多的主要有两种:环槽钉及单面大底脚螺纹抽钉。

5.3.1 环槽钉的安装工艺

1. 环槽钉的特点

环槽钉结构如图 5-16 所示。它由带环槽的钉杆及钉套组成。按成形方法可分为拉铆型和镦铆型两种。拉铆型钉杆无膨胀、无冲击力,且夹紧力较大,因此其更适于复合材料结构的连接。

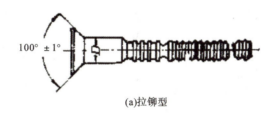

(a)拉铆型

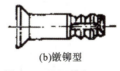

(b)镦铆型

图 5-16 环槽钉

环槽钉连接有如下特点:
(1)强度高,由于安装时钉杆基本不变形,故钉杆可使用 Ti-6Al-4V 之类的高强度材料。
(2)能在 7°以内的斜面及半径大于 50 mm 的曲面上安装。
(3)拉铆成形无冲击力,不会损伤复合材料。

(4) 密封性良好。
(5) 装配后可单面操作,工艺简单。
(6) 夹紧力大且稳定,能显著提高连接结构的抗疲劳能力。
(7) 重量比螺栓轻 20%～30%。

在复合材料结构上应用环槽钉的过程中,进一步发展了一种轻型比例式环槽钉(LGP)系统。它与普通环槽钉的不同点在于,环槽的间距和沟底深度是按比例增大的,如图 5-17 所示,这样更有利于提高钉与钉套之间的轴向强度。此外,还改进了一种专供复合材料用的特种钉套,采取的主要改进措施:钉套材料改用纯钛的;加大钉套的承载面积,改用带凸缘的大底脚。

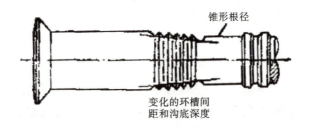

图 5-17 轻型比例式环槽钉

2. 安装方法

环槽钉是靠专用安装工具将钉套的一部分材料挤压到钉杆的环槽内将构件连接在一起的。拉铆型和镦铆型环槽钉的安装过程如图 5-18 和图 5-19 所示。

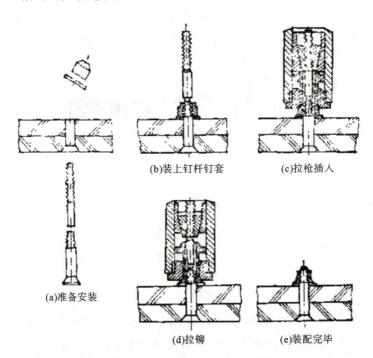

图 5-18 拉铆型环槽钉安装过程

第5章 复合材料机械连接工艺

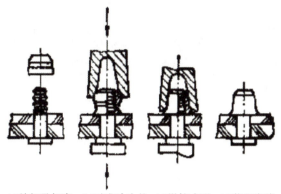

(a) 放钉及钉套　(b) 对准冲头的模腔和顶把　(c) 镦铆成形铆成头　(d) 装配完毕

图 5-19　镦铆型环槽钉安装过程

3. 安装质量要求

环槽钉安装质量要求主要有以下几项：

(1) 制孔尺寸见表 5-9。

表 5-9　环槽钉在复合材料结构上制孔尺寸　　　　　　　　单位：mm

名义钉径(d)	孔径(D)
3.969	4.191～4.242
4.763	4.826～4.902
6.350	6.350～6.428
7.938	7.925～8.001
9.525	9.525～9.601

(2) 安装时，铆模与环槽钉的倾斜角不得超过 3°。

(3) 用铆枪安装带 BACC30BN 钉套的拉铆型环槽钉时，铆模模腔应参照图 5-20 及表 5-10 进行设计。

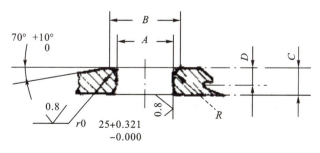

图 5-20　铆模模腔尺寸

表 5-10　铆模模腔尺寸　　　　　　　　　　　　　　　　　单位：mm

名义钉径(d)	A +0.0025 −0.0000	B +0.0075 −0.0000	C +0.0038 −0.0000	D	R
3.969	5.636	6.553	2.616	1.679	3.073
4.763	6.223	7.145	3.048	1.702	3.175
6.350	8.232	9.454	3.988	2.357	4.648
7.938	10.317	11.854	4.953	3.051	6.223
9.525	12.184	14.031	5.918	3.731	7.772

(4) 用压铆机安装带 BACC30BN 钉套的镦铆型环槽钉时，铆模模腔也应参照图 5-20 及表 5-10 进行设计。

(5) 在复合材料结构上，不可撞击环槽钉钉套的铆模。

5.3.2　单面大底脚螺纹抽钉安装工艺

1. 大底脚螺纹抽钉特点

如图 5-21 所示为美国莫诺格拉姆公司生产的大底脚螺纹抽钉。它由螺纹芯杆（简称芯杆）、螺纹钉套（简称钉套）、衬套及衬垫四部分组成。芯杆为 A-286 耐蚀钢，钉套为强度高的 Ti-6Al-4V 钛合金，衬套为塑性好的 304 耐蚀不锈钢，衬套与芯杆间嵌入的衬垫为乙醛。

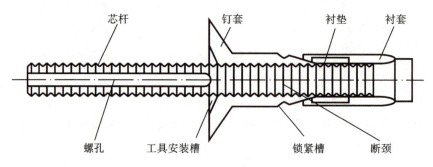

图 5-21　大底脚螺纹抽钉

大底脚螺纹抽钉具有如下特点：

(1) 可以从单面进行安装，适用于结构不开敞的部位。

(2) 大底脚能减小盲面所受的压力，避免复合材料产生损伤。

(3) 锁紧力矩大，可防止由于振动而产生的松动。

(4) 重量轻。

(5) 夹紧力可以控制，能实现无间隙、紧配合安装。

(6)与复合材料相容,无电偶腐蚀问题。

(7)安装方便。

2. 安装方法

安装时,将抽钉从单面插入结构孔内,借助工具拧紧,旋入钉套的芯杆,则衬套及衬垫受到芯杆头和钉套锥面的压力而形成鼓包或翻边(镦头),安装完成后,芯杆从断颈处断开。安装过程如图 5-22 所示。

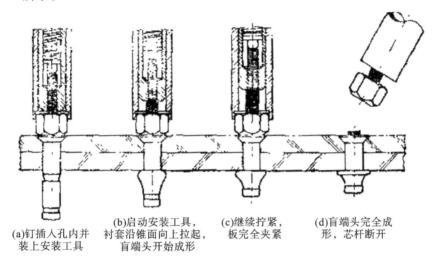

(a)钉插入孔内并装上安装工具　(b)启动安装工具,衬套沿锥面向上拉起,盲端头开始成形　(c)继续拧紧,板完全夹紧　(d)盲端头完全成形,芯杆断开

图 5-22　大底脚螺纹抽钉安装过程

3. 安装质量要求

(1)孔径、窝径、镦头最小直径 J 及最大高度 K 及芯杆拉断后的伸出量 N 应符合图 5-23 及表 5-11 所给数据。

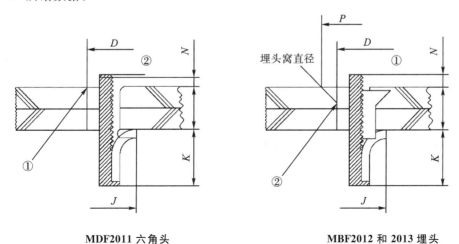

MDF2011 六角头　　　　　　　　MBF2012 和 2013 埋头

图 5-23　制孔及安装尺寸

注:①孔应于结构表面垂直且光洁;②孔端有过渡圆角。

表 5-11　制孔及安装尺寸　　　　　　　　　　　　　　　　　　　单位:mm

名义钉径 (d)	推荐孔径(D)	MBF2012 100° 埋头窝直径(P)	MBF2013 130° 埋头窝直径(P)	镦头最小直径(J)	镦头最大高度(K)	芯杆断开后的伸出量(N)
3.969	4.191～4.267	8.255	8.433	6.350	7.620	0.000～2.616
4.763	5.055～5.131	9.601	9.779	7.620	8.890	
5.556	5.791～5.867	10.389	10.556	8.890	10.160	
6.359	6.604～6.680	12.675	12.878	10.160	11.430	
7.144	7.366～7.442	13.462	13.665	11.430	12.700	
7.938	7.925～8.001	15.900	16.129	12.700	13.970	
8.731	8.738～8.814	16.688	16.916	13.970	15.240	
9.625	9.525～9.601	19.101	19.355	15.240	16.510	

注:六角头钉芯杆断开后的伸出量从蒙皮表面量,埋头紧固件从钉端量。

(2)盲边凸出量应符合图 5-24 及表 5-12 所给数据。

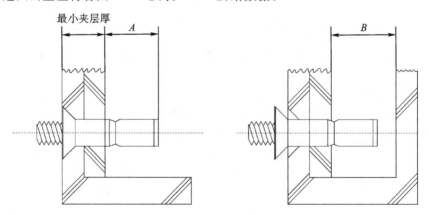

图 5-24　盲边凸出量

表 5-12　盲边凸出量　　　　　　　　　　　　　　　　　　　单位:mm

名义钉径(d)	最小夹层厚度时盲边的伸出量(A)	盲边伸出量(B)
3.969	12.751	9.703
4.763	14.351	11.049
6.350	17.526	13.970

(3)齐平度要求为 0.076 mm。为达到符合气动的齐平度要求,安装后允许对尾杆进行铣削,但不得使复合材料蒙皮受损。

(4) 参考图 5-25 中标准,检查盲端衬套成形是否合格,如不合格应拆除更换。

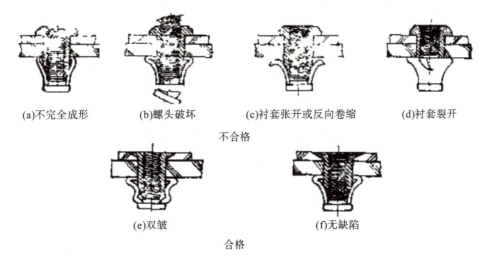

图 5-25 单面紧固件安装要求

单面紧固件,除上面介绍的大底脚螺纹抽钉外,还有诸如拉丝型抽钉等其他一些形式。按钉径大小,国外又将单面紧固件(盲紧固件)分为单面螺栓(盲螺栓)和单面铆钉(盲铆钉)。

5.4 先进装配连接技术

先进的装配连接技术指的是采用先进的机械方法、胶黏剂及热能或压力使工件及部件按要求准确定位并结合在一起的方法。

5.4.1 自动钻铆技术

1. 自动钻铆技术近况

自动钻铆技术起源于 20 世纪 50 年代,经过几十年的发展,已成为能够自动完成定位、制孔、送钉、铆接及检测功能的先进制造技术。国外自动钻铆设备的主要供应商以美国捷姆科(GEMCOR)、EI(Electroimpact)、德国宝捷(BROETJE)、意大利 B&C(BISUACH & CARRU)为代表。随着新支线客机 ARJ21、国产大飞机 C919 等新飞机的研制与生产,以及更广泛的国际合作,国内自动钻铆技术迎来新的发展机遇,浙大、北航、南航、哈工大、西工大等国内各大高校及相关飞机制造商对自动钻铆技术进行了深入研究,并取得了一定的成就。如北航 2011 年将机器人与自动钻铆技术相结合,开发了用于飞机部件自动装配的机器人制孔系统。成飞 2013 年成功研制出塔式五轴数控法向钻铆系统。南航 2014 年采用龙门结构,设计了 POGO 柱托架调姿系统,并在 UMAC 控制器的基础上开发了自动钻铆机的控制系统。上海拓璞数控依靠在五轴数控加工领域的多年经验,与上海交通大学合作,于 2015 年成功研制出中央翼自动钻铆设备,如图 5-26 所示,该设备集法向测量与调整、自动涂胶、多规格自动送钉、力/位伺服压铆等功能于一体,能够实现对中央翼上壁板处无头铆钉的伺服压铆,其最大压铆力能够达到 10 t,自动钻铆循环效率达每颗 8 秒。

图 5-26　上海拓璞数控中央翼自动钻铆设备

2. 自动钻铆技术工艺

钻铆技术经历了手动、半自动、自动的发展历程,现已发展成为自动钻铆系统。自动钻铆系统由定位、测量、控制、送料、末端执行器等相应装置组成,可以完成钻孔、锪窝、涂胶、送钉、铆接、松开等工序,或独立完成上述操作的一种或几种操作的组合,不同的自动钻铆系统还可以完成普通铆钉、干涉配合铆钉及高锁螺栓等连接件的自动安装,其工艺流程如图 5-27 所示。

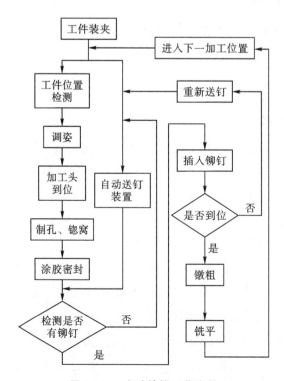

图 5-27　自动钻铆工艺流程

以机翼壁板类部件为例,利用自动钻铆系统进行铆钉装配连接,在上钉装置导引下借助定位系统将装夹在数控托架上的壁板部件进行铆钉安装,并利用检测技术检测铆钉是否安装到位,若安装到位则继续完成铆接工作并自动进入下一铆接工位;否则重新送钉,并重复上述工序。由此看来,自动钻铆技术是集工艺装备、定位技术、控制技术、实时在线检测技术为一体的先进数字化装配连接技术,可以提高装配连接质量,其定位精度可达到±0.025 mm,铆接后结构寿命可以提高 6~7 倍。

3. 自动钻铆关键技术

自动钻铆关键技术包括柔性工艺与装备技术、托架系统变形分析与误差补偿技术和末端执行器设计技术、自动钻铆仿真技术。

1) 柔性工艺与装备技术

传统装配模式下,飞机装配具有工装数量多、占地面积大、生产周期长、经济性差等特点,在现代飞机数字化装配的要求下,传统工装设备必须向柔性化方向发展。柔性工装是指在飞机装配中采用的一种基于产品数字量尺寸协调体系的模块化的、可自动调整重构的装配工装,其可以降低工装制造成本、缩短工装准备周期。在自动钻铆系统中通过集成数控系统、传感检测设备及控制测量软件等数字化的柔性工装,形成自动化的装配单元,是飞机数字化装配模式的一个鲜明特征。

目前自动钻铆系统柔性工装主要有两种:一种是与专用的柔性工装设备结合,比如机翼壁板自动化铆接装配行列式柔性工装,该工装设备开敞性好,通过数控系统调控可以实现大型飞机机翼壁板和翼梁自动化铆接装配;另一种是提高自动钻铆系统本身装备柔性,如为应对波音商用飞机机身段单侧表面超过 1200 个大孔径复合材料铆接装配孔而设计的轻量级可移动拆装的自动钻铆一次装配系统(图 5-28),该装配系统可一次性完成多种机身段表面孔的铆接装配,保证装配质量。在发展上述自动钻铆系统柔性工装的同时,柔性工装正向着低成本化方向发展,比如机器人自动钻铆系统通过减少甚至消除工装专用设备达到工装无型架装配,大大降低了装配成本。

图 5-28 自动钻铆一次装配系统

2)托架系统变形分析与误差补偿技术

托架系统作为自动钻铆机的重要组成部分,担负着飞机壁板的支撑、夹紧、移动、定位等作用,基本结构如图 5-29 所示。在进行部件连接时,由于自身及工件重力作用,自动钻铆机上的数控托架会发生变形,造成加工点位置偏差,影响铆接质量,必须对托架变形误差进行修正补偿。针对托架系统的结构变形与补偿,需要从结构变形量建模、计算,以及控制与补偿三方面进行突破。

图 5-29 托架系统结构形式

自动钻铆托架变形分析与误差补偿主要基于 CATIA V5 平台的二次开发功能,根据变形数据进行变形补偿工艺编制、加工编程和数控铆接,其流程如图 5-30 所示。针对实际工程的需要,对变形主要因素、次要因素进行分析(由于托架垂直方向变形影响最大,可作为变形影响主要因素),建立起可应用于工程所需要的变形模型,利用多次调平、迭代优化的思想建立起托架变形补偿算法,为自动钻铆调平提供有效的数据支持,最后对变形补偿数据进行处理,建立自动铆接数据库,实现数据的自动统计、分析、优化,从而提高铆接质量和加工效率。托架系统变形分析与误差补偿技术的技术难点在于空间多自由度不同姿态下的误差补偿,针对这一技术难点,可以通过力学分析,利用空间坐标转换关系搭建关于托架系统变形的计算模型,采用多次调平与迭代优化的思想建立面向空间柔性多姿态的托架变形补偿算法,为托架变形误差补偿提供数据支持。

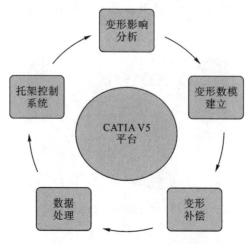

图 5-30 变形补偿数据处理流程

3) 末端执行器设计技术

自动钻铆工艺过程中需要完成孔位检测、铆接、换刀等工序,而末端执行器要将完成上述工序的众多功能模块集中在一起,必须具备法向检测、压紧、自动换刀、调速及支撑保护等功能,使得末端执行器设计技术成为自动钻铆系统的核心技术之一。

末端执行器设计技术集检测技术、定位技术、控制技术为一体,在设计过程中必须采用模块化设计理念、合理的结构设计与优化等设计方法,保证承受高顶锻力、高速线性头转换及精度要求,比如美国捷姆科(GEMCOR)公司设计的自动钻铆系统末端执行器,如图5-31所示,可承受18 200 kg的顶锻力,采用的高速线性电动马达切换头可实现每分钟19个紧固件转换,保证了自动钻铆系统的柔性化。

图 5-31 GEMCOR 自动钻铆系统末端执行器

目前,末端执行器设计技术难点在于针对特殊铆接装配位置的末端执行器设计,如小曲率半径高度弯曲表面上紧密孔铆接装配末端执行器设计,这种特殊加工位置要求执行器必须准确检测出孔位信息并精确定位,对控制测量技术提出了更高要求。针对这类问题,美国 EI 公司在机器人自动钻铆末端执行器设计上进行了初步探究,针对曲率半径35 mm、孔间圆心夹角0.8°的装配位置表面,设计了4点协同检测定位末端执行器,其典型结构如图5-32所示。采用先进的视觉同步技术进行孔位信息实时在线测量,通过离线编程实时调整4点定位装置,在保证装配效率的同时实现了孔位高精度定位夹紧。

图 5-32 EI4 点协同检测定位末端执行器

4）自动钻铆仿真技术

由于自动钻铆机运动机构复杂，加工中易发生干涉和碰撞，编程员难以预先发现，需反复调试程序，这就大大降低了设备利用率；此外，托架工作中的变形导致产生误差补偿问题。仿真技术在自动钻铆中的应用可以有效模拟真实环境，减少试验次数，优化装配工艺，保证产品质量，推动飞机数字化装配技术的发展。自动钻铆仿真技术主要依托CAD/CAM及优化软件进行仿真分析，主要包括：

(1) 自动钻铆系统设计、制造过程中的仿真计算。自动钻铆系统在装配飞机壁板类部件时需要满足一定的强度和刚度要求，所以在自动钻铆系统设计和制造过程中需要对自动钻铆机、数控托架进行力学性能仿真分析，进而对结构尺寸与布局进行优化。

(2) 自动钻铆系统变形、几何运动、工艺参数优化仿真。自动钻铆系统结构尺寸大，虽然在系统设计时已经进行了强度、刚度分析，但是由于自重及工件重力等因素难免会产生变形，所以需要对变形状况进行仿真分析，在进行数控编程时将变形因素考虑在内，从而提高装配精度。此外，由于铆接工作量巨大，在连续自动铆接作业过程中，铆接系统各运动机构之间、系统与部件之间难免会产生干涉，因此，通过对几何运动过程进行仿真分析，可以检测干涉现象，同时也能检验铆接路径的效率。如图5-33所示为南京航空航天大学研制的数控托架仿真系统，可以对几何运动过程中可能出现的干涉现象进行仿真分析。

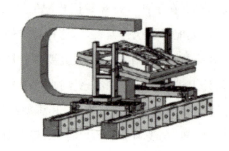

图5-33 南航研制的数控托架仿真系统

5.4.2 电磁铆接技术

1. 电磁铆接原理

电磁铆接技术是基于传统铆接和电磁成形工艺发展起来的一种装配工艺，该装配工艺的原理如图5-34所示。电磁成形设备对电容器组充电储能，能量充到预定值后，闭合放电开关通过置于铆接工装中的平板线圈进行释能放电。在放电的瞬间，储能电容、放电线圈及系统内阻构成的振荡电路中产生交变电流，使得线圈周围产生交变磁场。与线圈贴合的铜质驱动片在交变磁场作用下表层会感生出交变涡流,进而产生感生涡流磁场。方向相反的线圈磁场与涡流磁场产生的斥力将推动冲头冲击压缩铆钉变形形成钉头锁紧被连接板材。

与常规铆接工艺相比,电磁铆接过程加载速度快、冲击力大,有利于高强度难变形材质铆钉成形。其应力波传递干涉配合充分、均匀,可减少板材孔壁冲击损失。铆接过程中的参数便于控制而且铆接工艺精确稳定。

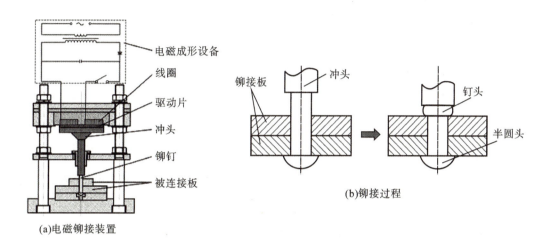

图 5-34 电磁铆接原理

2. 复合材料电磁铆接研究现状

电磁铆接技术是解决复合材料连接问题的有效方法,国内外各研究机构对复合材料铆接进行了大量研究。国外复合材料电磁铆接逐步实现了自动化、柔性化、智能化。国外航空企业针对复合材料的特点专门研制了大型高精尖的自动化设备用于复合材料结构装配,并在复合材料结构中广泛采用该技术。

我国在复合材料铆接方面已初步实现规范化,但是与国外相比还有一定的距离,机械化、自动化、智能化程度有待进一步提高。

由于电磁铆接过程涉及电学、磁学、塑性力学和材料学等多学科的知识,成形过程涉及的参数众多,同时各参数又相互影响,所以其理论研究较大。同时复合材料易于分层、各向异性,在铆接过程中复合材料各层的受力和变形差异较大,大大增加理论研究的难度。随着计算机仿真技术的发展,研究人员将数值模拟方法应用于电磁铆接复合材料的理论研究,希望借助这一强有力的工具能有所突破。

3. 电磁铆接在复合材料中的应用及优点

1) 实现低损伤、高质量的铆接

复合材料结构件对连接强度、产品性能等的要求越来越高,传统的铆接方式不能满足产品的高连接强度等要求。据统计,复合材料产品因连接处的问题而导致结构破坏的比例高达60%~80%,因此复合材料连接处质量的优劣是决定产品结构性能的关键因素之一。

在复合材料连接时,必须避免锤铆等有强烈冲击的铆接方式,而复合材料拉铆的铆接方式有时也不能满足产品的强度要求。电磁铆接可以零距离瞬间加载,一次使铆钉变形完成铆接作业,铆钉钉杆膨胀量(干涉量)比较均匀,可以实现高质量干涉铆接,满足产品的连接强度要求。采用电磁铆接可以将现有的紧固件直接应用到产品铆接过程中,连接质量完全满足复合材料的各项性能,无须采用昂贵的专用紧固件。

2) 提高大直径、难成形材料铆接质量的稳定性

结构复合材料产品性能的不断提高导致新型紧固件不断出现。对于大直径、难成形材料、屈强比高、应变率敏感的铆钉,普通的铆接方式有铆接成形困难,铆钉杆会产生微裂纹影响连接质量,或铆钉杆受冲击严重导致断裂的问题。电磁铆接是解决钛合金/复合材料夹层结构、复合材料/复合材料夹层等结构连接中大直径铆钉、应变率敏感等难成形材料铆钉铆接的有效方法之一。

3) 铆接过程工艺参数化

普通铆接如锤铆、压铆或拉铆等,一般是根据工人的经验来保证铆接质量。特别对复合材料来说,铆接时注意事项较多,对工人的技术水平要求更高。而电磁铆接操作时,可以通过调整或优化各种参数,如优化选择设备中的系统电压、电容等参数,此外还可以对成形线圈、驱动片、应力波放大器、铆模和铆钉的最佳尺寸(如垫圈几何构形、钉孔间隙、钉杆外伸量等)进行选择和优化,实现复合材料产品高质量铆接,而对工人的操作水平没有太大限制。

4) 铆接装配效率高

电磁铆接产生的应力波直接传递至紧固件,造成的损伤远低于锤铆等其他铆接方式,因此铆接效率和质量都能得以保证。传统的铆接方式一般都需要人工锤铆,或者用压铆设备压铆,费时费力,特别对大尺寸铆钉的铆接更是如此。大干涉量的铆接工艺较为复杂,铆接作业周期较长,影响产品的整个制造周期。电磁铆接产生的应力波经放大后加载至铆钉端,铆钉材料变形只需在毫秒级时间内就能完成,进而完成铆接,提高了产品的铆接装配效率。

5) 低噪声、高安全性

目前在航天复合材料产品装配过程中大量采用气动铆枪或锤铆等方式进行手工铆接,产生大量的噪声和震动,铆接噪声高达140 dB以上。电磁铆接可以实现制造过程低噪声,较大程度上改善了工作环境。电磁铆接设备操控电路中有自动泄放保护功能,可以保护操作者生产时的人身安全,同时电磁铆接有振动小、后坐力小等优点,避免了传统气动铆接、锤铆等方式对人体造成的伤害。

4. 电磁铆接设备

低电压设备体积小、安全性好、放电加载频率低、噪声小,十分适合复合材料的铆接。低电压电磁铆接设备主要分为手持式和大型工程化电磁铆接系统。当前美国 Electroimpact(EI)公司、美国捷姆科公司等是世界上主要的电磁铆接设备提供商。

1)手持式电磁铆接设备

Electroimpact 公司研制的手持式电磁铆接设备如图 5-35 所示。HH503 专门设置了震动阻尼装置,振动小、后坐力小,操作方便。该设备不仅能够实现多种类铆钉成形时所需的输出峰值要求,而且通过优化输出力-后坐力的关系,并利用回弹力吸收系统,使操作者所感受到的铆枪的后坐力足够小,可铆接最大直径约为 10 mm 的铆钉。

(a)HH503电磁铆枪

(b)HH54电磁铆枪及其控制箱

(c)HH553电磁铆枪铆接过程

图 5-35 Electroimpact 公司研制的手持式电磁铆接设备

如图 5-36 所示为西北工业大学研制的低电压双枪电磁铆接设备,其性能和美国 EI 公司 HH54 低电压电磁铆接设备相当,该设备可以在车间内移动工作,工作电压在 850 V 以下,单个铆枪重量为 4.5 kg,一次成型可铆接直径为 6 mm 的铝铆钉或 4 mm 的钛铆钉。北京航空制造工程研究所前期在引进俄罗斯电磁铆接设备的基础上,自主开发了型号为 BEI100 的低电压电磁铆接设备并提供给了成飞公司用于铆接装配工序,该设备可用于飞机机身、机翼等的铆接装配,如图5-37 所示。

 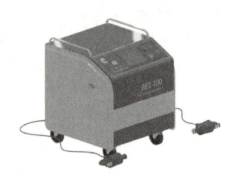

图 5-36　西北工业大学研制的低电压双枪电磁铆接设备　　图 5-37　北京航空制造工程研究所开发的低电压电磁铆接设备

2）电磁铆接和自动化技术融合的大型工程化自动装配系统

国外许多大型飞机部件的装配，如波音 747、777、787，空中客车 A320、A340、A380 等型号飞机机身机翼壁板、翼梁，以及大型运载火箭筒体部件上都采用了低电压电磁铆接设备。Electroimpact 公司研制的 E3000、E4000、E5000、E6000、E7000 等系列自动铆接设备已经为波音、空客等军机和民机机身机翼壁板、翼梁、舱段等复合材料部件的连接装配提供了电磁铆接单元或模块。如图 5-38 所示为 EI 提供给空客 A380 机翼翼板的大型自动装配设备，该设备配备电磁铆接装置，可以实现机翼壁板的自动钻孔和铆接。为满足具有大量复合材料结构的波音 787 客机的装配需求，EI 公司在其自动化装配系统末端执行器中嵌入了电磁铆接模块，使复合材料机身段上的镦铆型钛环槽铆钉实现了自动安装。在空客 A340-500/600 等型号飞机机翼壁板的装配工序中，EI 公司提供了嵌入了电磁铆接模块的 E4000 系列自动装配系统，可铆接直径为 12.5mm 的大直径铆钉，并可实现环槽铆钉等多种类型紧固件的电磁铆接。如图 5-39 所示为 EI 公司为西飞公司和土耳其航空航天提供的 E7000 系列机身铆接系统。

图 5-38　空客 A380 机翼翼板电磁铆接系统

图 5-39　EI 公司为西飞公司和土耳其航空航天提供的 E7000 系列机身铆接系统

5.4.3　干涉配合铆接技术

干涉配合铆接技术能够在一定程度上提高金属连接件的寿命,在金属件连接中已得到证实。复合材料由于层间强度低,将干涉配合铆接技术应用于复合材料结构件的连接,并保证复合材料连接不产生各种缺陷,一直是研究人员努力的方向。

铆钉的变形主要集中于镦头和钉杆,而钉杆的变形又受镦头变形的影响,钉杆方向变形的不均匀使得产生的干涉量分布不均匀。为测量变形后铆钉钉杆的干涉量,通常采用 3 点测量法,然后取平均值,测量点位置,如图 5-40 所示。A 点为靠近镦头位置,B 点为连接板接触位置,C 点为靠近钉头位置。为便于比较,干涉量的值一般用相对干涉量来表示,即变形后铆钉杆的直径与初始孔径的差值与初始孔径值比值的百分比,其公式为相对干涉量$=(D-d)/d\times 100\%$。其中,D 为变形后铆钉杆的直径;d 为初始孔径。

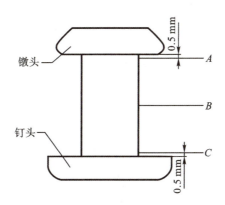

图 5-40　测量点位置

《航空制造工程手册》对不同铆钉铆接时的相对干涉量做了一些规定:普通铆钉干涉配合铆接时相对干涉量为 $0.8\%\sim5\%$;无头铆钉干涉配合铆接时相对干涉量为 $1.5\%\sim3\%$;冠头铆钉干涉配合铆接时的相对干涉量为 $0.6\%\sim6\%$。然而对于铆接过程需采用特殊垫片的复合材料铆接的干涉量该手册没有做出相关规定。干涉量是干涉配合连接中最重要的工艺参数之一,干涉量的大小直接影响连接件的强度及疲劳寿命。干涉量过大将对复合材料产生损伤,过小将起不到强化及增加疲劳寿命的效果。为达到最佳的连接效果,则必然存在一个最佳干涉量。最佳干涉量是指疲劳寿命增益最大的干涉量。干涉配合连接技术最关键的问题是如何控制相关的工艺参数以获得最佳干涉量。如图 5-41 所示为电磁铆接和普通锤铆后的试件剖面图。采用传统铆接方法锤铆时,成形的铆钉呈锥形,钉杆膨胀很不均匀,沿钉杆方向干涉量差别较大。采用电磁铆接时,铆钉钉杆膨胀均匀,沿钉杆方向干涉量分布均匀。如图 5-42 所示为电磁铆接和压铆的干涉量分布。由图可知,电磁铆接产生的干涉量较为均匀,干涉量基本在 2% 以下,而压铆形成的干涉量分布很不均匀。因此,电磁铆接是实现复合材料干涉配合铆接的有效方法。

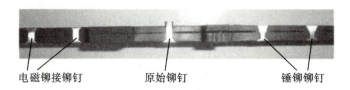

图 5-41 铆接试件剖面图

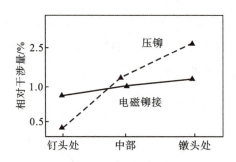

图 5-42 电磁铆接和压铆的干涉量

5.4.4 孔挤压强化技术

孔挤压作为目前国际上应用最为广泛的连接孔强化手段,在工艺控制良好的情况下,可将紧固孔疲劳寿命提高 3 倍以上,其原理是将一个直径大于孔径、硬度高于连接孔材料的芯棒或圆球挤过连接孔,迫使孔壁材料发生弹塑性变形,在孔壁引入大深度高幅值可控残余压应力层,改善孔结构在外载荷作用下的孔边局部应力分布状态,大幅提高连接孔的疲劳强度、抗应力腐蚀和抗腐蚀疲劳性能,具有不改变材料、不改变结构设计、不增加飞机重量、成本低、强化效果明显、应用孔径范围广等优势,完全满足当前飞机设计和制造理念,已被广泛应用于机翼和机身之间连接孔、机翼下表面螺栓孔等飞机关键承力构件连接孔的强化。

第 5 章　复合材料机械连接工艺

1. 孔挤压技术发展现状

1）直接芯棒挤压

20 世纪 50 年代，道格拉斯航空公司首先发明用芯棒直接挤压连接孔的强化技术（简称"直接芯棒挤压"，如图 5-43 所示），在孔壁引入残余压应力，提高连接孔的疲劳强度。为减小孔壁与芯棒之间摩擦力，该技术需预先在芯棒表面涂抹润滑油，即便如此，挤压时轴向摩擦力仍然较大，足以使材料向挤出端流动，并最终在挤出端形成后期需要用砂纸打磨消除的材料堆积；直接接触挤压还容易轴向划伤孔壁，形成潜在裂纹源，故挤压后还需铰孔消除划伤。由于直接芯棒挤压操作工艺简单，其在制造和维修中应用比较普遍，特别是低挤压量挤压强化，该技术难以实现高挤压量挤压强化处理。

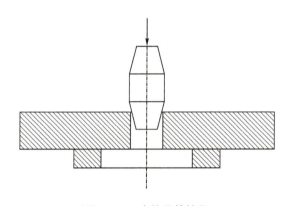

图 5-43　直接芯棒挤压

2）开缝衬套挤压

为克服直接芯棒挤压不足，20 世纪 70 年代波音公司开发了开缝衬套挤压技术。该技术是在孔壁和芯棒间预置一个沿轴向有开缝的衬套，如图 5-44 所示，当芯棒挤过衬套时，衬套发生弹性变形并沿周向张开，挤压孔壁材料发生弹塑性变形。由于芯棒与孔壁不直接接触摩擦，可有效抑制材料向挤出端流动和避免孔壁轴向划伤，并保证了孔壁材料的径向扩张，以实现高挤压量强化，极大提高孔挤压强化效果。开缝衬套挤压时芯棒直径比连接孔初始直径要小，这使得孔挤压工艺可实现单边操作，降低空间结构对孔挤压的应用限制，在实际生产中用起来更加方便简捷。但是，开缝衬套挤压后会在孔壁遗留一条轴向凸脊，如图 5-45 所示，凸脊根部容易产生微裂纹，可能还存在残余拉应力，这对强化不利，需要后期铰削消除。另外，衬套是一次性消耗品，其制作难度大，造成该技术应用成本稍高，虽然该技术目前在航空业应用非常广泛，但确实存在以上缺点。

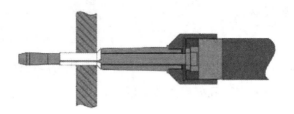

图 5-44 开缝衬套挤压

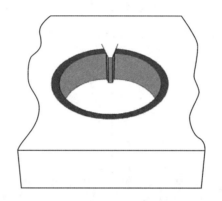

图 5-45 开缝衬套挤压遗留的凸脊

3) 球挤压

球挤压是采用直径略大的钢球挤过预润滑连接孔,如图 5-46 所示,r 为球半径。球挤压时,钢球和孔壁接触面是一条极窄的圆环,接触区域很小,因此,球挤压相对于芯棒挤压,其摩擦力更小,适用于高强度合金钢小直径大深度连接孔抗疲劳强化。但是,球挤压实施不当,会在挤入端引入残余拉应力,影响强化效果。为解决该问题,发展了正反双球挤压,正反双球挤压是指先用一个直径较大钢球挤过连接孔,再用一个直径更大的钢球从相反的方向(与第 1 次挤压方向相反)再次挤过该孔,从而达到预期强化效果,该技术能在孔壁引入大深度残余压应力,还能降低终铰孔的不良影响。

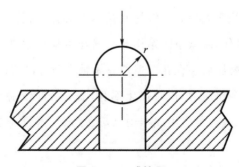

图 5-46 球挤压

4) 套管挤压

套管挤压(也称不开缝衬套挤压)与开缝衬套挤压类似,是用不开缝套管代替了开缝衬套,且挤压后套管以干涉配合形式置于孔内。该技术可实现高挤压量强化,同时还可补偿孔径尺寸。但是套管加工精度高,难以形成标准件,挤压后留在连接孔内的套管在交变载荷作用下易松动,会削弱承载能力。作为套管挤压技术的延伸,还发展了台阶式套管用于多层异材叠层结构连接孔挤压强化,台阶式套管沿轴向制有台阶,如图 5-47 所示,阶差约有 0.20~0.25 mm,台阶长度按叠层工件厚度制作。台阶式套管可实现叠层结构不同夹层材料的不同挤压量强化,一般最软层材料挤压量最大,中硬层次之,最硬层最小,挤压后衬套留在孔内不可卸。

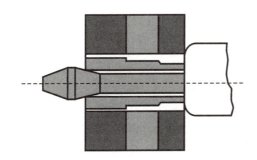

图 5-47 台阶套筒挤压

2. 孔挤压工艺影响因素

工程可操作性和疲劳增益效果是决定孔挤压技术工程应用的两个决定性因素,因此,研究孔挤压技术,必须关注各种因素对这两个问题的影响。

1) 挤压量

假设挤压芯棒工作段直径为 D_1,孔初始直径为 D_2,衬套厚度为 t,则对于直接芯棒挤压和球挤压工艺来讲,其绝对挤压量 E_1 和相对挤压量 E_2 分别为 D_1-D_2 和 $(D_1-D_2)/D_2$,对于开缝衬套挤压工艺则分别为 D_1+2t-D_2 和 $(D_1+2t-D_2)/D_2$。挤压量是孔挤压技术关键参数。挤压量小则引入残余压应力小,强化效果有限;挤压量大则需要较大外力才能使芯棒或钢球挤过,工程上不易实现,而且过大挤压量还会造成高强度材料孔壁产生挤压微裂纹,损伤孔壁表面完整性,影响强化效果。合理的挤压量要根据连接孔实际增寿需求和具体结构,通过试验优化研究确定,其主要受孔材料、孔径、孔深、孔边缘裕度、孔间距等因素影响。

2) 孔深径比

孔深径比是指终孔直径与孔深度的比值。孔深径比越大,孔挤压强化实施难度越大。通常要求待挤压强化孔深径比不大于 5。孔径和孔深两个参量还会独立地影响孔挤压工艺。例如,孔材料和孔深相同时,随孔径变化,其最佳挤压量也会变化;孔材料和孔径相同时,随孔深增大,其最佳挤压量需适当减小。孔深较小(即构件较薄)时,挤压会导致孔结构宏观弯曲变形,影响强化效果,所以对于挤压薄壁或者孔深小于孔径的连接孔,须在挤出端预置一个一定厚度的铝合金支撑垫板,以提高孔构件刚度。

3)孔结构材料

孔挤压强化适用于铝合金、合金钢、钛合金、镍合金等多数金属材料,任何应变硬化材料在挤压处理后都能产生残余压应力场使疲劳寿命得到提高。从孔挤压抗疲劳强化机理研究结论可知,残余应力和微观结构均起强化作用,其中残余应力作用占主导地位。材料对挤压工艺的影响,实际上是材料弹性模量、硬化效果及材料本身微观结构对挤压强化后的弹塑性变量和微观结构变化情况的影响。

4)挤压芯棒几何结构

挤压芯棒由前锥、工作段、后锥等结构组成,如图5-48所示。后锥、前锥角度设计很有讲究,后锥角度合适可提供最优拉拔力便于实施,而角度太小会产生楔子效应,造成芯棒在孔中卡死。挤压芯棒几何结构还会影响残余应力场分布特征。

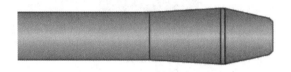

图5-48 挤压芯棒结构

5)孔初始几何结构

初孔几何结构会影响孔挤压残余应力场特征,初孔在预制倒角后进行孔挤压,可获得更好的疲劳增益。但是,对预制倒角的尺寸、角度等参数有很细致的要求。

6)挤压速度

挤压速度V指挤压芯棒挤过连接孔的速度。从工程角度来讲,衬套挤压强化时,挤压速度慢会造成衬套褶皱、卡棒、断棒,导致挤压失败;直接芯棒挤压时,挤压速度慢会造成挤出端材料堆积和孔壁材料回弹量增大。由此可见,挤压速度对孔挤压实施、强化效果均有影响,原则上讲,挤压速度以快为好。

7)孔边缘裕度

孔边缘裕度是孔圆心到孔构件边缘的最小距离e与孔终径D的比值。孔挤压残余应力场是自平衡应力场,因此,若孔边缘裕度不够,会导致挤压后自平衡残余拉应力出现在孔构件边缘,促进应力腐蚀开裂(SCC),甚至在孔边缘产生鼓包。为获得预期疲劳增益,FTI公司要求开展低挤压量和高挤压量孔挤压时,孔边缘裕度要分别大于1.5和2;波音公司规定在飞机制造和维修中,对于服役中疲劳严重的关键孔,边缘裕度要大于2.5,但是,如果孔挤压后对构件边缘进行喷丸强化,边缘裕度大于1.5也可以接受。

8) 铰削

直接芯棒挤压后要铰孔去除孔壁划伤,开缝衬套挤压后要铰孔去除凸脊,挤压后孔呈腰鼓状,需铰孔保证圆度、确保装配精度。铰孔去除孔壁表层材料势必造成孔壁材料约束状态发生变化,导致孔挤压残余应力场释放和重构。因此,工程上需要针对具体情况做具体的铰孔影响试验研究,避免铰孔不当,达不到预期孔挤压增益效果。

课后拓展

电子束"毛化"技术是近年来发展的一种新型表面加工技术,由于其高效、高精度、表面形貌可定制的加工特点,使其在复合材料制造领域中有着潜在的应用价值。

电子束"毛化"技术借助于电磁场对电子束进行复杂扫描控制而在金属材料表面产生特殊的成型效果,其是在复杂磁场控制下电子束使金属快速熔化、流动、堆积和凝固的复杂冶金过程。该技术是一种基于电子束"毛化"的连接金属和复合材料的新技术,这种连接技术先是利用电子束"毛化"技术将金属件进行表面处理,"毛化"成所需要的表面形貌。然后在毛化后的金属结构上铺放复合材料预浸带,将金属件预埋在复材件中,一起加温加压固化成型。

金属表面的"毛刺"嵌入复合材料中,使"毛刺"与复合材料尤其是与纤维之间相互作用,可以增强金属与复合材料之间的界面强度,进而提高金属与复合材料连接部位的承载能力。

毛化连接结构的静强度受毛刺形状、毛刺大小、毛刺方向、毛刺密度、毛刺排列形式、复材铺层、金属件连接区形状等多方面因素的影响,好的毛化连接结构设计是需要经过大量试验和计算分析摸索的。毛化连接静强度虽然很好,但是其疲劳强度还有待进一步验证,每一根毛刺都是一个疲劳源,同时,毛刺会刺穿预浸料,使纤维拐折或断裂。毛化连接结构长期服役过程中的疲劳问题就不得不考虑。

在当前航空、航天、船舶、汽车、机械设计制造中,复合材料构件不可避免地要与金属相连接,这就给复合材料构件的使用和安装带来大量的连接技术问题,连接件又往往是整体结构的薄弱环节。复合材料结构件中有一半以上的破坏位置都发生在连接部位。

传统的复合材料-金属连接方式有螺栓连接、胶接、螺栓与胶接混合连接等。通常层板螺栓连接时,螺栓孔必然使纤维折断,孔边存在明显应力集中,强度受到削弱,需要在螺栓连接处加宽加厚,付出重量代价;而胶接疲劳耐久性不好,且缺乏高温胶膜,一旦胶接界面剥离,结构承载能力急剧下降,目前航空中用于次承力部件较多。

鉴于传统螺栓连接及胶接的一些不可避免的弱点,电子束毛化连接技术或许可以成为一种不错的连接方式。这种连接方式比传统的同尺寸螺栓连接及胶接接头能承受更高的载荷,断裂前吸收的能量也远高于后者,在复合材料结构承载和减重方面具有显著优势,有着潜在的应用前景。但考虑到疲劳耐久性问题,在航空领域重复性使用产品中使用时,应对其疲劳性能进行验证。

习题

一、填空题

1. 高锁螺栓可以用_____安装,也可用_____安装。
2. 高锁螺栓连接的特点是_____、夹紧力高且稳定、_____。
3. 按钉杆镦粗情况的不同,铆接可分为_____的铆接和_____的铆接。
4. 空尾铆钉的铆接是在_____上进行。
5. 在复合材料结构上应用较多的特种紧固件主要有_____和_____两种。
6. 环槽钉按成形方法分,有_____和_____两种。
7. 自动钻铆系统由_____、_____、控制、送料、末端执行器等相应装置组成。
8. 电磁铆接技术是基于_____和_____发展起来的一种装配工艺。
9. 低电压电磁铆接设备主要分为_____和_____电磁铆接系统。
10. 与常规铆接工艺相比,电磁铆接过程_____、_____,有利于高强度难变形材质铆钉成形。

二、判断题

1. 钛合金高锁螺栓与合金钢螺栓装配时可以混用。(   )
2. 对碳纤维复合材料结构,最好选用钛螺栓。(   )
3. 在普通螺栓安装中,常遇到多钉连接情况,安装时可以逐一地将单个螺栓一次拧紧。(   )
4. 钉杆镦粗的铆接指实心铆钉的铆接。(   )
5. 钉杆局部变形的铆接指空尾铆钉、半管状铆钉及双金属铆钉的铆接。(   )

三、简答题

1. 纯钛铆钉的铆接工艺安装的质量要求有哪些?
2. 简述空尾铆钉的铆接特点。
3. 空尾铆钉的铆接工艺安装的质量要求有哪些?
4. 环槽钉连接有哪些特点?
5. 大底脚螺纹抽钉有哪些特点?
6. 什么是先进的装配连接技术?
7. 自动钻铆关键技术包括哪些?
8. 电磁铆接有哪些优势?
9. 简述孔挤压强化技术的原理。
10. 孔挤压工艺的影响因素有哪些?

第6章 复合材料焊接

本章导读

本章主要介绍了树脂基复合材料焊接、金属基复合材料焊接、陶瓷基复合材料焊接及碳/碳复合材料焊接四方面的内容。树脂基复合材料焊接主要介绍了树脂基复合材料的类型及热塑性树脂基复合材料的焊接特点及方法;金属基复合材料焊接主要介绍了连续纤维增强金属基复合材料及晶须(颗粒)增强金属基复合材料的焊接特点及方法;陶瓷基复合材料主要介绍了陶瓷基复合材料特性、陶瓷基复合材料焊接特点及方法;碳/碳复合材料焊接主要介绍了其焊接性和焊接方法。

知识目标

(1)掌握各种复合材料的定义及性能。

(2)掌握各种复合材料的焊接特性。

(3)掌握各种复合材料的焊接方法。

能力目标

(1)具有复合材料焊接方法选用能力。

(2)具有复合材料焊接工艺参数确定的能力。

素质目标

(1)具有学生具体问题具体分析、具体解决的能力。

(2)具有安全生产的意识,爱岗敬业、爱国爱家的情怀。

(3)具有质量意识和环保意识。

6.1 概述

复合材料是由两种或多种材料混合而成的,因此其焊接要比均质材料困难得多。一般来说,对复合材料焊接性影响最大的仍然是其基体。陶瓷基复合材料和树脂基复合材料的焊接性与其基体基本类似,基本上可以用其基体的焊接方法进行焊接。大部分金属基复合材料的焊接性(特别是对于熔化焊来说)与其基体的焊接性相差很大,需要采取一些特殊的措施。

6.1.1 金属基复合材料的焊接特点

金属基复合材料的基体主要是轻质合金,包括铝、镁、钛等。镁的密度最小,但其力学性能及抗蚀性不如铝,钛具有高的比刚度和比强度,但价格较高。因此,应用最多的为铝基复合材料,其次是钛基,较少使用镁基。这类材料的焊接要比对应的基体困难得多,主要问题有以下几种。

(1)基体与增强物之间的反应研究表明,在焊接热循环过程中,大部分金属基复合材料的增强相与基体之间会发生物理或化学反应,使材料性能下降。在熔化焊时,几乎所有复合材料中的增强物都会与基体发生不利的反应。

(2)熔池的黏度大。由于增强相的存在,增大了熔池金属的黏度,降低了液态金属的流动性,使得焊缝成形比较困难。

(3)连接表面的方位对焊接性的影响很大,纤维增强型金属基复合材料具有明显的各向异性,如果连接表面平行于纤维方向,很容易用扩散焊进行连接,当连接表面垂直于纤维方向时,由于塑性变形较困难,连接难度就较大,需要采用一些特殊措施。

(4)电弧力易破坏增强物。对于纤维增强金属基复合材料,用电弧焊焊接时,电弧力容易将纤维打乱,甚至打断,破坏原材料的连续性,降低接头性能。

因此,在选择焊接方法时应根据复合材料的具体特点,选择适当的方法,并采取一些必要的措施。常用焊接方法在金属基复合材料的适用范围和特点见表6-1。

表 6-1 常用焊接方法在金属基复合材料的适用范围和特点

焊接方法	焊接工艺	应用范围	局限性
电弧焊	TIG、MIG	晶须(颗粒)增强金属基复材,各种结构	易损伤纤维,接头强度低
电阻焊	电焊、缝焊	板件的拼缝、壳体的密封	基体易挤出,增强颗粒易偏聚
扩散焊	真空、惰性气体保护扩散焊	坯件的承载焊缝、小尺寸简单构件的焊接	工艺复杂,效率低,尺寸受限
激光焊	CO_2、YAG 脉冲激光焊	板材、棒材及承力壳体	增强物易溶解,易引起截面反应

续表

焊接方法	焊接工艺	应用范围	局限性
电子束焊	真空	板材、棒材及承力壳体	增强物易溶解,易引起截面反应
钎焊	电阻钎焊、压力钎焊	板件及加强件的连接	接头抗蚀性差
旋转摩擦焊	—	形截面构件的焊接	不能焊接纤维增强型金属基复材
搅拌摩擦焊	—	各种构件的焊接	设备复杂,成本高

金属层合板也属于金属基复合材料中的一种,不过这类复合材料比较特殊,各相均是连续的。因此其焊接相对较简单,一般用电弧焊进行焊接。焊接时,各层应分别焊接,并在两者之间焊接过渡层。

6.1.2 无机非金属基复合材料的焊接

这类复合材料包括碳/碳复合材料和陶瓷基复合材料,其共同的特点是熔点高,陶瓷基复合材料无法利用电弧焊等熔化焊方法进行焊接。碳/碳复合材料不能用任何熔化焊的方法来连接,只能利用钎焊法、扩散焊法和胶接法进行连接。一般来说,单质陶瓷的连接方法均可以用来连接陶瓷基复合材料,这是因为许多陶瓷材料本身就是一种广义的复合材料,在大多数情况下,复合材料的表面呈现其基体相的特征,由此可见,陶瓷基复合材料连接的基本原则与陶瓷连接的基本原则是相同的。陶瓷基复合材料的常用焊接方法见表6-2。

表6-2 陶瓷基复合材料的常用焊接方法

材料		等离子弧焊	电子束焊	激光焊	扩散焊	瞬态液相扩散焊	钎焊
氮化物陶瓷基	纤维增强型	×	×	×	√	√	√
	晶须或颗粒增强型	×	×	×	√	√	√
碳化物陶瓷基	纤维增强型	×	×	×	√	√	√
	晶须或颗粒增强型	×	×	×	√	√	√
氧化物陶瓷基	纤维增强型	×	×	×	√	√	√
	晶须或颗粒增强型	○	○	○	√	√	√

注:√——推荐方法;○——可选方法;×——不能使用。

6.2 树脂基复合材料的焊接

6.2.1 树脂基复合材料的类型

树脂基复合材料是由树脂基体和纤维增强材料构成的一种复合材料,又称聚合物基复合材料。树脂基复合材料通常按照基体的形态进行分类,可分为热固性树脂基和热塑性树脂基两大类。

常用的热固性树脂有不饱和聚酯树脂、环氧树脂、酚醛树脂、双马来酰亚胺树脂(BMI),以及聚酰亚胺树脂等。热固性树脂基复合材料的制造方法是首先将增强材料(碳纤维或纤维布、毡)浸渍上基体,然后利用模压、层压、缠绕、卷管、手糊等成形工艺进行成型。

常用的热塑性树脂有聚乙烯(PE)、聚丙烯(PP)、聚碳酸酯(PC)、尼龙(Nylon)、聚醚醚酮(PEEK)、聚醚酮(PES)、聚甲醛(POM)、聚酰胺(PA)、聚砜(PSU)等。热塑性树脂基复合材料的制造方法与塑料加工方法基本相同,只是在设备生产能力、磨损率上有所不同。成形方法包括挤出成形、注射成形、模压成形、压延成形等。

树脂基复合材料常用的增强体为玻璃纤维、碳纤维、芳纶纤维等,其中性能要求较低的树脂基复合材料制件选用玻璃纤维,高性能树脂基复合材料制件一般选用碳纤维。

6.2.2 树脂基复合材料的焊接性

热固性树脂是通过交链固化反应而成形的,大分子之间形成了三维交链结构。由于交链固化反应是一不可逆过程,因此,固化后的结构不能再溶解和熔化。所以这类树脂基复合材料是无法进行焊接的,只能采用胶接和机械方法进行连接。

热塑性树脂的高分子链是通过二次化学键结合而成的,加热时,这些键变弱或破坏,各个高分子又能自由滑动、扩散。因此,这类树脂可反复加热熔化,冷却硬化。而且熔化后有一定的黏性,通过施加适当的压力可实现两个构件的连接,因此这种塑料是可焊接的。另外,热塑性塑料一般能溶解于一定的溶剂中,溶解后也具有一定黏度,溶剂挥发后也可实现连接,因此这类塑料可实现溶剂焊(溶剂粘接)。

6.2.3 热塑性树脂基复合材料的焊接方法

由于树脂基复合材料的表面一般是树脂基体,因此,这类复合材料的焊接方法类似于基体材料的连接方法。但是,由于增强纤维的存在,其焊接过程也有其自身的一些特点:

(1)纤维会影响加热焊时的热过程、熔化树脂的流动及凝固后的致密性。

(2) 复合材料的刚度较大，影响工件之间的接触，加压过大时会损伤纤维，因此对于压力的要求较严格，所用的压力应既能促使流动、润湿、高分子链的扩散，以及消除孔洞，又不会损伤纤维等。

与塑料焊接一样，树脂基复合材料的熔化连接工艺方法包括：热气焊、热工具焊、电阻加热焊、感应加热焊、红外加热焊、激光焊、介电加热焊、微波加热焊、摩擦焊和超声波焊等。

1. 热气焊

热气焊是一种采用热气流作为热源进行加热的焊接方法。焊枪通过电加热方式或火焰加热方式将高压气流加热到218～370 ℃，压缩气体的气源来自气泵，所需的气体压力为 10^4～$5×10^4$ Pa。焊枪喷出的气体直接加热填充焊材端部和母材。通过一定的压力（成形压力）将熔化的填充棒填充到工件上的坡口中，填充棒材和焊枪移走后，熔化的热塑性树脂基体冷却硬化，形成焊缝。

这种方法应用灵活方便，不受焊件形状的限制，但这种方法的连接速度较慢，焊缝厚度有限（相当于零件的厚度），而且连接复合材料时，很难增加连接面积，限制了接头的承载能力。焊接单向层压板复合材料时，如果连接表面平行于纤维方向，则采用含有纵向纤维的焊棒可得到与母材组织结构几乎相当的焊缝，可增大焊缝承载能力。但连接表面与纤维垂直时或焊接多向层压板时，就无法利用这种方法来补强。

2. 热工具焊

热工具焊在焊接时首先将被连接表面以一定的压力压到已加热到一定温度的加热工具表面，当被连接表面熔化后，移走加热工具，然后施加一定压力（35 000～105 000 Pa）并冷却，使熔化的热塑性树脂基体硬化。

热工具主要有电加热带、电烙铁、热板、热轮等几种，最常用的是热板。一般情况下，热板表面涂有一层氟塑料（如PTFE），以防止热板粘接在工件上。

对于单向层压板，连接表面平行于纤维时，非常容易操作，而且接头的强度与母材相差不会太大。但是当连接表面垂直于纤维或焊接多向层压板时，纤维不利于两个工件的贴合，应适当增大压力，但压力过大又会引起熔化树脂流出，因此应严格控制压力。

3. 电阻加热焊

两个焊件的连接表面之间要放置加热元件，由于焊接后加热元件残留在接头中，成为接头的一个组成部分，所以必须要求植入的加热元件与被连接的树脂基复合材料之间具有很好的相容性，而且还要能很好地结合。对于单向层压板，通过选取适当的加热元件，并对其结构进行适当设计可使接头本身得到增强，成为真正的复合接头。

电阻加热焊分为三个阶段：加热、加压及保持（使接头胶化并进行养护）。整个焊接周期大约持续30秒至几分钟。焊接操作方式有手动和自动两种。焊接参数包括：加热电压、加热电流、焊接压力、峰值温度、保温时间及冷却时间。

4. 感应加热焊

感应加热焊类似于电阻加热焊，不过焊接能源由电磁场代替了电源。与电阻加热焊一样，焊前需在两个被连接件之间加入金属网或类似插入件，焊接时将接头插入感应线圈中。高频电磁场在插入件中感应出涡流，而涡流使插入件产生电阻热，连接部位的塑料熔化后切断电磁线圈电源并施加一定的压力，连接部位硬化形成接头。该方法仅对连接部位进行加热，而被连接件的其他部分均保持为室温，避免了材料性能的恶化及变形。

对于不含金属芯的纤维增强的树脂基复合材料，这是一种比较合适的焊接方法。如果连接表面平行于纤维方向，可在工件之间夹入金属网和弥散分布有金属颗粒的热塑性塑料膜；如果连接表面垂直于纤维方向或连接多向层压板，可在工件之间夹入金属丝的热塑性材料。

5. 介电加热焊

由于这种方法依靠有极性的分子在交变电场下运动时产生的摩擦热而实现焊接的，被焊工件中的导电物质对电磁场有屏蔽作用，因此它不能用于导电纤维增强的热塑性树脂基复合材料。

6. 摩擦焊

旋转摩擦焊和振动焊均可用于焊接热塑性树脂基复合材料。旋转摩擦焊焊接时，一个工件固定，另一个工件边旋转边压向该固定工件，连接表面被产生的摩擦热加热到熔化状态，在该过程中施加足够的压力，挤出一定量的熔化塑料并去除气体。旋转停止后，继续保持一定的压力，直到接头硬化为止。旋转摩擦焊的灵活性较小，适合于小的圆柱体零件的大批量生产。

振动焊是通过连接表面之间相互摩擦生成的热量进行焊接的。振动焊非常灵活，能连接各种外形的热塑性树脂基复合材料零件，但要得到高强度接头是很困难的。

7. 超声波焊

超声波焊是热塑性树脂基复合材料的最佳焊接方法之一。焊接时两个声极之间施加一定的静压力，超声波弹性振动能量由垂直方向导入工件，使焊件之间发生谐波振动，高频机械振动能量被转换为热能，而静压力则促进了软化表面间的紧密接合。其优点是接头强度较高、易于实现机械化和自动化。但这种方法只能焊接尺寸较小、形状较简单的零件。

超声波焊时，经常需要在一个连接表面上设计一些起着能量定向作用的凸起（称为能量定向唇），对于纤维增强的复合材料，这些能量定向唇的设计是非常重要的，也是比较困难的，因为能量定向唇既需要一定的尺寸,又不能损伤纤维,焊接时需要根据材料及部件的结构,做出合适的选择。

6.3 金属基复合材料的焊接

6.3.1 连续纤维增强金属基复合材料的焊接

1. 连续纤维增强金属基复合材料的分类

连续纤维增强金属基复合材料通常根据所用的纤维及基体进行分类,例如 SiC 纤维增强 Al、SiC 纤维增强 Ti、B 纤维增强 Al 等,也可根据所用的基体进行分类。所用纤维大多数是直径为几至几十微米的非晶态材料,如硼纤维、石墨纤维、SiC 纤维等,也有少量的金属纤维,如钨纤维、不锈钢丝等。这些纤维具有很高的强度、弹性模量及较低的密度,用于增强金属时,可使其强度明显提高,而密度变化不大。对于金属基复合材料,纤维的排布形态一般是单向排布。常用增强纤维及性能见表 6-3。

表 6-3 金属基复合材料常用的增强纤维

纤维种类	密度/(g·cm)	抗拉强度/10^3MPa	制造方法
硼纤维	2.6	3.2	化学气相沉积
碳纤维	1.9	2	热解
高强度石墨纤维	1.75	2.7	热解
S-玻璃纤维	2.5	4.1	熔体喷丝
氧化铝纤维	4	2.4	熔体拉制
钨纤维	19.5	2.7	拉拔丝

基体材料起着固结增强物、传递和承受各种载荷(力、热、电)的作用。基体的体积在连续纤维增强金属基复合材料中占 50%~70%,一般为 60% 左右。可用作基体的材料有铝及铝合金、镁合金、钛合金、镍合金、铜与铜合金、锌合金、铅、钛铝、镍铅等,其中最常用的为铝合金、镁合金和钛合金。

2. 连续纤维增强金属基复合材料的焊接性

连续纤维增强金属基复合材料由基体金属及增强纤维组成,这类材料的焊接不但涉及金属基体之间的焊接,还涉及金属与非金属增强相之间的焊接以及增强相之间的焊接。基体通常是一些塑性、韧性好的金属,其焊接性一般都较好;而增强相是高强度、高弹性模量、高熔点、低密度和低线膨胀系数的非金属,其焊接性都很差。因此,纤维增强金属基复合材料的焊接性通常也较差,除了基体材料的焊接性问题外,焊接这类复合材料时还会遇到一些特殊问题。

1) 界面反应

在较高的温度下,金属基复合材料中的基体与增强纤维之间通常是热力学不稳定的,两者的接触界面上易发生化学反应,生成对材料性能不利的脆性相,这种反应通常称为界面反应。

2) 熔池的流动性差

基体金属与纤维的熔点相差较大,采用熔化焊时,基体金属熔池中存在大量固体纤维,阻碍液态金属流动,易导致气孔、未焊透和未熔合等缺陷,而且加重了基体金属的裂纹敏感性。

3) 接头残余应力大

纤维与基体的线膨胀系数相差较大,在焊接的加热和冷却过程中会产生很大的内应力,易使结合界面脱开。此外,由于焊缝中纤维的体积分数较小且不连续,致使焊缝与母材间的线膨胀系数相差也较大、在熔池的结晶过程中易引起较大的残余应力,因此,这种材料的热裂纹敏感性较大。

4) 纤维的分布状态被破坏

压力焊时,如果压力过大,增强纤维将发生断裂,而压力过小时,接头的结合很差。电弧焊时,在电弧力的作用下,纤维不但会发生偏移,还可能发生断裂。

5) 接头中的纤维不连续

两块被焊接工件中的纤维几乎是无法对接的,因此在接头部位,增强纤维是不连续的,接头的强度及刚度比母材低得多。

6) 熔化的基体金属对纤维的润湿性问题

利用熔化焊方法焊接纤维增强金属基复合材料时,金属与金属之间的焊接为熔焊机制,金属与纤维之间的结合属于钎焊机制,因此要求基体金属对纤维具有良好的润湿性,当润湿性较差时,应添加能改善润湿性的填充金属。

3. 连续纤维增强金属基复合材料的焊接方法

适用于纤维增强金属基复合材料的焊接方法主要有电弧焊、激光焊、扩散焊、钎焊等。由于摩擦焊需要在结合界面上发生较大的塑性变形,因此该方法不适合纤维增强金属基复合材料的焊接,特别是连接面垂直于纤维时。

1) 电弧焊

纤维增强金属基复合材料可利用 TIG、MIG 等电弧焊方法进行焊接。焊接时,只能采用对接接头及搭接接头。由于金属基复合材料熔池的流动性很差,为了能够焊透,通常需要开较大角度的坡口(60°~90°)。另一方面,熔池金属的高黏度有利于熔池的保持,这对空间位置焊接是有利的。

例如碳纤维增强铝基复合材料的焊接,主要利用方波交流 TIG 焊,最好用脉冲方波 TIG 焊。利用手工 TIG 焊,焊接碳纤维增强铝基复合材料时,尽管焊缝与母材之间有良好的冶金结合,但碳纤维与铝基体之间发生了严重的界面反应,而且熔合区中的纤维大量断裂。采用自动脉冲 TIG 焊进行焊接时,通过严格控制热输入参数,缩短熔池存在时间,可有效地抑制界面反应。通过添加 4043 焊丝,可降低电弧对纤维的直接作用,降低对纤维的破坏程度。

2) 激光焊

激光焊作为一种高能量密度焊接方法,焊接纤维复合材料时,既有优势,也有缺点。其优势是可将加热区控制在很小的范围内,而且还可以大大缩短熔池的存在时间;激光束不直接照射纤维时,纤维受到的机械冲击力很小,因此只要适当控制激光束的照射位置就可以防止纤维的断裂和移位。激光焊的缺点是,其熔池温度很高,而 HI 电阻率较高的增强相优先被加热,容易引起增强相溶解、熔化、升华,以及界面反应,不适合于易发生界面反应的复合材料,如 C_f/Al 及 SiC_f/Al 等;只能焊接一些具有较好化学相容性的复合材料,如 SiC_f/Ti 等。

利用激光焊焊接纤维增强金属基复合材料的关键是严格控制激光束的位置,应使纤维处于激光束照射范围之外,即熔池中的"小孔"之外。

3) 扩散焊

扩散焊过程中工件处于固态,避免了熔化金属对纤维的侵蚀作用,因此这种方法被认为是纤维增强金属基复合材料的最佳焊接方法之一。但纤维增强金属基复合材料采用扩散焊时仍存在一些问题:

(1) 由于扩散焊加热时间长,纤维与基体之间仍可能会发生相互作用。

(2) 两焊接面上的高强度和高刚度纤维相互接触时阻碍了焊接面的变形和紧密接触,使扩散结合难以实现。

(3) 复合材料与其基体金属扩散焊时,基体金属一侧的变形过大。

(4) 不加中间层时,扩散焊接头的强度主要取决于结合面上金属基体之间的结合强度,因此基体金属在整个接头的焊接界面上所占的百分比越大,接头的强度就越高;反之,纤维所占百分比越大,接头的强度就会越低;也就是说,复合材料中纤维体积分数越大,其焊接性就越差。

扩散焊的工艺参数包括以下四个方面。

(1) 焊接前表面处理。焊前必须用细砂纸将表面打磨平整,去除氧化膜,并利用有机溶剂(如丙酮)将焊接表面清理干净。

(2) 扩散焊的焊接温度和时间。所选择焊接温度和时间要确保不会发生明显的界面反应。

(3) 中间层及焊接压力。纤维增强金属基复合材料自身的直接扩散焊是非常困难的,这是因为焊接界面上的高强度、高刚度纤维相互接触,阻碍了焊接面的变形和紧密接触,并阻碍了焊接面上的塑性变形。为了克服这些问题,应在被焊接的复合材料中间插入中间层,使焊接面上避免出现纤维与纤维的直接接触。

采用瞬时液相法焊接纤维增强金属基复合材料接头时,效果也不好。瞬时液相通常只能使基体金属之间获得良好的结合,而纤维与基体之间的结合仍然很差,因此接头的整体强度仍很低。一般在利用瞬时液相层的同时,还要在结合界面上加入厚度适当的基体金属作中间过渡层。

(4)焊接接头的选择。接头形式对接头强度具有重要的影响。为提高纤维增强金属基复合材料的接头强度,可将接头形式设计成斜口接头。

4)钎焊

钎焊时焊接温度较低,基体金属一般不熔化,不易引起界面反应。通过选择合适的钎料,甚至可以将钎焊温度降低到纤维性能开始变差的温度以下。而且钎焊一般采用搭接接头,这在很大程度上把复合材料的焊接简化为基体自身的焊接,因此这种方法比较适合复合材料的焊接,已成为金属基复合材料的主要焊接方法之一。钎焊前,应先用机械力法去除被焊表面的氧化膜,并用丙酮去除表面油污等。钎料的选择是复合材料钎焊的关键,目前还没有复合材料专用钎料,一般选用其基体材料钎焊时所用的钎料。

5)电阻焊

电阻焊加热时间短,可控性好,能有效防止界面反应,而且通过施加压力还可防止裂纹及气孔的产生。通过采用搭接接头,可把纤维增强金属基复合材料间的焊接在很大程度上变为 Al 与 Al 间的焊接,因此这种方法非常适合焊接纤维增强金属基复合材料。但增强相的存在使电流线的分布及电极压力的分布复杂化,给焊接参数的选择及焊接质量控制带来了困难。电阻焊的焊接工艺要点有以下三个方面。

(1)焊接过程中纤维的断裂及熔核中熔化基体金属的大量飞溅是电阻焊过程中经常发生的问题。为了防止纤维的断裂,应尽量降低电极压力,但电极压力太小时,结合界面处熔化的基体金属就会产生飞溅,因此要求严格控制电极压力的大小。焊接时还应尽量降低热输入,热输入过大时不仅损伤纤维,而且结合界面处的基体金属也会飞溅出来,使纤维露出,结合性变差。另外,纤维增强金属基复合材料中的脱层缺陷也易导致飞溅,焊前最好进行超声波检查,把焊点选在无脱层处。

(2)纤维增强金属基复合材料与均质基体材料焊接时,由于复合材料的电阻率大、线膨胀系数小,因此熔核易偏向复合材料一侧,为了保证熔核居于连接界面上,应对两个电极进行正确匹配。均质金属一侧应选用接触面积较小、电阻率较高的电极;复合材料一侧应选用接触面积较大、电阻率较低的电极。

(3)增强纤维的体积分数对其电阻焊的可焊性影响很大,随着纤维体积分数的增大,熔核中熔化金属的流动性变差,致使接头强度下降。例如纤维体积分数从35%上升到50%,接头强度降低10%。

6.3.2 晶须(颗粒)增强金属基复合材料的焊接

1. 晶须(颗粒)增强金属基复合材料的分类

晶须(颗粒)增强金属基复合材料既保持了连续纤维增强金属基复合材料的优良性能,又具有价格低廉、生产工艺和设备简单、各向同性等优点,而且可采用传统的金属二次加工技术和热处理强化技术进行。因此在民用工业中比纤维增强金属基复合材料具有更大的竞争力。目前这种材料发展迅速,应用较为广泛。

晶须(颗粒)增强金属基复合材料其增强相包括单质元素(如石墨、硼、硅等)、氧化物(如Al_2O_3、TiO_2、SiO_2、ZrO_2等)、碳化物(SiC、BC、TiC、VC、ZrC等)、氮化物(Si_3N_4、BN等)的颗粒、晶须及短纤维(分别以下标p、w、sf表示)。常用的增强颗粒及晶须的性能见表6-4。

晶须(颗粒)增强金属基复合材料的基体金属包括Al、Mg、Ti等轻金属,Cu、Zn、Ni、Fe等重金属及金属间化合物。用得最多的是轻金属(主要是Al),这是因为轻金属基复合材料的性能更能体现复合材料的高比强度、高比弹性模量的性能特点。

晶须(颗粒)增强金属基复合材料的制备方法有:粉末冶金法、铸造法(又分为半固态铸造法、浸渗铸造法、液态搅拌铸造法)及喷射雾化共沉积法等。

2. 晶须(颗粒)增强金属基复合材料的焊接性

焊接是一个加热或/和加压过程,鉴于复合材料的性能特点,焊接时很可能会存在以下问题。

表6-4 金属基复合材料常用的增强晶须或者颗粒

类型	材料	密度/(g·cm^{-3})	抗拉强度/(10^3 MPa)	抗拉模量/(GPa)
晶须	C(石墨)	2.2	20	1000
	SiC	3.2	20	180
	Si_3N_4	3.2	7	380
	Al_2O_3	3.9	14~28	700~2400

续表

类型	材料	密度/(g·cm^{-3})	抗拉强度/(GPa)	抗拉模量/(GPa)
颗粒	SiC	3.21	—	324
	Al$_2$O$_3$	3.98	0.221(1090 ℃)	379(1050 ℃)
	TiC	4.93	0.055(1090 ℃)	269(24 ℃)
	B$_4$C	2.52	2.759(24 ℃)	448(24 ℃)

1）界面反应

大部分金属基复合材料的基体与增强物之间在高温下会发生交互作用（即界面反应），在界面上生成脆性化合物，降低复合材料的性能。

2）增强相的偏聚

颗粒增强型复合材料在重熔后，增强相颗粒易发生偏聚，如果随后的冷却速度较慢，颗粒又被前进中的液/固界面所推移，致使焊缝中的颗粒分布不均匀，降低了颗粒的增强效率。

3）熔池的黏度大、流动性差

复合材料熔池中存在未熔化的增强相，这大大增加了熔池的黏度，降低了熔池金属的流动性。如果熔池中有反应产物，则会进一步降低熔池金属的流动性。不但影响了熔池中的传热和传质过程，还增大了气孔、裂纹、未熔合和未焊透等缺陷的敏感性。通过采用高 Si 焊丝或加大坡口尺寸（减少熔池中 SiC 或 Al$_2$O$_3$ 增强相的含量）可改善熔池的流动性，此外，采用高 Si 焊丝还可改善熔池金属对 SiC 颗粒的润湿性。采用高 Mg 焊丝有利于改善熔池金属对 Al$_2$O$_3$ 的润湿作用，并能防止颗粒集聚。

4）气孔、结晶裂纹的敏感性大

由于熔池金属黏度大，气体难以逸出。而且金属基复合材料，特别是用粉末冶金法制造的金属基复合材料的含氢量较高，一般比基体金属高几倍。因此，焊缝及热影响区的气孔敏感性很高。为了避免气孔，一般需在焊前对材料进行真空除气处理。由于基体金属的结晶前沿对颗粒的推移作用，结晶最后阶段的液态金属的 SiC 颗粒含量较大，流动性很差，因此易于产生结晶裂纹。此外，焊缝与母材的线膨胀系数不同，焊缝的残余应力较大，这进一步加重了结晶裂纹的敏感性。

5）接头区的不连续性

目前尚无复合材料专用焊丝，电弧焊时一般沿用基体金属用焊丝，这使焊缝中增强相的含量大大下降，破坏了材料的连续性，即使是避免了上述几个问题，也难以实现等强焊接。

6) 各种焊接方法的比较

表 6-5 给出了可用于焊接晶须(颗粒)增强金属基复合材料的各种焊接方法的优点及缺点。

表 6-5　晶须(颗粒)增强金属基复合材料的焊接方法的优缺点

项目		优点	缺点
熔焊	TIG 焊	①可选适当焊丝来抑制界面反应,改善熔池对增强物的润湿性;②成本低,操作方便	①界面反应可能性大;②气孔敏感性大;③采用均质材料焊丝焊接,接头强度低
	MIG 焊		
	电子束焊	①不易产生气孔;②焊接速度快;③焊缝中增强物分布均匀	①焊接参数控制不好时会产生界面反应;②成本高
	激光焊	①不易产生气孔;②焊接速度快	难以避免界面反应
	电阻点焊	加热时间短,焊接速度快	熔核中容易发生增强相偏聚
固相焊	固态扩散焊	①利用中间层可优化接头性能,不会发生界面反应;②可焊接异种材料	生产率低,成本高,参数选择困难
	瞬时液相扩散焊		
	摩擦焊	可焊接异种金属,不会发生界面反应	只能焊接尺寸小,形状简单的部件
钎焊	—	①加热温度低,界面反应的可能性小;②可焊接异种金属或者复杂构件	需要在惰性气氛或真空中焊接,并需要焊后热处理

3. 晶须(颗粒)增强金属基复合材料的焊接方法

1) 电弧焊

可用于焊接晶须(颗粒)增强金属基复合材料的电弧焊方法主要有 TIG 焊及 MIG 焊。厚度小于 3 mm 时采用 TIG 焊,而厚度大于 3 mm 时采用 MIG 焊。以碳化硅颗粒或者碳化硅晶须增强铝基复合材料的电弧焊为例。

(1)焊接工艺要求如下。

①焊前最好进行去氢处理。必须利用有机溶剂清理坡口附近的油污,并利用钢丝刷清理表面的氧化膜。

②焊接 SiC_p/Al 或 SiC_w/Al 时,如热输入选择不当,将会引起严重的界面反应,生成针状 AlC_3。因此,最好采用脉冲 TIG 焊或脉冲 MIG 焊,以减小热输入,减轻或抑制界面反应。此外脉冲电弧对熔池有一定的搅拌作用,可部分改善熔池的流动性、焊缝中的颗粒分布状态及结晶条件。

③基体金属不同时,SiC_p/Al 或 SiC_w/Al 复合材料的焊接性具有明显的不同。基体金属 Si 含量较高时,不但界面反应较轻,而且熔池的流动性也较好,裂纹及气孔的敏感性较小。基体金属含 Si 量较低时,宜选用含 Si 量较高的焊丝焊接这类材料,以避免界面反应,提高接头的强度。

④焊接下一道焊缝之前,应去除当前焊缝表面的焊渣及 SiC 颗粒,否则将出现严重的飘弧现象,焊缝成形困难。

⑤应保持 150 ℃的层间温度。

⑥对于双 V 形坡口,焊接第二面之前,应刨焊根并利用着色渗透探伤检查根部的熔透情况,确保熔透后再焊接第二面。

(2)坡口形式:SiC_p/Al 及 SiC_w/Al 焊接时必须开坡口,厚度在 20 mm 以下的可开 V 形或双 V 形坡口,而厚度在 20 mm 以上的必须开双 V 形坡口,并留出一定的钝边。单 V 形坡口的坡口角度一般为 60°,而双 V 坡口的坡口角度应为 90°。

2)高能密度焊接

电子束和激光束等高能密度焊接具有加热及冷却速度快、熔池小及存在时间短等特点,这对金属基复合材料的焊接特别有利。不过由于熔池的温度很高,焊接 SiC_p/Al 或 SiC_w/Al 复合材料时很难避免 Si 和 Al 基发生严重的反应。为了防止这种反应较大的增强相,使增强相严重过热,快速溶解并与基体发生严重的反应。为了防止这种反应,通常采用以下措施。

(1)SiC_w/Al 或 SiC_p/Al 复合材料激光焊时,在两个连接表面之间插入含硅量较大的铝薄片或 Ti 合金薄片,可以抑制基体与增强物之间的界面反应。薄片的厚度与激光束的直径相当。

(2)应采用脉冲激光焊,通过调节脉宽比来严格控制热输入。电子束焊和激光焊的加热机制不同,电子束可对基体金属及增强相均匀加热,因此适当控制焊接参数可将界面反应控制在很小的程度上。由于电子束的冲击作用及熔池的快速冷却作用,焊缝中的颗粒非常均匀。

3)扩散焊

(1)扩散焊的特点。由于在 Al 的表面上存在一层非常稳定而牢固的氧化膜,它严重地阻碍了两接触表面之间的扩散结合。Al 基复合材料的直接扩散焊是很困难的,需要较高的温度、压力及真空度,因此多采用加中间层的方法进行。加中间层后,不但可在较低的温度和较小的压力下实现扩散焊接,而且可将原来结合界面上的增强相(P-P)接触改变为增强相-基体(P-M)接触,从而提高了接头强度。这是由于 P-P 几乎无法结合,而 P-M 间可形成良好的结合,使接头强度大大提高。根据所选用的中间层不同,扩散焊方法有两种,采用中间层的固态扩散焊及瞬时液相扩散焊接。

(2)采用中间层的固态扩散焊接。这种方法的关键是选择中间层,选择中间层的原则是,中间层能够在较小的变形下去除氧化膜,易于发生塑性流变。与基体金属及增强相不会发生不利的相互作用。可用作中间扩散层的金属及合金,有 Al-Cu、Al-Mg、Al-Cu-Mg 合金及纯 Ag 等。

(3)瞬时液相扩散焊接。由于颗粒增强型金属基复合材料中存在大量的亚晶界、晶界及相界面,中间扩散层沿这些区域扩散时,大大缩短扩散时间,因此这种材料的瞬时液相扩散焊要比基体金属更容易。

①中间层的选择。瞬时液相扩散焊的中间层材料选择原则是应能与复合材料中的基体金属,生成低熔点共晶体或者熔点低于基体金属的合金,易于扩散到基体中并均匀化,且不能生成对接头性能不利的产物。Al基复合材料瞬时液相扩散焊时,可用作中间层的金属有 Ag、Cu、Mg、Ge、Zn 及 Ga 等,用作中间层的合金有 B-Al-Si、Al-Cu、Al-Mg 及 Al-Cu-Mg 等。

②焊接温度。Ag、Cu、Mg、Ge、Zn 及 Ga 与 Al 形成共晶的温度分别为 839 K、820 K、711 K、697 K、655 K 及 420 K。利用这些金属作中间层时,瞬时液相扩散焊的焊接温度应超过其共晶温度,否则就不是瞬时液相焊,而是加中间层的固态扩散焊。同样,利用 B-Al-Si、Al-Cu、Al-Mg 及 Al-Cu-Mg 合金作中间层时,焊接温度应超过这些合金的熔点。焊接时温度不宜太高,在保证出现焊接所需液相的情况下,尽量采用较低的温度,以防止高温对增强相有不利作用。

③焊接时间。焊接时间是影响接头性能的重要参数。时间过短时,中间层来不及扩散,结合面上残留较厚的中间层,限制了接头抗拉强度的提高。随着焊接时间的增大,残余中间层逐渐减少,强度就逐渐增加。当焊接时间增大到一定程度时,中间层基本消失,接头强度达到最大,继续增加焊接时间时,接头强度不但不再提高,反而降低,这是因为焊接时间过长时,热循环对复合材料的性能具有不利的影响。

④焊接压力。瞬时液相扩散焊时,压力对接头性能也有很大的影响。压力太小时塑性变形小,焊接界面与中间层不能达到紧密接触,接头中会产生未焊合的孔洞,降低接头强度。压力过高时可将液态金属自结合界面处挤出,造成增强相偏聚,液相不能充分润湿增强相,因此也会形成孔洞。

⑤中间层厚度。中间层厚度太薄时,瞬时液相不能去除焊接界面上的氧化膜,不能充分润湿焊接界面上的基体金属,甚至无法避免 P-P 接触界面,因此接头强度不会很高。中间层太厚时,焊接过程中难以完全消除,也限制了接头强度的提高、有时中间层太厚时还可能会形成对接头性能不利的金属间化合物。

⑥焊接表面的处理方式。焊接表面的处理方式对接头性能具有很大的影响,国外研究者比较了电解抛光、机械切削及用钢丝刷等三种处理方式对 Al_2O_3/Al 接头性能的影响,发现利用电解抛光处理时接头强度最高,利用钢丝刷处理时接头强度最低。这主要是因为利用机械切削和钢丝刷处理时,被焊接面上堆积了一些细小的 Al_2O_3 碎屑,这些碎屑阻碍了基体表面的紧密接触,降低了接头的强度。电解抛光时,被焊接表面上不存在 Al_2O_3 碎屑,但纤维会露出基体表

面。电解抛光时间对接头的强度影响很大,电解抛光时间太长时,纤维露头变长,焊接时在压力的作用下断裂,阻碍基体金属接触,降低接头的性能。

4) 其他焊接方法

(1) 钎焊。并不是所有能钎焊 Al 合金的钎料,均可用来钎焊 Al 基复合材料,这主要是因为钎焊复合材料时不但要求对基体金属有良好的润湿性,还要求能够润湿增强体颗粒或晶须。而且,要求钎焊温度尽量低,避免热循环对增强颗粒或晶须的影响。Ag、Al-Si、Al-Ge 和 Zn-Al 这几种铝合金用钎料对 $SiC_w/6061Al$、SiC_p/LD_2、Al_2O_3/Al 等均具有较好的湿润性,均可钎焊这些复合材料。

(2) 转动摩擦焊。摩擦焊是利用摩擦产生的热量及顶锻压力下产生的塑性流变来实现焊接的焊接方法,整个焊接过程中母材不发生熔化,因此是一种焊接 SiC_p/Al、Al_2O_{3p}/Al 等颗粒增强型复合材料的理想方法。由于被焊接表面附近需要发生较多的塑性变形,因此用这种方法焊接纤维增强型复合材料是不合适的。

对于颗粒增强金属基复合材料,由于颗粒的尺寸小,摩擦焊过程中基体金属发生塑性流动时,颗粒可随基体金属同时发生移动,因此焊接过程,一般不会改变颗粒的分布特点。焊缝中颗粒分布非常均匀,体积分数与母材中颗粒的体积分数极为相近,而且由于在摩擦焊过程中界面上的颗粒被相互剧烈碰撞所破碎,焊缝中增强相颗粒还会变细,增强效果加强。塑性变形区基体金属的晶粒尺寸非常小(大约 1 μm),部分塑性变形区的晶粒尺寸,随着离结合面距离的增大而逐渐增大,但仍小于母材,这主要是这两个区域具有较快的动态恢复及再结晶速度引起。

(3) 电阻焊。电阻点焊加热时间短,熔核小、可控性好,能有效地防止界面反应。特别是通过采用搭接接头,可把纤维增强金属基复合材料间的焊接在很大程度上变为 Al 与 Al 间的焊接,因此这种方法是适于焊接复合材料。但焊接非连续增强金属基复合材料时,熔核中易引起增强相的严重偏聚。焊接时应通过减小熔核尺寸,来减轻这种现象。由于复合材料比基体材料的电导率、热导率都低,因此与基体材料相比,获得同样尺寸的熔核,则需要较小的焊接功率。

(4) 电容放电焊。电容放电焊接是焊接金属基复合材料的最佳焊接方法。焊接时虽然焊接界面也发生熔化,但由于放电时间短(0.4 s),熔核的冷却速度快。少量熔化金属全部被挤出,因此能够成功地避免界面反应。而且焊缝中也不会出现气孔、裂纹、纤维断裂等缺陷,因此这种方法焊接的接头强度很高,这种方法的缺点是焊接面积很小,应用范围有限。

(5) 搅拌摩擦焊。焊接时,将搅拌头插入工件连接表面之间的间隙中,然后边旋转边沿着该间隙向前移动,通过搅拌头对材料的搅拌、摩擦作用,使被焊材料加热至热塑性状态。在搅拌头高速旋转的带动下,处于塑性状态的材料沿着搅拌头侧面向后迁移,在搅拌头对焊缝金属的挤压作用下形成固态焊缝。这是一种固相连接方法,因此焊接 SiC 颗粒、SiC 晶须或 Al_2O_3 颗粒增强铝基复合材料时,不会引起反应、气孔、裂纹等问题。而且由于激烈的搅拌作用,接头区中的颗粒分布非常均匀。与旋转摩擦焊相比,这种方法的优点是工件不用移动,因此可焊接尺寸较大的板件。焊接颗粒增强铝基复合材料时,主要缺点是搅拌头磨损严重。

6.4 陶瓷基复合材料焊接

6.4.1 陶瓷基复合材料焊接的概述

1. 陶瓷基复合材料的定义

陶瓷基复合材料是以陶瓷材料为基体,以高强度纤维、晶须、颗粒为增强体,通过一定方式复合得到的复合材料。

2. 陶瓷基复合材料的类型

1) 按陶瓷基复合材料的作用分类

(1) 结构陶瓷基复合材料:用于制造各种受力构件的陶瓷基复合材料。

(2) 功能陶瓷基复合材料:具有各种特殊功能,如光、电、磁、热、生物、阻尼、屏蔽等的陶瓷基复合材料。

2) 根据增强相的类型,陶瓷基复合材料可分为如下3种。

(1) 纤维增强陶瓷基复合材料。这类材料的纤维(或)与基体陶瓷之间应具有好的化学相容性和物理相容性。常用的纤维有碳化硅纤维、碳纤维、氧化铝纤维等。

(2) 晶须增强陶瓷基复合材料。常用的晶须主要有碳化硅晶须等。

(3) 颗粒弥散增强陶瓷基复合材料。颗粒有刚性(硬质)颗粒和延性颗粒两种,均匀弥散于陶瓷基体中,起到增加强度和韧性的作用。刚性颗粒是高强度、高硬度、高热稳定性和化学稳定性的陶瓷颗粒,例如 SiC、TiC、B_4C 等。延性颗粒是金属颗粒,例如 Cr 等。金属的高温性能低于陶瓷基体材料,因此延性颗粒增强的陶瓷基复合材料的高温力学性能较差,但中低温时韧性显著提高。延性颗粒增韧陶瓷基复合材料可用于耐磨部件,常用的颗粒有 SiC 颗粒等。

3) 按陶瓷基复合材料的基体分类

根据所用的基体材料,可分为氧化物陶瓷基复合材料、非氧化物陶瓷及微晶玻璃基复合材料。

(1) 氧化物基陶瓷的基体主要有 MgO、Al_2O_3、SiO_2、ZrO_2,以及莫来石等,这些材料均不宜在高应力与高温环境中使用,因为 Al_2O_3 和 ZrO_2 的抗热震性能较差,SiO_2 易发生高温蠕变和相变,莫来石虽然有较低的线膨胀系数和良好的抗蠕变性能,但使用温度也不能超过 1200 ℃。

(2) 非氧化物陶瓷,如 Si_3N_4、SiC 等,由于具有较高的强度、弹性模量和抗热震性能及优异的高温力学性能而受到重视。

(3)微晶玻璃基复合材料的优点是易于制作且增韧效果好。微晶玻璃基复合材料的致命缺点是由于玻璃相的存在而容易产生高温蠕变,同时玻璃相还容易向晶态转化而发生析晶,使性能受损,这样使用温度亦受到限制。

3.陶瓷基复合材料的性能

陶瓷基复合材料的性能特点有以下几个方面:

(1)高比强度、高比模量(刚度)。

(2)良好的高温性能。

(3)良好的抗疲劳、蠕变、冲击和断裂韧性。

(4)良好的尺寸稳定性。

(5)良好的化学稳定性。

(6)良好的功能性能。

6.4.2　陶瓷基复合材料的焊接特点

陶瓷基复合材料最常见的焊接形式有两种:陶瓷基复合材料与陶瓷基复合材料的焊接和陶瓷基复合材料与金属的焊接。

1.陶瓷基复合材料与陶瓷基复合材料焊接的特点

根据增强相的形态,陶瓷基复合材料有连续纤维增强陶瓷基复合材料和晶须(颗粒)增强陶瓷基复合材料。增强体形态不同,焊接具有不同的特点。

(1)连续纤维增强陶瓷基复合材料焊接特点。

连续纤维增强陶瓷基复合材料具有高度的各向异性。通常需要焊接接头尽量保持这种各向异性。当连接面平行于纤维方向时,纤维增强复合材料的焊接实际上等于基体材料的焊接;而当连接面与纤维方向不相平行时,则焊接接头中的纤维与纤维必须有一定量的搭接。

由于高断裂韧性陶瓷基复合材料增韧机制,一般为纤维拔出机制。纤维/基体界面的结合强度在很大程度决定了复合材料的性能。一般来说,弱结合较为理想。因此,焊接时,不得用过高的温度或过大的压力,以免造成纤维/基体界面结合程度的变化,防止复合材料性能降低。

(2)晶须(颗粒)增强陶瓷基复合材料焊接特点。

晶须(颗粒)增强陶瓷基复合材料焊接与陶瓷焊接类似,具有陶瓷焊接的一些特点,例如,陶瓷熔点高且高温分解,不能用熔化焊方法进行焊接;大多数陶瓷不导电,不能利用电弧或电阻焊进行焊接;陶瓷脆性大、流塑性极差,难以利用压力焊进行焊接;化学惰性大、不易润湿、因此其钎焊也较为困难。另外,陶瓷基复合材料焊接还有自身结构带来的一些问题,例如,焊接过程中基体材料与增强材料可能会发生不利的反应,造成增强物(纤维、晶须及颗粒)性能下降,因此焊接时间与温度一般都不能太长或太高。

2. 陶瓷基复合材料与金属焊接的特点

陶瓷的线膨胀系数比较小，与金属的线膨胀系数相差较大，通过加热方式焊接陶瓷基复合材料与金属时，接头区域会产生残余应力，削弱接头的力学性能，残余应力较大时还会导致焊接接头的断裂破坏。陶瓷复合材料与金属焊接中的主要问题如下：

(1) 陶瓷基复合材料与金属焊接过程中的热膨胀与热应力。

陶瓷基复合材料与金属的化学成分和物理性能有很大差别，特别是线膨胀系数差异很大。此外，陶瓷基复合材料的弹性模量也很高。在焊接加热和冷却过程中陶瓷基复合材料、金属各自产生差异较大的膨胀和收缩，在接头的界面附近产生较大的热应力，以致接头产生裂纹。一般是在焊接接头的陶瓷基复合材料一侧产生裂纹并引发断裂。

(2) 陶瓷基体与金属的结合界面。

陶瓷基体与金属接头在界面间存在着原子结构能级的差异，陶瓷基体与金属之间是通过过渡层(扩散层或反应层)而焊合的。两种材料间的界面焊合反应对接头的形成和性能有极大的影响。接头界面反应和结构是陶瓷基体与金属焊接研究中的重要课题。

与陶瓷基复合材料焊接的金属或用作中间层的金属主要有铜、镍、铜镍合金、钨、钼、钽、铌、锆、钛、钢、膨胀合金等。除一般要求外，对于这些金属的主要要求是线膨胀系数与陶瓷基体相近，并且在构件制造过程中不发生同素异构转变，以免引起线膨胀系数的突变，破坏陶瓷基复合材料与金属的匹配关系而导致连接失败。

陶瓷材料主要含有离子键或共价键，表现出非常稳定的电子配位，很难被金属键的金属钎料润湿，所以用通常的熔焊方法使金属与陶瓷基复合材料产生熔合是很困难的。用金属钎料钎焊陶瓷材料时，可以对陶瓷表面先进行金属化处理，对被焊陶瓷的表面改性，或是在钎料中加入活性元素，使钎料与陶瓷之间有化学反应发生，通过反应使陶瓷的表面分解形成新相，产生化学吸附机制，这样才能形成结合牢固的陶瓷与金属结合界面。

6.4.3 陶瓷基复合材料的焊接方法

陶瓷基复合材料的焊接方法有钎焊、真空扩散焊接、激光焊与电子束焊接。陶瓷基复合材料焊接及与金属焊接的焊接方法见表6-6。

1. 钎焊

无论是陶瓷基复合材料自身的钎焊，还是陶瓷基复合材料与金属之间的钎焊，其工艺均比金属材料的钎焊复杂很多。目前，常用钎料有两大类，金属钎料和玻璃钎料。利用金属钎料钎焊时称为金属钎焊法，利用玻璃钎料钎焊时称为玻璃钎焊法。

1) 金属钎焊法

金属钎焊法广泛用于陶瓷基复合材料与金属材料的焊接，也可用于陶瓷基复合材料自身的焊接。钎焊的主要障碍是大多数金属都不润湿陶瓷表面。已经研究出两种方法来解决这个问题。①因为熔化态的钎焊料实际上是与陶瓷表面的金属接触，连接是在金属表面层或活性基底之间进行的，所以这些工艺方法实现起来相对较容易，由此而来的钎焊方法为表面金属化钎焊。②活性金属法（也称为一步法），在金属钎料中加入活性金属（例如 Ti）。在钎焊过程中，Ti 会熔化并析出于陶瓷表面，与陶瓷表面发生反应形成可润湿的表面。

表6-6 陶瓷基复合材料焊接及与金属焊接的焊接方法

项目		适用材料	原理
钎焊法	Mo-Mn法	陶瓷基复合材料，金属焊接	以 Mo 或 Mo-Mn 粉末（粒度为 3～5xm）同有机溶剂混合成膏剂作钎料，涂于表面，在水蒸气气氛中加热进行钎焊
	金属活化法	陶瓷基复合材料，金属焊接	利用对氧化性的金属（Ti、Zr、Nh、Ta 等）添加某些金属（如 Ag、Cu、Ni 等）配置成低熔点合金作钎料（这种钎料熔融金属的表面张力和黏性小、润湿性好），加到被焊接的陶瓷基复合材料与金属的间隙中，在真空或 Ar 等惰性气氛炉内加热钎焊
	玻璃钎焊法	陶瓷基复合材料，金属焊接	采用熔点较低的玻璃质钎料，用有机胶黏剂调成膏状，嵌入接头中，在氩气中加热钎焊
熔焊法	激光焊	氧化物系陶瓷基复合材料、Si_3N_4、SiC 与陶瓷基复合材料的焊接	利用高能量密度的激光束照射陶瓷基复合材料接头区进行熔化焊接。激光器采用输出功率峰值大的脉冲振荡方式。焊前工件需预热以防止激光集中加热因热冲击而发生裂纹。预热时可利用非聚焦的激光电。为增大熔深，焊接速度宜慢，但过慢会使晶粒粗大
	电子束焊接	氧化物系陶瓷基复合材料、Si_3N_4、SiC 与陶瓷基复合材料的焊接	利用高能量密度的电子束照射接头区进行熔化焊接
	电弧焊接法	陶瓷基复合材料与陶瓷基复合材料，陶瓷基复合材料与金属焊接	用气体火焰加热接头区，温度上升至陶瓷基复合材料具有某种导电性时，通过气体火焰炬中的特殊电极在接头处加上电压，使结合面间电弧放电并产生高热以进行熔化焊接

续表

项目		适用材料	原理
固相焊接法	各向同时加压法	陶瓷基复合材料与陶瓷基复合材料,陶瓷基复合材料与金属焊接	将焊接表面加工到近似网状,封入真空(真空度 133×10^{-3} Pa)容器中,在适当温度下于各个方向同时施加静水压(压力范围 50～250 MPa),在较短时间内即完成焊接(为促进界面焊接,有时在界面上放置金属粉末或 TiN 等陶瓷基复合材料粉末作中间层)
	附加电压焊接法	玻璃与金属,Al_2O_3 与 Cu、Fe、Ti 等的焊接	在将接头区加热至高温的同时,通以直流电压使结合界面极化,通过金属向陶瓷基复合材料扩散进行直接焊接。通常在焊接区,附加 0.1～1.0 kV 的直流电压,于温度 773～873 K 下持续 40～50 min
	扩散焊接法	陶瓷基复合材料,金属焊接	在接头的间隙中夹以中间层(钎料)于真空炉中加热并加压

(1)表面金属化钎焊。

陶瓷基复合材料表面金属化的常用方法有 Mo-Mn 法、蒸镀法、溅射沉积法、离子涂覆法、热喷涂法,以及离子注入法等几种。

Mo-Mn 法是陶瓷基复合材料表面金属化最常用的一种方法。Mo-Mn 法工艺流程为表面清洗处理—金属膏剂化—配制与涂敷—金属化烧结—镀镍和钎焊。

金属化膏剂的制备和涂覆工艺:将各种原料的粉末按比例称好(最常用的粉末为 Mo(80%)-Mn(20%)粉,加入 10%～25%Mn 是为了改善金属镀层与陶瓷基复合材料的结合);加入适量的硝棉溶液、醋酸丁酯、草酸二乙酯等,经球磨稀释后用毛刷或用喷涂的办法均匀地涂覆在陶瓷基复合材料的钎焊面上;涂覆后,将陶瓷基复合材料放入钼坩埚中,在一定的烧结温度下烧结;烧结后的金属化层应连续、致密,无斑点、裂纹、起泡、氧化、粘砂等缺陷。

Mo-Mn 法表面金属化钎焊工艺步骤如下:

①零件的清洗。陶瓷基复合材料件可以在超声波清洗机中用清洗剂清洗,然后用去离子水清洗并烘干。金属件要通过碱洗、酸洗的办法去除金属面的油污、氧化膜等,并用流动水清洗、烘干。清洗过的零件应立即进入下一道工序,中间不得用裸手接触。

②涂膏剂是陶瓷基复合材料金属化的重要工序,膏剂多由纯金属粉末加适量的金属氧化物组成,粉末粒度在 1～5 μm,用有机胶黏剂调成糊状,用毛笔或其他一些喷涂的方法均匀地涂刷在需要金属化的陶瓷基复合材料表面上,涂层厚度大约为 30～60 μm。

③陶瓷基复合材料金属化将涂好的陶瓷基复合材料件放入氢气炉中,在 1300～1500 ℃温度下保温 0.5～1 h。

④镀镍金属化层多为 Mo-Mn 层,难与钎料浸润,必须镀上一层 4～5 μm 厚的镍。

⑤将处理好的金属件和陶瓷基复合材料件装配在一起,在焊缝处装上钎料。

⑥钎焊在氩气炉或真空炉中进行,钎焊温度由钎料而定。在钎焊过程中加热和冷却速度都不能过快,以防止陶瓷基复合材料件炸裂。

⑦对一些有特殊要求的陶瓷基复合材料封接件,如真空器件或电器件,要进行漏气、热冲击、热烘烤和绝缘强度等检验。

(2)活性金属化钎焊。

钎焊前,在陶瓷基复合材料表面涂敷这些金属元素,这些元素一方面可以通过化学反应在陶瓷基复合材料表面形成反应层,反应层主要由金属与陶瓷基体的复合物组成,这些复合物与陶瓷基体有良好的结合及较高的表面能;另一方面这些元素可与钎料中的金属形成活性合金,而液态活性合金对陶瓷基体表面形成的反应层具有良好的润湿性。

利用活性金属 Ti-Ag-Cu 进行活性金属钎焊时,钎焊具体工艺步骤如下:

①零件的清洗。陶瓷基复合材料件可以在超声波清洗机中用清洗剂清洗,然后用去离子水清洗并烘干。金属件要通过碱洗、酸洗的办法去除金属表面的油污、氧化膜等,并用流动水清洗、烘干。清洗过的零件应立即进入下一道工序,中间不得用裸手接触。

②制膏剂。制膏剂所用的钛粉纯度应在 99.7% 以上,粒度在 270～360 目范围内。制膏剂时取质量为钛粉一半的硝棉溶液,加上少量的草酸二乙酯稀释,调成膏状。

③涂膏剂。用毛笔或其他喷涂的方法将活性钎料膏剂均匀地涂覆在陶瓷基复合材料的封接面上。涂层要均匀,厚度一般在 25～40 μm 左右。

④装配。膏剂晾干后与金属件及钎料装配在一起。

⑤钎焊。在真空炉中进行钎焊,逐渐升温到 779 ℃使钎料熔化,然后再升温至 820～840 ℃,保温 3～5 min 后(温度过高或保温时间过长都会使得活性合金与陶瓷基复合材料制件反应强烈,引起合金组织疏松、形成漏气)降温冷却。在加热或冷却过程中,注意加热、冷却的速度,以避免因加热、冷却过快而造成陶瓷基复合材料接头的开裂。

⑥检验。对封接件进行耐烘烤性能检验和气密性检验。

2)玻璃钎焊法

陶瓷基复合材料的金属化钎焊法虽然可以得到较高强度的接头,但难以满足抗碱金属腐蚀和抗热性的要求,而氧化物玻璃钎料可很好地解决这些问题。氧化物玻璃钎料,对于陶瓷基复合材料具有很好的润湿性,焊接成本低,工艺简单,而且可以一次将金属与陶瓷基复合材料焊接起来。由氧化铝和氮化硅为基体的氧化物和非氧化物增强的陶瓷基复合材料都可以利用这种钎料进行连接。

(1)钎料。常用的玻璃钎料有 Al_2O_3、CaO、$BaO-SrO$、$Al_2O_3-CaO-BaO-SrO-MgO-Y_2O_3$、$Al_2O_3-CaO-MgO-SiO_2$ 等几种。

(2)钎焊工艺。利用玻璃钎料钎焊陶瓷基复合材料活性金属的工艺流程如下：

①零件的清洗。可用丙酮、三氯乙烯等有机溶剂擦洗工件，用 NaOH、Na_2CO_3 和稀 HCl 将其煮沸、清洗并加热干燥。清洗过的零件应立即进入下一道工序，中间不得用裸手接触。

②制浆。用氧化物和碳酸盐为原料，按质量分数称量各组分，混合后在 1500 ℃ 的高温下保温 1.5～2 h，充分焙制，快速冷却。粉碎、磨细、制浆待用。制浆时所加的胶黏剂与金属化法相似。

③装配。将焊料置于被封接件之间，用钼夹具固定。

④钎焊。放入真空炉中加热至 800 ℃，保温数分钟。快速升温至 1000 ℃，再放慢升温速度至封接温度。在加热或冷却过程中，注意加热、冷却速度，升温过程中必须排尽胶黏剂，跳过析晶温度，以排除杂质及过早析晶对封接质量的影响。钎焊温度过低，钎料与工件之间的传质不够充分，润湿就不好；钎焊温度过高或保温时间过长，会使焊料晶粒过大、质脆。实践证明，钎焊温度应比钎料熔化温度高 60 ℃ 左右。

⑤检验。对封接件要进行耐烘烤性能检验和气密性检验。对真空器件或电器件，要进行漏气、热冲击、热烘烤和电绝缘强度等检验。

2. 扩散焊

陶瓷基复合材料的扩散焊过程与陶瓷的固相烧结过程完全相同，主要包括塑性变形、扩散和蠕变，以及再结晶和晶粒长大等，因此这种方法非常适合于陶瓷基复合材料自身的连接及陶瓷基复合材料与金属之间的连接。

陶瓷基复合材料扩散焊的方法主要有以下四个方面：

①同种陶瓷基复合材料的直接连接。

②用一薄的中间层连接同种陶瓷基复合材料。

③一种陶瓷基复合材料与其他材料的直接连接。

④用一薄的中间层连接异种材料。

陶瓷基复合材料扩散焊的主要优点有连接强度高、尺寸容易控制、适合于连接异种材料。主要不足有扩散温度高、时间长，设备昂贵，成本高，试件尺寸和形状受到限制。

1) 加中间层的扩散焊

加中间层的扩散焊是利用中间薄层完成陶瓷基复合材料的焊接。影响扩散焊接头质量的焊接参数主要有焊接温度、保温时间、焊接压力、环境介质、连接表面的状态、中间层，以及被连接件之间的相容性。

加中间层扩散焊的工艺参数如下：

(1)加热温度。加热温度对扩散过程影响最显著，焊接金属与陶瓷基复合材料的温度一般达到金属熔点的 90% 以上。

(2)保温时间。在一定的范围内,保温时间增加,接头强度增大。但是,当时间过长时,接头强度又会下降,其主要原因是保温时间影响反应产物和反应层的厚度。

(3)压力。扩散焊的过程中必须施加一定的压力。这主要是为了促使接触部位产生塑性变形,破坏表面氧化膜,克服表面不平整性并增加表面接触,为原子扩散提供有利的条件。为了防止焊件发生大的变形,扩散焊时,所加的压力一般较小(不大于 100 MPa),这压力范围通常足以减小表面不平整和破坏表面氧化膜,增加表面接触。

(4)界面状态及化学反应。表面粗糙度对扩散焊接头强度的影响十分显著,表面粗糙会在陶瓷基复合材料中产生局部应力集中而容易引起脆性破坏。用固相扩散焊焊接陶瓷基复合材料与金属时,陶瓷基体与金属界面会发生反应形成化合物。所形成的化合物种类与焊接条件(如温度、表面状态、杂质类型与含量等)有关。

(5)扩散焊时,采用中间层是为了降低扩散温度,减小压力和减少保温时间,以促进扩散和去除杂质元素,同时也为了降低界面产生的残余应力。中间层的选择很关键,选择不当会引起接头性能恶化。

2)瞬态液相扩散焊

(1)利用非金属中间层。焊接时将熔点较低的非金属中间层置于两块熔点相对较高的陶瓷基复合材料工件中间,再将它们加热到中间层的熔化温度以上使其熔化,并向工件中扩散,由于低熔点材料的进入,工件连接表面开始熔化,并形成一种成分可变的"合金",当中间层充分熔化后,"合金"中含高熔点组元的浓度增高,最后形成含高熔点材料的合金固溶连接区。低熔点材料熔化时可以填充间隙,靠表面张力把两块高熔点材料的表面结合在一起。例如,可以用软化点较低的玻璃对含硅酸盐键的陶瓷基复合材料进行瞬态液相扩散焊。硅酸盐的软化点在很大程度上取决于其中碱或碱土金属的类型及含量。在玻璃熔化后,随着碱性玻璃或玻璃陶瓷基体的扩散而使其黏度增大。焊接过程中产生结晶化,获得耐高温的连接层。

(2)利用金属中间层。金属中间层为几种不同金属材料构成的复合中间层,一般是高熔点的金属或合金(核心中间层)位于中间,而熔点较低的金属或合金位于两侧并直接与陶瓷基复合材料的连接表面接触,焊接过程中,低熔点金属或合金熔化并润湿陶瓷,而高熔点的核心层则消耗掉低熔点涂层,形成高熔点的合金或反应产物。这种焊接方法的优点是兼有扩散焊和钎焊的优点,薄层液相的存在使其焊接过程类似钎焊,而核心中间层与液相反应生成高熔点的合金,使接头可用在很高的温度下。

3. 电子束焊接

1)焊接特点

电子束焊接是一种用高能密度的电子束轰击焊件,使其局部加热和熔化,实现焊接的方法。陶瓷基复合材料与金属的真空电子束焊,是一种很有效的焊接方法。

电子束焊接有许多优点,如在真空条件下能防止空气中的氧、氮等污染,有利于陶瓷基复合材料与活性金属的焊接,焊后的气密性良好。电子束经聚焦能形成很细小的半径,因而电子束穿透力很强,加热面积很小,焊缝熔宽小、熔深很大,熔宽与熔深之比可达到 1∶10～1∶50。这样不仅焊接热影响区小,而且应力变形也是极其微小的。这对于精加工件可作为最后一道工序,可以保证焊后结构的精度。

这种方法最大的缺点是设备复杂,对焊件工艺要求较严,生产成本较高,在应用上受到一定的限制。陶瓷基复合材料与金属的真空电子束焊接时,焊件的接头形状有多种形式,接头形式以平焊为最好,也可以采用搭接或套接,工件之间的装配间隙应控制在 0.02～0.05 mm,不能过大,否则可能产生未焊透等缺陷,达不到焊接的目的。

2)工艺过程及工艺参数

(1)焊接工艺过程。①把焊件表面处理干净,将工件放在预热炉内进行预热。②当真空室的真空度达到 10^{-2} Pa 之后,开始用钨丝热阻炉对工件进行预热,在 30 min 内可由室温上升到 1600～1800 ℃。③在预热恒温下,让电子束扫射被焊工件的金属一侧,开始焊接。④焊后降温退火,预热炉要在 10 min 之内使电压降到零,然后使焊件在真空炉内自然冷却 1 h 以后才能出炉。

(2)工艺参数。电子束焊的焊接参数主要有:加速电压、电子束电流、工作距离(被焊工件至聚焦筒底的距离)、聚焦电流和焊接速度。陶瓷基复合材料与金属真空电子束焊的工艺参数对接头质量影响很大,对焊缝熔深和熔宽的影响更大,其也是衡量电子束焊接的重要指标。选择合适的焊接参数可以使焊缝形状、强度、气密性等达到设计要求。

3)焊接设备

陶瓷基复合材料与金属真空电子束焊机,由电子光学系统(包括电子枪和磁聚焦、偏转系统)、真空系统(包括真空室、扩散泵、机械泵)、工作台及传动机构、电源及控制系统四部分组成。电子束焊机的主要部件是电子光学系统,它是获得高能量密度电子束的关键,在配以稳定、调节方便的电源系统后,能保证电子束焊接的工艺稳定性。电子束焊枪的加速电压有高压型(1100 kV 以上)、中压型(40～60 kV)和低压型(15～30 kV),对于陶瓷基复合材料与金属的焊接,最适合采用高真空度低压型。

6.5 碳/碳复合材料焊接

6.5.1 碳/碳复合材料焊接的概述

1. 定义

碳/碳复合材料是以碳(或石墨)纤维及其织物为增强材料,以碳(或石墨)为基体,通过加工处理和碳化处理制成的全碳质复合材料。

2. 类型

1) 根据增强材料与基体材料的不同

碳/碳复合材料可分为三种：碳纤维增强碳、石墨纤维增强碳、石墨纤维增强石墨。

2) 根据纤维的类型或编制方式

碳/碳复合材料可分为短纤维增强的碳/碳复合材料、单向连续纤维增强的碳/碳复合材料、层合织物（碳布重叠或原丝制毡）增强的碳/碳复合材料及三维立体编织物增强的碳/碳复合材料等多种。短纤维复合材料的成本低，容易加工，但强度不高；连续纤维复合材料仅在纤维方向具有较高的强度；层合织物可在纤维平面上提供高强度和良好的抗冲击性能，而在垂直于纤维平面的方向上力学性能较差；三维织物增强的复合材料比其他几种形式的复合材料性能要好，其整体性强，层间剪切强度高，但制造成本亦高。

3) 根据基体的制备方法

由于碳在常压下不熔化，也不能溶解于任何溶剂中，因此不能直接用作基体材料。基体的制造工艺有两种。第一种是先制成碳纤维增强热固性树脂基复合材料，然后在氧气中缓慢热分解，使树脂基体分解，并在沥青、酚醛树脂等溶液中反复进行浸渍并热解，最后只残留碳基体，得到碳/碳复合材料。第二种是化学蒸气沉积法，即用碳氢化合物气体，如甲烷、乙炔等，在 1000~1100 ℃ 下进行分解，在三维织物、碳毡、纤维缠绕件的结构空隙内进行沉积，形成致密的碳/碳复合材料。

3. 性能

碳/碳复合材料的优点体现在以下几个方面：

(1) 物理性能。C/C 复合材料在高温热处理之后的化学成分，碳元素高于 99%，密度低，具有极强亲和力，由于碳元素熔点高，具有耐高温，抗腐蚀和热冲击性能好的特性，耐酸、碱、盐。

(2) 力学性能。体现 C/C 复合材料力学性能的是强度和弹性模量，耐摩擦磨损性能好。

(3) 高温稳定性。C/C 复合材料的室温强度可以保持在 2500 ℃，对热应力不敏感，抗烧蚀性好。

(4) 综合性能评价。C/C 复合材料在常温下的强度和弹性模量好，生产 C/C 复合材料环节少，可节省材料和制造费用，安全性和可靠性高。

碳/碳复合材料的缺点是非轴向力学性能差，破坏应变低，空洞含量高，纤维与基体结合差，抗氧化性能差，制造加工周期长，设计方法复杂，缺乏破坏准则。

6.5.2 碳/碳复合材料焊接性

碳/碳复合材料的焊接类似于石墨的焊接。由于碳或石墨的熔点很高，因此不可能利用熔化焊方法进行焊接,一般采用扩散焊及钎焊进行焊接。由于碳/碳复合材料一般工作于特殊的工作环境中,焊接结构需要满足这些环境条件下的特殊要求,因此在焊接过程中最大的问题是能否保持碳/碳复合材料原有的特性不受焊接过程的破坏。

6.5.3 碳/碳复合材料的焊接方法

1. 扩散焊

碳/碳复合材料的扩散焊的基本思路是通过焊接过程中的物理、化学反应,在两个被连接件之间生成石墨或高温稳定的化合物中间层,从而将被连接件连接起来,为此,必须在连接表面上涂敷一定的中间层反应材料。

1) 通过在焊接过程中生成石墨来连接碳/碳复合材料

这种方法的基本原理是利用某些金属粉末与复合材料反应生成碳化物,然后进一步加热,使碳化物石墨化。通常使用锰粉粉末,其纯度要高于99.9%,粒度应不大于150 μm。焊接时首先利用乙醇将金属粉末做成稀浆,然后将稀浆均匀地涂刷在被连接表面上。

焊接分两步进行,首先在一定的温度和压力下,通过固态扩散及液相渗透作用,使金属粉末与碳/碳复合材料母材相互作用,生成热稳定性较低的碳化物,这一步被称为碳化物形成阶段,然后,进一步加热到更高温度使碳化物分解为石墨和金属、并使金属完全蒸发消失,最终,在连接层中仅剩下石墨片层,这一阶段被称为石墨化阶段。从接头的组织结构来看,这种接头匹配是较为合理,除碳外没有任何其他外来材料,组织结构的连续性较好。

2) 通过生成难熔相来连接碳/碳复合材料

这种方法通常使用由金属与碳化物或硼化物混合而成的中间层反应材料,在一定压力和较高的温度下发生烧结反应,形成高熔点、高强度的烧结产物(化合物及其混合物)。形成的烧结产物不仅要有良好的高温性能,而且还必须具有良好的烧结性能。因为烧结性能不好,即使反应后能生成高温性能很好的难熔相,但并不能得到强的连接层,起不到连接碳/碳复合材料的作用。

通常使用的中间层反应材料为 $B,C+Ti+Si$ 混合粉末。焊接步骤如下:首先,利用乙醇将 B 和 $C+Ti+Si$ 混合粉末制成稀浆,涂敷在被连接件的连接表面上;然后在真空石墨炉中进行加热、加压;焊接过程中应保持3.5 MPa左右的压力。为防止加热过快、反应不充分等引起的液相,应采用阶梯式的加热程序。

2. 钎焊

与一般金属材料的钎焊不同,碳/碳复合材料的钎焊不是依靠钎料对工件的润湿作用,而是主要依靠"钎料"与碳/碳复合材料之间化学反应而产生冶金结合。可选用的钎料有 Si、Al、

Mg_2Si 及玻璃等。

1)用 Si 作钎料

一般利用 200～750 μm 厚的 Si 箔作钎料,焊接温度可选在 1700 ℃ 左右,焊接时间 90 min 左右,应采用 Ar 气进行保护。硅与石墨生成的碳化硅使得 Si 箔与碳/碳复合材料连接起来。

2)用 Al 作钎料

一般利用 100～250 μm 厚的 Al,在一定流量的 Ar 气气氛中进行,焊接铝箔作钎料,焊接温度可选在 1000 ℃ 左右,焊接时间大约为 45 min。铝与石墨生成的碳化铝使得铝箔与碳/碳复合材料连接起来。

3)用玻璃作钎料

用玻璃作为钎料也可对碳/碳复合材料进行钎焊。可采用 SB 玻璃(硼硅酸盐)和 ZBM 玻璃(Zn 的硼酸盐)。

课后拓展

1.查询文献资料,调研复合材料企业,完成热塑性树脂基复合材料焊接研究及应用现状的报告。

2.查询文献资料,调研陶瓷基复合材料企业(如鑫垚陶瓷基复合材料),完成陶瓷基复合材料的应用及其焊接技术研究进展的报告。

3.查询文献资料,调研相关企业,完成复合材料焊接新工艺的报告。

习题

一、填空

1.树脂基复合材料按照基体的行为形态可以分为_____和_____。

2.热塑性树脂基复合材料的熔化焊接方法包括_____、热工具焊、_____、_____、红外加热焊、_____、_____、_____、摩擦焊和_____等。

3.连续纤维增强金属基复合材料最常用的金属基体有_____、_____、_____。

4.连续纤维增强金属基复合材料焊接常遇到六个方面的问题,如界面反应、_____、_____、纤维分布状态被破坏、_____和_____。

5.适用于连续纤维增强金属基复合材料的焊接方法有_____、激光焊、_____、钎焊等。

6.晶须、颗粒增强金属基复合材料的焊接方法有电弧焊、_____、扩散焊和其他焊接方法。

7.陶瓷基复合材料按基体可分为_____、_____及_____复合材料。

8. 陶瓷基复合材料的焊接方法有钎焊、_____、_____及电子束焊接。

9. 碳/碳复合材料按纤维的类型和编制方式可分为_____、_____、_____和_____等多种类型。

10. 碳/碳复合材料的焊接方法主要有_____和_____。

二、判断

1. 热固性树脂基复合材料可以采用焊接方法进行连接。（　　）
2. 大部分金属基复合材料的焊接性与其基体的焊接性基本一致。（　　）
3. 陶瓷基复合材料无法利用电弧焊等熔化焊方法进行焊接。（　　）
4. 热气焊是采用热气流为热源进行加热的焊接方法，其焊接速度快。（　　）
5. 介电加热焊不能用于导电纤维增强的热塑性树脂基复合材料。（　　）
6. 摩擦焊不适合纤维增强金属基复合材料的焊接。（　　）
7. 钎焊时焊接温度较低，基体金属一般不熔化，不易引起界面反应。（　　）
8. 目前还没有复合材料专用钎料，一般选用其基体材料钎焊时所用的钎料。（　　）
9. 晶须（颗粒）增强陶瓷基复合材料焊接与陶瓷焊接类似。（　　）
10. 碳/碳复合材料的焊接类似于石墨的焊接，可利用熔化焊方法进行焊接。（　　）

三、选择

1. 下列哪种不适合热固性树脂的连接。（　　）
   A. 胶接　　　　　　B. 铆接　　　　　　C. 螺接　　　　　　D. 焊接
2. 下面哪种焊接方法不适合纤维增强金属基复合材料。（　　）
   A. 电弧焊　　　　　B. 钎焊　　　　　　C. 摩擦焊　　　　　D. 激光焊
3. 下列哪种焊接方法不适合陶瓷基复合材料。（　　）
   A. 电弧焊　　　　　B. 钎焊　　　　　　C. 电子束焊接　　　D. 激光焊
4. 下面哪个不是陶瓷基复合材料扩散焊的优点。（　　）
   A. 连接强度高　　　B. 扩散温度高　　　C. 连接强度高　　　D 易于连接异种材料
5. 下列哪种连接方法不适合碳/碳复合材料。（　　）
   A. 扩散　　　　　　B. 钎焊　　　　　　C. 胶接　　　　　　D. 电弧焊

四、简答

1. 热塑性树脂基复合材料的焊接特点有哪些？其焊接方法有哪些？
2. 简述电气焊的工艺过程及工艺特点。
3. 连续纤维增强金属基复合材料焊接时会遇到哪些问题？
4. 激光焊的工艺特点有哪些？

5. 晶须(颗粒)增强金属基复合材料的焊接方法有哪些？

6. 陶瓷基复合材料的焊接特点有哪些？

7. 陶瓷基复合材料的焊接方法有哪些？

8. 简述陶瓷基复合材料电子束焊接的工艺过程及工艺特点。

9. 什么是碳/碳复合材料？其性能特点有哪些？

10. 简述碳/碳复合材料的焊接方法及其各自的焊接基本原理。

第7章 复合材料混合连接

本章导读

本章主要介绍胶螺连接、胶铆连接和胶焊连接。胶螺连接介绍了胶螺连接的发展和研究方向。胶铆连接介绍了胶铆连接工艺方法及应用。胶焊连接介绍了胶焊连接的特点、形式及工艺参数。常见的胶焊技术工艺主要包括两种,透胶胶焊和毛细作用胶焊。胶焊工艺参数重点介绍了胶接工艺参数和点焊工艺参数。

知识目标

(1)掌握胶螺连接的发展和研究方向。
(2)掌握胶铆连接工艺方法和应用。
(3)掌握胶焊连接的优缺点和工艺形式。

能力目标

(1)能进行胶螺连接工艺操作。
(2)能进行胶铆连接工艺操作。
(3)能进行胶焊连接工艺参数选择。

素质目标

(1)具有对新知识、新技能的学习能力和开拓进取的创新精神。
(2)具有严谨规范、精益求精、吃苦耐劳的优良品质。

采用胶螺(铆)混合连接一般是出于对破损安全的考虑,想要得到比只有机械连接或只有胶接时更好的连接安全性和完整性,但是要根据具体情况应用得当,设计合理,否则将得不偿失。

混合连接可能兼有机械连接和胶接的优点,也可能兼有两者之不足。在胶接连接中采用紧固件加强,一方面可以阻止或延缓胶层损伤的发展,提高抗剥离、抗冲击、抗疲劳和抗蠕变等性能;另一方面也有孔应力集中带来的不利影响,且增加了重量和成本。胶接和机械连接的应力集中不在同一部位,胶接连接的应力集中发生在被胶接件端部的胶层和附近的复合材料,机械连接的应力集中发生在孔附近。采用混合连接一方面使被胶接件端部局部应力集中得到缓和，同时又产生新的应力集中源。采用混合连接是比较复杂的问题。主要与胶黏剂和被胶接件的强度有关，与紧固件的数量、大小和位置等也有关系。

（1）薄板情况。如果胶层强度高于被胶接件的强度，破坏发生在胶接区域之外，那么在胶接区域设置紧固件是不起任何作用的，此时不需要附加紧固件来提供破损安全的传载路线，采用胶接连接即可。如果纯胶接连接的破坏形式为层压板的层间破坏，采用适当的机械连接作为补充是有益的。

（2）厚板情况。由于要求传递载荷大，胶层成为薄弱环节，胶接传递的载荷很有限，在胶层失效后，最终还得靠机械连接承担全部载荷。因此对于厚板情况只需采用机械连接，而无须再用胶接。

（3）中等厚度板情况。要求传递载荷适中，可通过混合连接提高连接强度。胶接连接是一种连续的连接，一般认为，在胶层完好时，紧固件基本上是不受力的，一直到胶层发生损伤引起载荷的重新分配，损伤区域的紧固件才参与受载。在这种情况下，机械连接阻止了初始损伤的扩展，这种损伤如不得到抑制，将迅速扩展导致灾难性破坏，也就是说机械连接起了破损安全传载路线的作用。

设计混合连接时应注意到：选用韧性胶黏剂，尽量使胶接的变形与机械连接的变形相协调，但通常机械连接的变形总是大于胶接的变形（指面内变形）。机械紧固件与孔的配合要很精密。如果胶层很脆，且紧固件与孔的配合又不够精密，那么连接试件的剪切变形就较大，将先引起胶层的剪切破坏，继而引起紧固件的剪切破坏或孔的挤压破坏，达不到预期的效果。

7.1 胶螺连接

胶螺混合连接结构中的螺栓连接一方面可以降低胶层的剥离应力，阻止裂纹扩展；另一方面相较于纯胶接结构，螺栓可以防止突然发生的灾难性失效，这对于很难检测到缺陷的连接区域具有重要意义。

围绕胶螺混合连接的研究，不论是用作修补，还是安全保障措施，最终均与结构承载有关。在胶螺混合连接中可以将机械连接看作是对胶接的加强，而理想的连接状态是胶层和螺栓同时承担载荷，并且在接头濒临破坏时，二者均达到极限强度，抑或胶接先达到极限载荷，而螺栓连接还能继续承载。要达到这种状态，要求胶接与机械连接在变形上相协调，实现两种连接形式承载的合理高效分配。然而，由于接头形式刚度的差异，导致载荷无法同时传递到胶层和螺栓，造成非均衡化承载。胶接和螺接二者载荷承担的同步性和均衡性对于保证结构承载能力十分重要。然而在实际胶螺混合连接中很难做到二者同时承受较高载荷，通常是胶黏剂承担了大部分载荷，而螺栓仅起到了有限的辅助作用。因而改进承载机理，实现有效的载荷分配成为提高结构承载能力的关键。对于混合连接接头的评估使用主要包括两个阶段：评估胶螺两种接头载荷传递的贡献分配值(即载荷分配)和预测相应接头的失效强度(即承载能力)。因此,为了实现螺栓和胶接的载荷均衡化分配,提升二者同时承载的能力,需要开展大量的参数化研究工作,从材料参数、结构参数以及工艺参数等方面入手,优化传力路径,提高结构承载性能,实现复合材料胶螺混合连接结构的推广应用。

7.1.1 胶螺连接的发展

到目前为止,对于胶接和机械连接接头的单独研究已经有五十多年的历史,相比之下混合连接的研究尚短。典型的螺栓连接结构、胶接结构以及胶螺混合连接结构如图7-1所示。航空行业中对于复合材料胶螺混合连接的研究最早起源于20世纪80年代的研究,其最初是作为保险性结构和修补使用,用以提高损伤容限。在航空航天领域,一方面由于胶接损伤难以有效预测,工艺控制困难,导致其无法广泛应用于飞机结构中;另一方面,载荷主要由胶层承担,而螺栓起的作用有限,因此混合连接效率低,无法广泛应用。对于航天安全性能要求高的结构,在使用混合连接时,通常使用较长的搭接长度和特定模量的黏合剂以保证安全。实际上随着黏合剂材料地发展,国外许多研究者通过试验和理论预测发现,混合连接也可以有较好的连接性能,甚至在某些情形下,相较于传统连接,混合连接有更好的静强度和疲劳寿命。而在其他领域,混合连接也因其独特的性能及安全性而获得了广泛关注。黄文俊等指出,复合材料混合连接结构的传力路径多,合理设计可以有效提高连接效率和载荷传递能力,并实现重量收益。

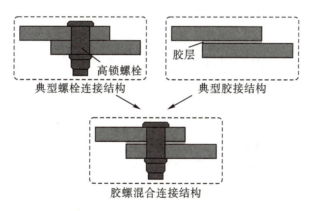

图7-1 胶螺混合连接结构

对于传统的胶接接头,为了保证接头的性能,一般需要采用以下三种措施:①采用"设计特征"来减小脱黏;②对于每一种胶接结构开展试验验证;③采用无损检测技术对接头进行检测以保证接头强度。然而实际上对每一种航空结构件都进行全尺度验证试验会产生巨大的费用,并且无损检测技术也无法准确预测接头强度。试图采用设计特征来减少脱黏层尺寸的增长,需要增加额外的裂纹抑制组件,这就增加了结构装配复杂性,结构质量要求就会更高。因而,在胶接接头中添加螺栓,形成混合接头,成为一种满足承载要求且较为经济的设计特征。研究表明,采用紧固件对胶接连接加强,一方面可以使胶层损伤的扩展被阻止或延缓,使抗剥离、抗冲击、抗疲劳和抗蠕变等性能提高,另一方面相对于纯胶接结构,也存在可能带来应力集中的不利影响。但是,胶接和机械连接的应力集中出现在不同部位,对于胶接连接,应力集中发生在被胶接件胶层端部和附近的复合材料处;对于机械连接,应力集中则主要发生在孔附近。而采用混合连接,反而使得被胶接件端部和孔周的局部应力集中均得到一定缓和,使其在接头强度、疲劳寿命和能量吸收等方面均具有一定的潜在优势。但是,大多数螺栓连接分析都忽略了垫片/密封层,从而导致预测接头刚度准确度的降低,并且厚垫片/密封层还会由于增加了载荷偏心率,被粘物偏移变大造成螺栓倾斜等原因,导致接头强度下降。

7.1.2 胶螺连接的研究方向

1. 成型工艺与传力路径

胶螺混合连接结构的成型工艺与传力路径是指由于胶层、螺栓连接各自的成型特点,以及相互间的前后顺序导致的工艺顺序的差别及由此造成的传力特性的不同。在成型工艺方面,目前胶螺混合连接接头主要有两种典型工艺(如图7-2所示):①在已固化的胶接接头上打孔,然后安装螺栓,并拧紧形成接头;②连接处预先制孔,然后涂胶,并安装拧紧螺栓,待胶层固化后形成接头。搭接区域的螺栓孔如果在粘接之前进行钻孔,则必须在固化过程中将销钉插入孔中以确保孔位对齐。因而除了改善接头性能外,在某些情况下采用混合连接接头的作用是在粘接结构固化时将其固定,从而方便后续加工制造。

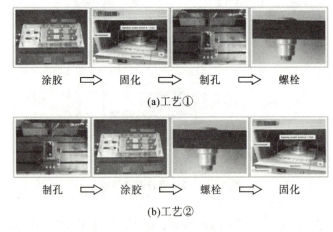

(a) 工艺① 涂胶 ⇒ 固化 ⇒ 制孔 ⇒ 螺栓

(b) 工艺② 制孔 ⇒ 涂胶 ⇒ 螺栓 ⇒ 固化

图7-2 胶螺混合连接制作工艺

采用工艺①制作的连接接头,由于螺栓与孔之间的配合间隙造成螺栓与胶层未直接接触,从而将接头传力及变形分为3个阶段:阶段1,内外搭接板相对移动,胶层剪切变形承担载荷;阶段2,内搭接板或外搭接板与螺栓接触载荷由胶层和界面摩擦力承担;阶段3,内、外搭接板均克服间隙接触螺栓,载荷由胶层和螺栓共同承担。采用工艺②制作接头时,承载过程较为简单,螺栓预紧力将迫使多余的胶黏剂填充螺栓与螺栓孔之间的配合间隙,使螺栓与胶层紧密相连,促使胶层和螺栓同时承载。

在胶螺混合连接接头中,螺栓传递载荷可能包含两种方式:螺栓杆与孔之间的接触传递及被粘物外表面与螺栓头/垫圈之间的摩擦力传递。前者更适合胶螺混合接头中大量载荷的传递;而后者可靠性较低,由于它依赖于螺栓预紧力,而承载能力会由于接头变形,以及复合材料的黏弹性蠕变逐步降低。此外,黏合剂因预紧力作用而发生的蠕变也反过来会对螺栓预紧力造成影响。

混合连接承载力稳定,两种工艺制作的固定尺寸的混合接头中,先胶接再钻孔的接头,在一定数量范围内,增加螺栓数会使承载能力上升,但过多使用螺栓承载能力反而下降;先钻孔再涂胶的接头螺栓和胶层协同工作性能好,但制作工艺要求更高。

此外,受胶接不同成型工艺的影响,混合连接接头也有一定区别。当共固化成型时,被粘物和接头是同时生产的。这种方法通常与湿法铺层结合使用,并用于制造复合材料与金属接合处。另一种常见方法是二次黏接,这就要求任一复合材料被粘物都要事先固化。二次黏合允许在黏合之前对被粘物进行处理和检查,并且在黏合过程中,使用黏合支架或垫片精确控制黏合层的厚度。

2. 参数影响与载荷分配

胶螺混合连接结构的载荷分配是指螺栓承担的外部载荷与黏合剂承担的外部载荷的比例分配。在载荷分配的参数影响方面,相关的研究较多,目前主要考虑的因素包括:胶黏剂属性、螺栓属性、被粘物属性等材料参数和胶层几何厚度、端头形式、拧紧力矩、搭接形式等设计参数。

在材料参数方面,胶黏剂属性尤其值得关注。假设接头双线性弹塑性黏合行为,使用傅里叶振幅灵敏度测试(FAST)定量确定了影响载荷分配最重要的参数是黏合剂屈服强度,而杨氏模量影响相对较小。而在另一项仅考虑线弹性材料行为的研究中,却认为黏合剂杨氏模量的影响最为强烈。对比两项研究可以发现,材料力学行为对载荷分配的重要性。实际上外载荷的大小也会对材料行为产生重要影响,在更高的载荷下,影响大小的差异会变得更加明显,这主要是与材料的非线性效应相关。分析了复合材料端头翻边、胶层厚度、胶层韧性,以及接触面摩擦系数等因素的影响,发现端头翻边由于可以抑制端头的损伤扩展,提高局部刚度,因而可以明显提高结构的拉伸强度。韧性胶层同样也能够提高结构性能,但胶层厚度对结构的强度基本没有影响;螺钉杆与连接孔接触面间摩擦系数越大,连接结构的拉伸强度越高。

针对单搭接胶螺混合连接及对应的胶连接、螺栓连接开展对比研究,并且分析两种不同弹性模量的材料对混合连接应力分布的影响,计算混合连接胶层与螺栓的承载比例。研究发现,胶层的加入能够缓解连接孔边的应力集中,且低模量的胶黏剂可以促进胶层与螺栓共同承载,从而达到比传统连接方式更好的承载性能。

几何参数同样会对承载分配产生影响。对于三种不同的外载荷水平,重叠长度始终是最大的影响,其次是黏合剂厚度和螺栓孔间隙,层合板的厚度和接头宽度的影响要小得多;虽然改变层合板厚度对厚层压板影响相对较小,但对于非常薄的层压板却具有很明显的影响;如图7-3所示为一种添加薄板连接附属件的方式,用该方法来提供额外的载荷传递路径以提高承载能力,相较于传统的混合连接形式载荷提高80%以上,但是该结构增加了结构重量和安装复杂度。

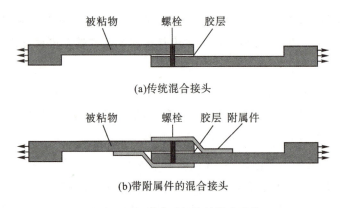

图 7-3 新型含附加件的混合连接

3. 胶层剥离抑制与多钉载荷分配

在胶螺混合连接领域,部分研究人员将注意力集中于胶层剥离机理及其抑制策略。常用的紧固件配置为单排单螺栓连接,这种配置消除了许多复杂的影响和相互作用,能够有效获得影响接头性能的机理。但是,上述配置不能代表大多数实际的接头设计,实际上接头往往是多行多列的。采用渐进损伤的方法,研究复合材料胶螺混合连接中螺栓阵列及胶层缺陷对结构承载能力的影响,研究结果表明,第一行螺栓的位置决定着胶层裂纹扩展率,随着裂纹进入紧固件的夹紧区域,应变能释放率会急剧下降,导致裂纹扩展速率缓慢,从而提高了混合连接接头的抗疲劳能力;对T800碳纤维复合材料多钉混合连接的钉载分布及破坏模式计算中发现,首末两排钉承担载荷最大,中间的钉载最小,模量相对较大的胶层阻止了钉载的有效传递,破坏模式主要为钉孔挤压和层合板拉伸破坏。相对于胶接结构,单钉混合连接结构的承载能力并不会有明显提高。

4. 承载能力预测

在胶螺混合接头中,尽管黏结剂的硬度低于螺栓,但是黏结接头比相同尺寸的螺栓接头要坚硬得多。这说明结构刚度是由材料和几何参数共同决定的,在典型的胶螺混合接头线性加载期间,如图7-4中的原点和A点之间,这种刚度差异导致胶黏剂自身传递大部分载荷。在该区域胶螺混合接头的刚度与胶接接头基本相同。在较高的载荷下,胶黏剂的非线性行为(超弹性或塑性)则会降低黏结接头的刚度。在此阶段,螺栓开始承担越来越大的载荷比例,胶螺混合接头的刚度开始超过两种单独接头的刚度。对于紧配合孔,一旦出现非线性黏接效应,(A点)就会立即出现这种刚度增强效应。对于间隙配合孔,仅在黏合剂充分变形,克服螺栓孔间隙(B点)或施加足够的螺栓预紧力,允许载荷通过螺栓头的摩擦传递到螺栓,才发生这种增强效应。

如果在加载过程中的任何阶段胶黏剂层发生严重失效,胶螺混合连接接头的承载将完全由螺栓承担,其载荷水平将突降至纯螺栓连接结构在该位移下能够承受的载荷大小(紧配合点 C 和间隙配合点 D)。随后,胶螺混合接头的行为类似于螺栓接头。

另外,应该注意的是,许多胶螺混合接头使用的胶黏剂不会表现出明显的材料非线性,使用的胶黏剂的破坏应变低。在这种情况下,胶螺混合接头的响应是准线性,直至胶黏剂破坏,类似于胶接接头,此时螺栓产生的刚度效应无法体现。

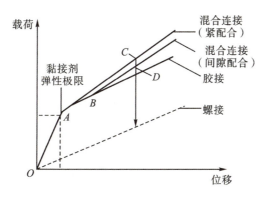

图 7-4　典型载荷-位移曲线

对于胶螺混合连接结构的研究,最终常会落在承载能力预测上。研究发现,机械连接可以分担部分载荷,并强化胶接连接。但是二者的载荷传递机理存在很大不同,胶接主要是通过层间剪切传递载荷,而机械连接则是通过铺层的面内拉伸及层间剪切传递载荷。只有将二者结合起来,综合考虑二者的承载机理才能提高传递载荷效果。

胶螺混合连接虽然研究方向侧重点各有不同,但是各研究点之间存在着紧密的联系,材料参数、结构参数,以及工艺参数是影响结构性能的三个重要方向,因此对于胶螺混合连接问题需要综合考虑各种因素,确定最终效果。目前国内外对于胶螺混合连接结构的研究,已由作为保险性结构转移到提升承载能力,如何有效匹配两种连接形式的刚度,提高载荷分配的均衡性是贯穿混合连接研究的关键问题,也是难点问题。目前虽然从材料、结构及工艺上提出了一些解决方案,但是存在重量、效率、尺寸限制等局限性。在设计允许的前提下,采用韧性胶黏剂、较长的搭接长度、螺钉杆与孔紧密接触,以及采用合适的预紧力可以有效提高载荷分配比例。在质量限制低的情况下,也可以通过端头翻边设计、适当增加钉载数量,以及添加薄板连接附件的方式大幅度提高结构承载能力。

7.2　胶铆连接

7.2.1　胶铆连接工艺方法

胶接结构比机械紧固件连接结构的主要优点是减轻重量和改善疲劳性能。单纯的铆接结构存在应力集中、抗疲劳性差等缺点,而胶接不需钻孔,不破坏基体的整体性,可使构件获得连续的面连接,从而提高了结构强度和整体刚度,改善接头的耐疲劳性。但胶接结构也存在剥离强度低等缺点。若采用胶铆连接,相互弥补缺点,即可取得良好的效果。

胶铆混合连接工艺指的是在被连接件的连接位置涂覆结构胶,然后再进行铆接的工艺。胶铆混合接头的剪切性能显著优于纯胶接和纯铆接得到的接头。胶铆连接一般可以采用两种工艺方法实现,一种是在胶层固化后铆接;另一种是在胶层未固化时铆接。为了提高胶铆接头的强度,最好在胶黏剂固化后再进行复合材料构件的铆接;而在胶层未固化时铆接,应当分阶段对胶层施加所需压力,以减少胶铆接头连接强度的下降。

7.2.2 胶铆连接的应用

我国某些飞机的襟翼壁板、折流板、发动机短舱及直升机旋翼梁等部位也采用了胶铆连接工艺。胶铆混合修理技术主要针对复合材料蒙皮的一种永久性修理,胶铆混合连接方式可以综合机械连接和胶接的优点,通常对于承受载荷较大又不能出现太严重的应力集中现象的修理件采用此方法。787复合材料机身部段混合修理工艺的具体操作步骤为首先将蒙皮的受损部分挖空,然后在通孔周围铺以均匀厚度的胶层。接着,将阶梯状的补片安装在通孔上,并通过胶层与蒙皮相接。完成胶接修理后,在补片周围均匀地打上铆钉孔;最后,将铆钉通过上步中打好的铆钉孔使补片与蒙皮相连接。

胶铆混合修理包括胶铆混合修理结构和胶铆混合连接接头,如图 7-5 所示。胶铆混合连接接头可以是单钉也可以是多钉,采用哪种方式取决于所修补的需求。由于在修补的失效区出现的失效问题可能是由铆钉所带来,也有可能是胶层所出现的脱胶或是失效等问题。所以针对不同的复合材料失效的修复方案,铆钉使用的数目也存在着不同。胶铆混合修补结构不可能为单个铆钉。在使用过程中不论修补件出现了什么失效,最终的失效部位都是母板发生断裂带来材料的失效,并且在失效前会产生多种模式的内部损伤。

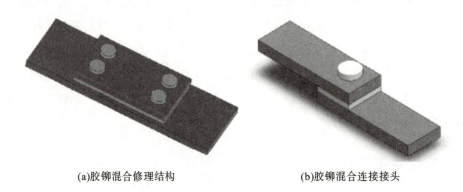

(a)胶铆混合修理结构　　　　(b)胶铆混合连接接头

图 7-5　胶铆混合修理结构和胶铆混合连接接头

胶接连接是通过黏结剂与母材之间的化学反应或者物理凝固作用将材料连接在一起的连

接技术。接头使用胶接连接能有效地避免应力集中,提高结构的耐振性,但是胶接接头的抗老化、耐高温、抗冲击性能较差。抽芯拉铆连接是通过铆枪带动铆钉芯,钉头变形扩张呈凸缘状,被连接件被锁紧在钉头、尾两端,钉芯在拉力下被拉断的一种连接方式。铆接的使用加强了接头的结构强度,胶铆复合连接方法可以连接不同材质、厚度、强度的双层或者多层材料组合,有效地减轻了连接接头重量,提高了接头可靠性和稳定性。

7.3 胶焊连接

目前,电阻点焊技术和胶接技术已广泛应用于许多构件的连接。点焊结构具有重量轻,强度高,性能稳定的优点,但点焊接头受载时在焊点处存在较大的应力集中,点焊搭接接头中存在附加力矩,搭接区内表面上还存在腐蚀问题,这些不利因素导致点焊结构疲劳性能很差,限制了点焊技术在航空、航天等工业领域的应用。与此相反,胶接接头具有优良的疲劳性能,但其静强度特别是剥离强度差,耐热性不好,胶层的老化和脆化还会使接头性能进一步下降。由此可见,点焊和胶接结构在力学性能上具有互补性。为了改善点焊结构的疲劳性能,提高胶接接头性能的可靠性,出现了将电阻点焊和胶接复合起来的新工艺——胶焊。

7.3.1 胶焊技术的优缺点

1. 优点

胶焊是将粘接与电阻点焊相结合的一种复合连接技术,兼具点焊接头质量轻、可靠性好、静强度高和胶接接头疲劳密封性好的优点,同时克服了单一连接方式的不足,已经在航空航天和汽车制造等工业技术领域获得了广泛的应用。大量的实验数据表明,从力学性能的角度上讲,点焊与胶接结构具有很好的互补性,两者相复合的工艺被称为胶焊。从某种维度上讲,胶焊作为点焊与胶接的衍生产物,是现代技术发展的典型产物,其本身展现出了诸多优势,决定了它的应用广泛性。相比较而言,胶焊技术对接头的处理,因存在焊点,有效弥补了胶接接头高温性能差、持久强度低、胶层老化等不足,加之胶黏剂的辅助作用,使得胶焊焊点周边的应力集中减少,接头位置的强度变化,大大改善了其疲劳性能。从连接强度方面来看,胶焊连接强度与胶接、点焊连接强度并不是简单的叠加关系。在三类连接中,胶接连接的强度最强,点焊连接的强度最弱,胶焊连接强度居于两者之间。与此同时,胶焊技术还有效减少了因腐蚀介质接触焊点造成的腐蚀现象,并且显示了良好的声学性能,在疲劳特性、密封性、平滑性等诸多方面表现出了优于点焊、胶接工艺处理的特性。

2. 缺点

点焊、胶接、胶焊等作为工业连接技术的主流,各有优缺点,适用于不同场合需求的工艺处理。其中,点焊技术采用内部热源,因而热量集中,并且性能相对稳定,有超强的接头强度,并且具有操作简便、成本低廉等特性,更加易于实现机械化、自动化。胶接技术应用,表现出了较佳的电、热绝缘性，应力分布均匀，不会产生变形等现象，并且水密性、气密性、防振性，以及疲劳性能等表现优异。虽然胶焊技术展现出了诸多优于点焊、胶接的特点，但是该项工艺并非尽善尽美，其消耗成本较高，并且要求胶黏剂具有良好的导电性能。同时，黏结剂还会污染电极，挥发物对工作环境产生污染。

7.3.2 胶焊工艺的形式

现阶段，常见的胶焊技术工艺主要包括两种，透胶胶焊和毛细作用胶焊。

透胶胶焊即先涂胶后点焊，在实际操作过程中，需要对焊接部位表面进行清洗，然后采用胶涂的方式进行搭接，继而通过点焊处理，使之牢固地连接在一起。在此过程中，需要对胶黏剂的黏度进行科学测量，并据此改变点焊工艺参数，既要避免流胶出现，又要保证焊点位置的胶黏剂易于排除。透胶胶焊具有操作简便的特性，但焊热可能破坏胶黏剂层的电绝缘性，因此需要采用导电胶黏剂。

毛细作用胶是指在经过板件表面处理之后，先按通常的点焊工艺进行点焊，然后用注胶器将低黏度胶黏剂注入搭接区的边缘，使胶黏剂通过毛细作用进入搭接缝中。胶黏剂的渗透能力决定于表面张力，只有当胶黏剂与被连接件表面良好润湿时，才有足够的毛细作用力使胶黏剂渗透到足够的深度。胶黏剂填满搭接缝隙后再对接头进行固化处理。该工艺要求胶黏剂黏度低，以保证充分填满搭接间隙。这种工艺能保证快速而可靠的点焊，但注入胶黏剂价格相对昂贵，而且由于注胶不完全，最后的接头中可能存在气孔。受注胶量和毛细作用的限制，毛细作用胶焊不适用于大曲面的搭接件，也不适用于搭接长度过大的部件。

7.3.3 胶焊工艺参数

胶焊结构的性能与胶接质量和焊点质量密切相关，胶接工艺参数和点焊工艺参数对胶焊接头的性能有很大的影响。胶接工艺参数和点焊工艺参数多，各参数选择范围大，相互间交互作用显著。研究这些参数对胶焊性能的影响，具有重要意义。

1.胶接工艺参数

1）表面处理

胶接工艺对表面处理有很高的要求。表面上的少量杂质（如油脂、灰尘、水分或氧化层）都会对胶接质量产生不利影响，胶接时对表面要进行仔细清理。点焊接头中焊点的质量主要受表面电阻均匀性的影响，对试件表面质量的要求相对较低，通常只需去除较为粗大的杂质（如局部的锈迹）。在胶焊工艺中，表面处理也是影响胶焊质量的主要因素。胶焊所用的表面处理方法除满足胶接的需要外，同时还必须与点焊工艺相适应，即要兼顾表面的耐久性和焊接性。不合适的表面准备方法，一是起不到良好的去除杂质的作用，影响胶接质量；二是在焊接时会出现飞溅，焊接性差。胶焊的表面处理还应使胶黏剂的强度和耐久性能得到最佳的发展。

现有的表面处理方法主要包括：①有机溶剂（如三氯乙烯）去脂，它通常被认为是一种合适的表面预处理方法。②机械预处理方法，它能够进一步改进接头的耐久性，但收益不大，而且额外增加工时和成本，通常并不采用。③用硫酸、磷酸、铬酸或磷酸/重铬酸钠阳极化处理，用磷酸/重铬酸钠对2024-T3和7075-T6两种铝合金进行阳极化处理的试验表明，在至少三周内可以保持其焊接性和耐久性，是一种优良的表面处理方法。

表面处理方法对胶焊结构的疲劳性能有决定性的影响。采用不同的表面处理方法，所得胶焊试件的疲劳强度、持久强度不同。用强度试验显示不出各表面处理方法间的明显差别。各表面处理方法的优劣需在机械应力和高温、高湿度老化条件下，对试件进行老化处理时进行鉴别，在加速腐蚀处理后更容易评价表面处理方法的优劣。

试件在表面处理后，应尽快实施胶焊或在清洁地方保存。保存期长时，应对表面进行化学处理或涂可焊的防锈底漆（加铝或锌），以防表面被再次污染。

2）胶黏剂的性能

从胶焊工艺考虑，胶黏剂应具有合适的黏度，黏度太大或太小都是不利的。在一定的电极压力下，胶黏剂应能较易从电极下方排出，以保证电流顺利流过。糊状胶具有良好的效果，而透明胶膜的焊接性相当差，会导致焊接时金属飞溅和焊缝不一致。在电极压力低而胶层厚时，电极下方的胶黏剂不可能被完全排除，绝缘胶会阻止电流流过被焊件，使点焊不能进行；较高电极压力下，电极间虽然可以导通，但界面上接触电阻大，金属飞溅现象严重，接头质量很差。所以，胶黏剂需具有导电性，且胶黏剂与两电极间电流的相互作用要尽可能小。

多组分胶黏剂在混合后黏度随时间变化增大过快，会给胶焊工艺带来不利影响，特别是对大批量生产的胶焊生产线。试验表明，为了获得高质量的焊点，胶黏剂黏度增加时，需增加电极压力和焊接电流。因此，在选用胶黏剂时应考虑胶黏剂的黏度随时间变化的增长率。选用对延迟时间（胶黏剂从混合到点焊的时间）无严格限制的胶黏剂较为理想。

胶黏剂本身固有的耐温和承载性对胶焊接头的强度和耐久性有影响。从胶焊接头的力学性能考虑，胶黏剂的选择需要考虑胶焊件所要承受的静态和动态载荷、结构的服役温度及腐蚀环境等因素。

3）其他参数

胶焊的其他胶接工艺参数，如胶黏剂固化时的温度、压力和固化时间可以按照胶接工艺中的参数进行选取。

2. 点焊工艺参数

试验表明，采用不同的点焊工艺参数会导致胶焊接头力学性能的巨大差异，要使胶焊结构具有最佳的力学性能，必须恰当地选择和控制点焊工艺参数。胶焊后进行点焊的过程中，焊接电流、通电时间、电极压力是决定胶焊接头中焊点质量的三个主要参数。

1)焊接电流和通电时间

点焊工艺中的焊接电流和通电时间两参数间交互作用十分显著,对焊接质量的影响规律也很相似。焊接电流小和焊接时间短时,焊点尺寸和熔深不足,接头中还会存在气孔和夹杂。焊接电流大和焊接时间太长,则发热量过大,会对热影响区附近胶层产生热损伤和金属飞溅。可见焊接电流的大小和焊接时间的长短对胶焊接头的性能都有不利影响。试验研究表明:在保证焊点不小于电极直径的4/5,且不发生焊接金属被挤出或金属飞溅的条件下,胶焊接头点焊时的焊接条件范围(相同焊接时间下的焊接电流范围)比单纯点焊时的焊接条件范围窄,特别在焊接时间较长时,这种趋势更加明显。用单组分加铝的环氧树脂胶黏剂在标准胶焊焊接条件下进行点焊,对所得的胶焊接头中的焊点大小与标准点焊焊接条件下得到的点焊接头中的焊点进行统计分析。结果表明,两种焊点的标准偏差分别为 0.20 mm 和 0.24 mm,无明显差异。大多数情况下,胶黏剂的破坏限于焊点周围 1 mm 的区域内。冶金检查也表明,在整个推荐的胶焊焊接条件范围内,所获得的焊接质量基本一致。这一胶焊焊接电流范围足够大,在生产条件下没有什么困难,可容易地实现焊接。

对低碳钢板进行胶焊和点焊时,焊接电流与通电时间的相互作用关系表明,胶焊时熔核开始形成的电流值和金属飞溅开始发生的电流值都比单纯点焊时的电流值低。胶焊接头中胶黏剂的存在导致胶焊时接触电阻比单纯点焊时的大,其发热量也大。在较小电流下就使金属熔化,开始形成熔核,同理,开始发生金属飞溅的电流值也较小。焊接电流与焊点直径的关系曲线表明,胶焊和点焊的焊点直径都随焊接电流的增大而增大。相同的电流强度下,胶焊工艺所形成的焊点直径大于点焊工艺所形成的焊点直径。这是由于胶焊工艺同单纯点焊相比,焊点在较小电流下开始形成,故在相同电流下可获得较大的焊点。胶焊时的第一个引导阶段,接触电阻大,应减小此时的电流值,随后再增大电流值,即胶焊中宜采用上坡焊接电流。

2)电极压力

胶焊中的电极压力,除具有与点焊中电极压力相同的功能外,还需将电极下端的胶黏剂挤出,以便于电流的顺利流过,但过高的电极压力会导致过深的电极压痕。胶焊接头中的胶黏剂使接头中的接触电阻加大,易于发生金属飞溅而降低接头的强度,并在接头中产生能加速接头腐蚀的微孔。为了减少接触电阻,应增加挤压时间或提高电极压力。所以,在将胶黏剂挤出过程中应采用高的电极压力以挤出胶黏剂并减小接触电阻,而在点焊过程中应降低电极压力以避免过深的电极压痕。

多组分胶黏剂在混合后到进行点焊的这段延迟时间内,胶黏剂的黏度增大,对胶焊质量不利,所以延迟时间不能太长。在高电极压力或长挤压时间的情况下,有可能放松对延迟时间的限制。试验表明,增加挤压时间对延迟时间的延长无明显作用,而增大电极压力可显著延长延迟时间。可见增大电极压力比延长挤压时间,对于延长能够获得全尺寸焊点的延迟时间更为有效。胶焊中,若胶接后马上施焊,则为获得全尺寸焊点所需的电极压力与常规电极压力相似;若经过一段延迟时间后施焊,则有必要提高所用的电极压力水平。

相同的焊接时间下,电极压力与电流值的相互关系表明,电极压力越大,焊点开始形成和飞溅开始发生的电流值越大,这是高电极压力下的低接触电阻所造成的。相同的电极压力下,胶焊的可焊电流范围比点焊的小,发生飞溅所需的电流值较点焊的小。这些都是由胶焊中接触电阻比点焊中接触电阻大所造成的。

3)电极形状

对截头圆锥电极(直径 $D=5.6$ mm)和圆顶电极进行比较,采用等厚度单组分加铝的环氧树脂基胶黏剂,测量电极压力 $1.57\sim2.94$ kN 的接触电阻,比较后发现,对两种不同尖端形状的电极,电极压力增加时,接触电阻均减小,且减小的幅度相似,都从 2×10^{-3} Ω 降至 4×10^{-4} Ω。对用这两种不同尖端形状的电极制造的胶焊接头进行冶金检验,发现其结构相似,接头中的气孔都可以忽略不计。进行强度试验,发现它们的抗剪强度几乎相同。可见,尖端为截头圆锥和圆顶的两种电极都适用于胶焊。

在胶焊技术最初发展的过程中,其优势特点不断突出,并广泛应用于铝合金、钛合金、铝复合材料等的连接处理上,在航天航空领域大放异彩。与此同时,在科技发展的今日,胶焊技术还被广泛应用于汽车工业领域,满足了多样化的生产需求。除此之外,胶焊技术还被应用于地面运输工业等,并创造了巨大的经济价值,其应用前景不容小觑。综合来讲,胶焊技术发展关联高分子化学、物理化学、材料科学等多个领域,在实际应用过程中还存在很多工艺难题亟待解决,须做更进一步的研究与发展,以期创造更大的应用价值。

课后拓展

在某车型复合材料后侧围外板与门槛纵梁的连接设计中,考虑到连接处为车体主承力结构,承载较大,并可拆卸,故采用螺栓连接方式,如图 7-6 所示。螺栓及螺母下面放置垫圈,减少孔边周围的损伤,防止过大的拧紧力矩造成复合材料结构表面出现凹坑和裂纹等缺陷。

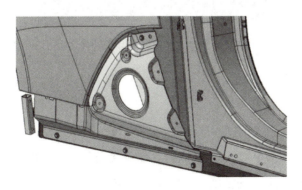

图 7-6 机械连接设计实例

如图 7-7 所示为某整车厂进行复合材料前后盖的开发项目实例,由于车身外覆盖件承载较小且厚度较薄，采用胶接连接方式即可满足强度要求，前引擎盖及后行李箱盖内外板间采用边缘胶接密封连接设计，内板加强筋条翻边与外板也进行胶接处理。

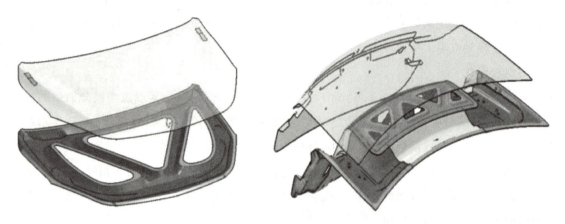

图7-7 胶接连接设计实例

在某车型复合材料后行李箱盖内板加强板的连接设计中，考虑到局部胶黏连接失效，并保证破损安全，采用胶螺混合连接的方式进行设计，如图7-8所示。加强板与内板局部贴合面先采用胶黏连接，在胶黏剂未固化时立即进行螺栓连接，节省装配时间，实现批量化生产。

图7-8 混合连接设计实例

一、填空题

1.在胶螺混合连接接头中，螺栓传递载荷可能包含两种方式：螺栓杆与孔之间的_____传递及被粘物外表面与螺栓头/垫圈之间的_____传递。

2.胶螺混合连接结构的载荷分配是指_____承担的外部载荷与_____承担的外部载荷的比例分配。

3. 胶铆连接一般可以采用两种工艺方法实现，一种是_____；另一种是_____。

4. 胶铆混合修理包括胶铆混合_____和胶铆混合_____。

5. 常见的胶焊技术工艺主要包括_____和_____。

6. 胶焊结构的性能与胶接质量和焊点质量密切相关，_____工艺参数和_____工艺参数对胶焊接头的性能有很大的影响。

二、判断题

1. 胶接连接的应力集中发生在被胶接件端部的胶层和附近的复合材料。（　　）

2. 机械连接的应力集中发生在孔附近。（　　）

3. 透胶胶焊是先点焊后涂胶。（　　）

4. 毛细作用胶焊是先注胶后点焊。（　　）

5. 胶接表面上的少量杂质不会对胶接质量产生不利影响。（　　）

三、简答题

1. 设计混合连接时应注意什么？

2. 胶螺混合连接结构中螺栓的作用是什么？

3. 简述胶螺混合连接接头的两种典型工艺。

4. 什么是胶铆混合连接工艺？

5. 简述胶焊技术的优缺点。

6. 什么是透胶胶焊？

7. 什么是毛细作用胶焊？

8. 点焊工艺参数包括哪些内容？

参考文献

[1] 王汝敏,郑水蓉,郑亚萍.聚合物基复合材料及工艺[M].北京:科学出版社,2004.

[2] 刘国春,郭荣辉,秦文峰.民用飞机复合材料结构制造与维修[M].北京:清华大学出版社,2020.

[3] 汪裕炳,张全纯.复合材料的结构连接[M].北京:国防工业出版社,1992.

[4] 陈祥宝.聚合物基复合材料手册[M].北京:化学工业出版社,2004.

[5] 李子东,李广宇,刘志军.实用胶粘技术[M].北京:国防工业出版社,2007.

[6] 程时远,李盛彪,黄世强.胶黏剂[M].北京:化学工业出版社,2008.

[7] 李子东,李广宇,于敏.现代胶黏技术手册[M].北京:新时代出版社,2002.

[8] 齐暑华,陈立新,焦剑,等.胶接科学与理论[M].西安:西北工业大学校本教材,2009.

[9] 薛红前.飞机装配工艺学[M].西安:西北工业大学出版社,2015.

[10] 中国航空研究院.复合材料连接手册[M].北京:航空工业出版社,1994.

[11] 张玉龙等.粘接技术手册[M].北京:中国轻工业出版社,2001.

[12] 朱丹.航空制造工程手册:金属结构件胶接[M].北京:航空工业出版社,1995.

[13] 刘凤.玻璃钢管道与钢管及钢管件胶接技术研究[D].大庆:大庆石油学院,2006.

[14] 汪丽君,涂锡光.地铁车辆玻璃钢头罩与铝合金车体粘接工艺[J].电力机车与城轨车辆,2008,31(5):29-31.

[15] 杨义军.铝合金玻璃钢粘接工艺性研究[D].哈尔滨:哈尔滨工业大学,2010.

[16] 牛芳旭,孙超明,朱秀迪等.Nomex蜂窝夹层结构飞机货舱地板的制备工艺及性能研究[J].纤维复合材料,2020(4):110-111.

[17] 黄运凯,张旭,李杰,等.电磁铆接技术国内外研究进展[J].精密成形工程,2021,13(05):51-57.

[18] 陈修强,田卫军,薛红前.飞机数字化装配自动钻铆技术及其发展[J].航空制造技术,2016(05):52-56.

[19] 喻龙,章易镰,王宇晗.飞机自动钻铆技术研究现状及其关键技术[J].航空制造技术,2017(09):16-25.

[20] 王新,闻伟,张毅.复合材料电磁铆接技术现状及评析[J].航天制造技术,2016(01):1-6.
[21] 廖功龙,邓将华.复合材料电磁铆接技术研究现状及展望[J].兵器材料科学与工程,2014,37(06):129-133.
[22] 杨春.复合材料机械连接性能及影响因素研究[D].南京:南京航空航天大学,2020.
[23] 谢鸣九.复合材料连接[M].上海:上海交通大学出版社,2011.
[24] 虞浩清,刘爱平.飞机复合材料结构修理[M].北京:中国民航出版社,2010.
[25] 张全纯,汪裕炳,瞿履和等.先进飞机机械连接技术[M].北京:兵器工业出版社,2008.
[26] 贾玉红,何景武.现代飞行器制造工艺学[M].北京:北京航空航天大学出版社,2010.
[27] 牛春匀.飞机复合材料结构设计与制造[M].西安:西北工业大学出版社,1995.
[28] 刘风雷,徐鑫良,孙文东.复合材料结构用紧固件技术[J].宇航总体技术,2018,2(04):8-12.
[29] 王燕礼,朱有利,曹强,等.孔挤压强化技术研究进展与展望[J].航空学报,2018,39(02):6-22.
[30] 赵丽滨,徐吉峰.先进复合材料连接结构分析方法[M].北京:北京航空航天大学出版社,2015.
[31] 徐峰悦.飞机装配工艺[M].北京:北京航空航天大学出版社,2021.
[32] 陈茂爱,陈俊华,高进强.复合材料的焊接[M].北京:化学工业出版社,2004.
[33] 邹鹏,倪迎鸽,毕雪.胶螺混合连接在复合材料结构中的研究进展[J].航空工程进展,2021,12(01):1-12.
[34] 刘璟琳.胶铆复合接头力学性能及失效机理研究[D].大连:大连理工大学,2019.
[35] 常保华,史耀武,董仕节.胶焊技术及其应用[J].焊接技术,1998(01):9-12.
[36] 胡景蓉.胶焊技术优缺点分析[J].南方农机,2019,50(12):203.